戦災復興の日英比較

戦災復興の日英比較

ティラッソー・松村高夫
メイソン・長谷川淳一 著

知泉書館

凡　例

一、BT, CAB, HLG, LAB, SUPP, WORK は、ロンドンの National Archives（旧称 Public Record Office）に所蔵の資料であることを示している。

一、長さ、距離や面積に関して、原資料ではさまざまな単位が使用されている。本書での換算の目安は、以下の通りである。

一ヤード	0.9144 メートル
一フィート	0.3048 メートル
一マイル	1.609 キロメートル
一エーカー	4046.86 平方メートル
一ヘクタール	10000 平方メートル（=0.01 平方キロメートル）
一平方フィート	0.0929 平方メートル
一平方マイル	2.59 平方キロメートル
一　坪	3.306 平方メートル

はしがき

第二次世界大戦への日本とイギリスのかかわりがきわめて大きかったことは、誰もが認めるところであろう。また、いうまでもなく、イギリスは戦勝国として、日本は敗戦国としてそれぞれ終戦をむかえた。そして、ファシズムにたいして勝利したイギリスは、こんどは国内の失業や不平等を克服しようと、完全雇用にもとづく福祉国家の建設に着手した。一方、占領下の日本は、民主化のためのさまざまな改革にまず全力を注いだ。

そうした時代、つまり戦後の政治・経済・社会のシステム全般をどのように再構築していくのかが検討され実施されようとした戦後再建期の日本とイギリスについては、かなりの研究蓄積があり、しかもこの時期への関心はますます高まりつつあるように思われる。たとえば、日本にかんするA・ゴードンらの共同研究『歴史としての戦後日本』やJ・ダワーの著作『敗北を抱きしめて』などが高い注目を集めたことは、その一例といえよう。(1)また、戦後再建期への格別な関心はうすいにしても、日本とイギリスの比較や、両国の直接的なかかわりにかんする重要な研究もなされてきた。これらにはたとえば、R・ドーアの『日本の工場・イギリスの工場』、D・A・ファーニー/中岡哲郎らによる関西・ランカシャーの比較経営史(『地域と経営戦略の日英比較　ランカシャーと関西　一八九〇年―一九九〇年』)、および細谷千博/イアン・ニッシュ監修『日英交流史　一六〇〇―二〇〇〇』(全五巻)といった著作の名を、すぐにあげることができる。(2)

さらに、本書でも一章を割いて論じているが、破壊と成長をくりかえした東京への関心の高まりも、特筆すべきであろう。たとえば、E・サイデンステッカーの著作『立ちあがる東京――廃墟、復興、そして喧騒の都市へ』や、御厨貴『東京――首都は国家を超えるか』および御厨が深くかかわった都政史研究会の研究成果「シリーズ東京を考える」（全五巻）などが、それをよく示す例である。(3)

ところが、戦後再建のひとつをなすものとして非常に重要でありながら、これまでの歴史研究で十分にかえりみられてきたとはいいがたいトピックがある。それが、戦災都市の復興という問題である。十分とはいえないのは、二つの理由からである。たしかに前記の御厨の関係する研究や日英の都市計画史研究、そして本書の執筆者であるティラッソーや長谷川の研究など、特定の都市、とくに東京や広島、名古屋、あるいはコヴェントリーについてはかなりの蓄積があるが、それでも、本書で明らかにされるように、開拓すべき資料や戦災復興と一般市民のかかわりを検討する余地は、まだかなり残っている。ましてや、他の事例についてとなると、そうした余地はいよいよ大きい。これが第一の理由である。

二つ目に、戦災復興がひろく両国の戦後史、とくにそれぞれの国の戦後社会を形づくるもとを築いた戦後再建のありかたにおいてもった意味が、もっと問われなければならない。そもそも都市への大災害は、社会にはかりしれない打撃を与える一方で、都市にとっての再生の機会をもたらすとも考えられてきた。そして戦災は、日本はもとよりイギリスにもかなりの傷跡を残した。日英両国はそれぞれ、破壊された都市の再生のための独創的・抜本的な復興計画の策定と実施を戦後再建の重要な柱のひとつとして検討し、実施していった。

本書は、その顚末を詳述するものである。ねらいは、戦災復興の検討を通して、日本とイギリスそれぞれの戦後再建の再考をうながすことにある。日英両国を比較検討するのは、両国の戦災復興、ひいては戦後再建のありかたに甲乙をつけるためではない。いずれの国においても、理想を追求した復興計画は政府からの圧力により、その内容を縮小することを余儀なくされたのであり、それがこんどは、それぞれの国での戦後再建の再考をうながすのである。

しかし同時に、両国の比較は、戦災復興の後退の過程における重大な相違をうきぼりにする。イギリスでは、中央と地方のはげしいせめぎ合いのすえに、復興計画が縮小された。これにたいし日本では、そもそもそうしたせめぎ合いの余地がほとんどなかった。それは、戦災復興に代表される戦後再建期の日本の都市計画に民主化や新しいシステムの構築といった要素がおよそなかったことの反映であった。日本型企業システムの形成といった近年の知見とは相容れがたい事実であり、この点で日本の戦災復興は、日本の戦後再建のありかたや成果を再考する必要をとりわけ強調するのである。

目次

第II部　日本の戦災復興

戦災復興の日英比較

序章　戦災復興研究の意義

一　本書の問題意識

二度の世界大戦を経験した二〇世紀は「戦争の世紀」といわれる。とりわけ、近代技術の粋をきわめる兵器が大量に使用された第二次世界大戦は、各国の諸都市に大規模な破壊をもたらした。このように、戦災によって壊滅的な打撃をうけた都市をいかにして復興するかは、戦争終結時のどの国においても緊急かつ重要な問題であった。本書で比較検討する日本とイギリスもまた、敗戦国か戦勝国かという違いはあったにせよ、第二次世界大戦の終結とともに戦災都市の復興という重大な課題に直面した。[1]

これまで日英の戦災復興については、都市計画史の分野を中心に、計画そのものの分析など専門的な研究がおこなわれてきた。しかし、計画の作成から実施までの過程を、より広い政治的・経済的・社会的コンテクストに位置づけた詳細な研究はまだ数えるほどであり、総じて戦災復興については各都市の事例研究というよりも、都市計画の通史（あるいは戦後史）のなかで概観されているほうが圧倒的に多い。[2] 実際、戦後六〇年をむかえた時点で、日本の都市計画史にかんする多くの研究がある越沢明氏は、日本の「戦災復興事業の意義と成果は国民にもっと知られて良いはずである。しかし……地元公務員や都市計画の専門家でさえ無関心であることが多い。このような事態が阪神・淡路大震災の復興区画整理の都市計画決定の際、世論の反発、マスコミの誤解、専門家の冷淡さをまねいた遠因である」と述べ、「戦災復興計画のすぐれた都市計画思想を知り、その遺産をどう生かすのかは、今日的な都市政策の課題である」と論じている。(3)

本書は、戦災復興をめぐる日本とイギリスの比較史であるが、あらかじめ問題の切り口と視点を具体的にあげておこう。まず第一に、日英両国は、いかなるヴィジョンのもとに戦災復興を計画したのか。第二に、計画の実施にあたってどのような諸困難に直面し、どのような対応を余儀なくされたのか。そして第三に、実際にいかなる形で計画案を実現していったのか(あるいはしなかったのか)。以下では、これらの諸点を実証的に解明し比較検討していくが、その際とくに重視したいのは、戦災復興を通してひろくは戦後再建を再検討することである。

さて、イギリスにおける戦災復興は、産業革命以来はじめて、既成市街地を抜本的に再開発する機会となった。第二次世界大戦中、チャーチル率いる戦時連立政府は、土地の実質的な公有化を射程に入れた法制度の見直しを約束し、独創的・包括的な復興計画の作成を戦災都市当局に奨励した。実際、戦災復興は、イギリス戦後再建全体のなかでも重要な位置を占めたように思われる。戦後再建の検討全般において計画にもとづく公的介入が重視されたため、計画という言葉が最初に使用された「都市計画」(town planning)は、計画のいわば代名詞的存在ともなった。

そもそも都市計画が果たすべき役割は、一九三七年に設置された、いわゆるバーロー委員会(産業人口の配置にかんする王立委員会)が四〇年一月に公刊した報告書に示されていた。すなわち、この報告書では、産業革命以来のアンバランスな都市化がもたらした諸問題にたいして、包括的・抜本的な都市計画で立ちむかう必要性が訴えられたのである。(4) それはまた、専門家(expert)やテクノクラートを重用し、失業をはじめとするさまざまな経済・社会問題への国家による介入を求める、一九三〇年代以来の政界・経済界・学界からの革新的な要求(middle opinion)に呼応するものでもあった。(5)

そうしたなか、一九四〇年後半以降に本格化するイギリス本土への空襲は、多くの都市に甚大な被害をもたらし、国民に都市計画の、とくに市街地再開発の必要性を急速に自覚させた。二三年間住み慣れたロンドンの下町ポプラーのわが家を空襲で焼かれたある主婦は、BBCラジオでつぎのように語った。

いずれにせよ、戦争がおわったらポプラーに戻りたいんです。……でも、もし前の家が焼けずにあったとしても、もうそこに戻ろうとは思いません。……もう、前みたいに詰め込まれて暮らしたくはないんです。とにかくポプラーでは、一歩通りに出ると店もなにもごっちゃで、前も後ろも建物だらけで閉じ込められたみたいで、……子供の遊び場もないんです。……もし当局が街を造るなら、あるべきやりかたはただひとつ。きちんとしたやりかたで建てることです。(6)

かくして戦災復興は、イギリス社会がかかえる諸問題の一掃と、まったく新しい、より平等な社会――「ニュー・イェルサレム」(New Jerusalem)――の建設とを目的にした、戦後再建全体を象徴する課題とみなされるにいたったのである。(7)

一方、日本では、既成市街地にかんする抜本的な都市計画が、部分的にせよ、明治期以来こころみられていた。とくに東京では、首都改造を目的とした都市計画――市区改正(一八八八―一九一八年)――とならんで、大火や関東大震災後の復興の経験があり、その経験が、ひいては日本における都市計画の発展をうながすという経緯があった。[8] その過程ではたしかに、ときどきの反対勢力により所期の目的を果たしえなかったという側面もあったが、同時に、そこで築かれたノウハウや人材が、その後の都市計画を発展させる原動力ともなっていった。[9] とくに昭和期に入ると、国防的な見地に立った国家主導の都市計画や、専門家の英知を結集させた植民地「満州」などでの都市計画がつぎつぎと進められた。[10]

しかし、そうした軍事色の強さはもとより、日本の都市計画は当初からあまりにも中央集権的・上意下達的であり、地方の声を反映させる余地がきわめて小さいとみなされていた。第一に、作成された計画の権限付与が、イギリスでは地方議会の承認・採択にもとづくのにたいし、日本では、内務官僚が実権を握る都市計画地方委員会に委ねられていた。[11] たしかに、イギリスの戦災復興でも政府のイニシアティヴが強く求められたが、それはけっして、地方自治を脅かすものであってはならないとされた。むしろ、戦前は諦観していた既成市街地の抜本的な再開発に地方当局が積極的に取り組んでいけるよう、中央政府が援助することが期待されたのである。ある著名な都市計画関係の官僚が大戦中に述べたように、「われわれは、デモクラシーのために闘っているのであり、地方当局にその任に立ちむかう機会を与えない理由などない」[12] のであった。もちろん日本でも、敗戦とともに状況は一変し、占領軍のもとで民主化政策が実施された。さまざまな経済・社会改革が進むなかでおこなわれた日本の戦災復興においても、当然、都市計画自体が民主化され、そのもとで理想都市の建設が追求されてしかるべきであった。

ところが、結局のところは日英両国のいずれにおいても、戦災復興は所期の目的を果たしえずに、当初の理想から後退の一途をたどった。その理由は、計画家には如何ともしがたい政治的・経済的な状況の変化や、社会の無理解にあったとされる。[13] しかし、すでに示唆したように、このような要因が計画策定・実施の過程でどのように作用したのかについて、これまで詳細な分析がなされてきたとはいいがたい。それは、戦災復興の政治的な側面を分析するなかで、もっとも明確になる。この政治的な側面とは、第一に中央での政策策定をめぐる、そして、第二には各都市での計画の立案・承認とその実施をめぐる、さまざまな機構や諸個人のあいだでの対立や妥協の関係である。概括的にいえば、中央レヴェルでの主役は、都市計画主管省庁の長である政治家やそこの官僚であり、それに外部の識者や専門家たちが絡んでいた。一方、各地の個別事例では、その中心に地方当局があるが、地方当局は中央政府や地元利害関係者からさまざまな圧力をうけ、それへの対応を余儀なくされた。さらには、地方議会議員と公吏とからなる地方当局内部で、復興計画をめぐる意見の対立が頻繁に起こった。しかも日本の場合、地方当局に県・市の二つのレヴェルがあることが、問題をしばしば複雑にした。

同時に、とりわけ権利関係が輻輳する既成市街地での都市計画は、土地所有や居住地・操業地の選択といった点で、既得権益をかなりの程度犠牲にしないことには成り立つべくもなかった。しかも既得権益は、都市計画の策定に関与する者のあいだにも横たわる問題だった。だれが行政上のイニシアティヴをとるのかをめぐって、政治家、官僚、公吏、在野の専門家や経済人たちは、しばしば反目しあった。とくに、だれがどのようなアイディア・理論にもとづいて計画を作成するのかという点で、土木工学系の計画家対建築家が、あるいは、田園都市・大都市圏構想対モダニズムが、激しく鬩ぎあったのである。本書では、そうした中央・地方両レヴェルでの戦災復興の政治的側面の分析を通して、なにが理想からの後退の原因であり、だれにその責があったのかがいまいちど問いなおされ、その理想からの後退の過程で、日英間でどのような差違が生じたのかが明らかにされるであろう。

また、戦災復興の社会へのインパクトを検討することも、本書の重要な課題である。これはひとつには、復興計画が具体的・物理的な面で、戦後の都市形成にいかなる役割を果たしたのか、つまり、計画はどの程度実現され、その成果は、専門家から住民にいたるまでのあいだで、どのように評価されてきたのかを検討することである。しかし、この社会へのインパクトという問題にかんして本書がもっとも重視するのは、復興計画の策定過程における市民のかかわりである。すなわち、市民は中央・地方当局や専門家が標榜した政策、計画にどのような反応を示したのか。あるいは、そもそも政策や計画の策定に、市民はどの程度関与したのかといった点である。

本書で示されるように、これらの点について、日英両国では一見したところ異なる状況が展開した。まず、イギリスではほとんどの場合、戦災が各市の中心部であるシティ・センターに集中し、そこに既得権益を有する者、とりわけ商業関係者たちがもっとも被害をうけ、計画による影響をいちばんうけることにもなった。そうした人たちは、再開発が戦災地の強制買収にもとづいていたこともあいまって、市当局の復興計画にたいしてしばしば強く反対した。しかし、それ以外の大多数の市民は、そうした反対意見に巻き込まれることも、また逆に、復興計画への積極的な支持を標榜することもまれであった。一方、日本では、戦災の規模が格段に大きかったこともあり、地方当局の復興計画にたいする反対運動が、とくに中小地方都市で往々にして、住民のかなりの部分を巻き込むことになった。だが、両国の戦災復興は、市民の関与という点ではこのような相違がみられたものの、本質的には共通の問題を内包していたことも、本書では明らかにされるであろう。

二　本書の意義と構成

戦災復興の検討は、たんに社会・経済史研究のなかで等閑に付されてきた領域を埋めるだけではなく、日英両国の戦後史における重要な側面を、政治的・経済的・社会的な状況の変化の絡みあいのなかで照射することになるであろう。

イギリス戦後史において二〇年以上ものあいだ有力だった見解に、「戦後のコンセンサス」論がある。この議論によれば、戦後のイギリスでは、完全雇用と福祉国家の実現を国内政策の基調とすることについて、二大政党間および国民全般のあいだに広範な合意、すなわちコンセンサスが形成され、それが一九七〇年代半ばまで存在した。本書との関連でとくに重要なのは、政府が介入主義的なスタンスに立ち、より近代的でより平等な福祉国家の創出と維持をめざすというコンセンサスが戦後再建のありかたについて形成され、それが「戦後のコンセンサス」のおおもととなった、とされる点である。この点を主張した代表的な研究にP・アディソンの『一九四五年への道』(一九七五年刊)があり、そこでは、コンセンサスがすでに第二次世界大戦中に形成されたことが強調されている。[14]

アディソンの本の出版以来、彼の主張をめぐって、大きくふたつの論点にかんする激しい議論がなされてきた。第一の論点は、アディソンが大戦中に形成されたと主張するコンセンサスの評価である。社会民主主義的な立場にたつアディソンがコンセンサスを肯定的に評価するのにたいして、それを否定的にとらえる見方がしだいに強くなってきた。なかでも、本書の第一章でも中心にとりあげるC・バーネットは、こうしたコンセンサスにもとづく再建政策を、「ゆりかごから墓場まで」という表現に象徴されるような福祉のバラまきによって経済再建を、とりわけ産業の近代化を阻害したものとして、厳しく批判した。また、バーネットはとくに再建政策の立案者たちを、イギリス経済の現実を直視せずに理想主義的な政策を追求し、イギリスの長期的な衰退に拍車をかけた元凶だったと糾弾した。[15]

しかし、評価が肯定的であれ否定的であれ、これらの研究が戦後再建の検討を通してコンセンサスが形成されたことを議論の前提としているのにたいして、近年は、この前提の是非そのものが問われている。これが第二の論点である。すなわち、「戦後のコンセンサス」の代名詞である包括的な社会保障制度や国民保健サーヴィスといった社会政策や、ケインズ流の需要管理といった経済政策が定着する過程をみていくと、政党間や国民全般のあいだに戦後再建のありかたについてのコンセンサス、つまり広範な合意などというものは、少なくとも大戦中には存在しなかったというのである(16)。

戦後再建の柱のひとつとなった戦災復興を考えてみた場合に、そこで示された復興計画や実際の復興のありかたは、はたしてバーネットが批判するような、政策立案者（とりわけ都市計画に関与した人びと）の現実を軽視した理想主義にもとづくコンセンサスを反映したものだったのだろうか。それとも、近年の社会政策や経済政策にかんする研究で疑問視されているように、復興都市計画においても、そういったコンセンサスは形成されなかったのだろうか(17)。

また、日本でも、戦後史研究はさまざまな分野において拍車がかかっている。戦後再建については、すでに一九七〇年代半ばに、いわゆる三大改革に加え、法・政治システムの改革についても検討した包括的な研究が出された。ただしそこでは、改革が転換点だったといえるかどうかについて連続説と断続説がいわば混在し、戦後再建の戦後史における意義、位置づけについての統一的な見解は示されなかった(18)。しかし近年は、一部の制度における戦前・戦時からの連続性に留意しつつも、戦後再建がかつての制度からの一大転換点だったことを強調する議論が、とくに戦後経済史の研究において優勢なようである(19)。いずれにせよ、敗戦によって民主化・改革の波が一気に押し寄せた日本という印象は強いが、戦災復興を通してみた場合、社会や政治の構造は実際にどの程度変わったといえるのだろうか。あるいは、戦前・戦時期に確立された制度の連続・継承が、よかれあしかれ、戦災復興についても支配的だったのだろうか。

本書は、日英両国における戦災復興を以上のような諸点から分析することを通して、両国の戦後再建をめぐる従来の諸見解を再検討するこころみである。あらかじめ本書の構成を述べると、まず、全体はイギリス編と日本編の二部構成をとっており、それぞれに日英両国の研究が四章ずつ示される。各部の最初の章（第一章および第五章）では、中央での計画と政策の展開が、とくに専門家の役割に焦点をあてながら検討される。つづいて個別事例を、三章ずつとりあげる。イギリスについては、ロンドンの下町ポプラー区の一画でおこなわれた理想的な住環境創出のこころみであるランズベリー（第二章）、戦災都市の代名詞的存在であるコヴェントリー（第三章）、屈指の海軍基地だったポーツマス（第四章）が対象となる。また、日本については、まず東京を検討し（第六章）、つづいて、大阪市（第七章）および、復興計画にたいする反対が市議会リコール運動にまで発展した前橋市（第八章）についてみていく。そして終章では、日英比較からみちびかれる見解を呈示することにしたい。

第Ⅰ部　イギリスの戦災復興

第一章　挫折した理想の評価
――イギリスの戦災復興――

はじめに

第二次世界大戦のあいだイギリスでは数多くの都市が空襲をうけ、なかには、その一部が完全に破壊されてしまった場合もある。このような戦災都市の復興は、否応なしに戦後再建の重要な課題のひとつとなった。本章では、とくに甚大な被害を被ったイギリス諸都市が、一九四五年以降どのように復興されたかを概観する。それは、復興の道標として作成された諸計画を検討し、のちに廃墟に新たな建物が建ちはじめたとき、それらの計画がどのように採用されたのか、あるいは放棄されたのかに焦点を合わせたものになるであろう。

同時に、戦災復興の問題が、近年意外なほど多くの批評や関心を呼び起こしていることに留意しておきたい。かつて、一九五〇年代・六〇年代には、戦後イギリスの戦災復興にかんする見解は、積極的に評価されることはほとんどなかったにせよ、概して好意的であった。しかし今日、その評価は格段に厳しい傾向にある。すなわち、戦災復興の過程において、しばしば誤った選択がなされたというのである。しかもそうした批判的な評価は、本書の重要な問題意識である戦後再建の再検討や、都市計画と社会とのかかわりといった論点と、密接に関係している。

とくに注目しておきたいのが、序章でもふれた右派の論客C・バーネットの戦後再建批判である。バーネットは、戦後再建ではイギリス経済の実情が軽視され、理想主義的な政策立案者が策定した諸政策がもっぱら追求されたため、世界市場におけるイギリスの競争力に致命的な打撃を与えたとする研究を一九八〇年代にまとめ、その主張は戦後再建全般を評価するにあたり、かなりの影響力をもってきた(1)。歴史家たちは、バーネットの議論がどこまで妥当するかについて検討を開始しており、戦災都市の復興はそれをおこなううえでの有力なトピックとなりつつある(2)。

また、後述のマーガレット・サッチャー元首相の批判が示唆するように、復興にあたって選択された方法が、往々にして、風変わりな発想をおしつける余地を計画作成者に与えすぎるものだったとして、都市計画のシステム自体に問題があったとする批判もある。この批判によれば、一般の人びとは、自分たちの街がどのような景観になり、どのように機能すべきかについての選択から除外され、その結果、人びとの疎外と無関心が引き起こされ、それが結局は都市構造の腐食をまねくほど広まってしまった。したがって、イギリスにおける今日のインナー・シティの危機は、終戦直後の数年間におかされた誤りに起因することは確かだというのである。

以上の批判的な見解はそれぞれに広く受け入れられ、有力な主張を展開してきた。しかし研究が緻密になされるようになると、これらの見解が、時にいわれるほど説得的なものではないことが明らかになる。戦災復興についての近年の批判は、せいぜいのところ、社会的調和の時期といわれた戦時のイギリスへのノスタルジアらしきものと、戦後の諸問題をひとことで説明してしまう〝奴ら〟と〝われら〟という対立とにもとづいた、さまざまな主張が曖昧に混合された程度のものにすぎない。そこでは、場所、日時、特定の責任についての明確な事実が、驚くほど軽視されている。本章の目的は、そういった批判者の見解の核心をなす問題のいくつかを再検討することにある。そのためにはまず、近年批判されている一九六〇年代までの評価に立ち返って、空襲と復興がイギリス諸都市に与えたインパクトを概観することからはじめる必要があろう。

一　一九六〇年代までの穏当な評価

表1-1　イギリス主要戦災都市の地方税評価額《レイタブル・ヴァリュー》の損失：
1940年4月1日と1945年4月1日の地方税評価額の比較

（単位：ポンド）

都市名	1940年4月1日の地方税評価額	1945年4月1日の地方税評価額	減少分（%）
プリマス	1,910,468	1,547,587	18.99
サウサムプトン	1,669,188	1,428,679	14.41
ポーツマス	1,939,859	1,677,285	13.54
カンタベリー	241,801	214,965	11.10
ハル	1,820,595	1,654,861	9.10
スウォンズィー	1,093,201	994,959	8.99
エクセター	745,850	679,877	8.85
グレィト・ヤーマス	357,428	330,246	7.60
ローストフト	257,465	240,243	6.69
ドーヴァー	285,675	268,224	6.10
リヴァプール	6,943,092	6,568,434	5.40
ブリストル	3,510,035	3,326,926	5.22
マンチェスター	6,685,960	6,404,446	4.21
コヴェントリー	1,634,883*	1,570,075	3.96
ノリッヂ	795,436	767,980	3.45
シェフィールド	3,488,162	3,405,011	2.38
サウス・シールヅ	564,328	556,800	1.33
バーミンガム	7,567,731	7,520,466	0.62

注）*1940年10月1日時点。
出典）HLG 71/617, ‘Blitzed Towns-Loss of Rateable Value: Comparison of Rateable Value as at 1st April 1940 and 1st April 1945’, 6 October 1952.

イギリスにたいする最悪の空襲のほとんどは、戦争の初期に集中した。一九四〇年から四一年のあいだ、ドイツ軍機は、ロンドン、バーミンガム、マンチェスター、リヴァプールといった主要な大都市圏や、ブリストル、ハル、ポーツマス、プリマス、サウサムプトンといった港市、また、コヴェントリー、シェフィールド、スウォンズィーといった工業都市など、重要な地方都市を多数攻撃した(3)。この空襲を間近で観察した人びとは、しばしば地域全体、おそらくは都市全体が完全に破壊された、と報告している。

しかし、一九四二年のドイツ軍によるソ連

侵攻の本格化にともない、イギリス本土への空襲が下火となるころには、破壊の程度がより明白になっていた。どの場合にも、損害は思ったより小さかった。最悪だったプリマスの場合でも、一九三八年時の住居数のわずか九パーセントが修復不能と分類されたにすぎない。とはいえ、都市によっては、破壊の範囲は狭くても、その程度が格段に大きな場所が存在した。たとえば、コヴェントリーのシティ・センターには建物がほとんど残っていなかったし、いくつかの罹災都市でも同じような状態がみられた。実際、シティ・センターでの被害で、地方当局の財政力の指針といえる地方税評価額《レイタブル・ヴァリュー》は下落し、このことは復興政策をすすめていくうえで戦災都市当局を大いに悩ませることになった（表1―1を参照）。ロンドンの下町イースト・エンドのポプラー区においても、一九四一年五月に書かれたつぎの助役の報告から明らかなように、状況は深刻だった。

区全体、とくに〔テムズ〕川の付近がひどくやられた。戦前、約二万三〇〇〇軒の住宅があったが、これまで応急の修繕をうけたのは三万軒におよぶ。すなわち、多くの住宅が一度ならず応急の修繕をうけたのである。損害を被っていない住居は、区内に三〇〇軒もない。(4)

ドイツによる空襲はイギリス国内に怒りと悲しみを引き起こしたが、それはまた、いくぶん思いがけないことに、イギリス人の希望や情熱をかきたてた。というのも、いまやイギリスは、まさに最新の方策で都市を復興する機会に恵まれた、とみなされたからである。そして、当然のことだが、このように手ひどくやられたところほど、その復興は大いに注目を集めることになった。

実際、戦災は、都市計画にとっての千載一遇の機会としばしばみなされた。たいていの都心部は、都市開発にかんする有効な規制がない時代に発展したので、第二次世界大戦勃発時の住民たちは、無計画な開発の諸結果である過密、不適当な立地による工場からの廃棄物、過度な通過交通《スルー・トラフィック》による危険、長時間通勤といった現象に苦しんでいた。空襲による破壊は、まったく新しいことが開始される機会をもたらすように思われた。ニュー・ディール下のアメリカと（旧）ソ連において新たにはじめられていたプランニングのための諸手段が、よりよい未来を創造するために使えそうであった。たとえば、左派の科学者ジュリアン・ハクスリーは、そのような可能性に熱狂したひとりである。

空襲は、都市計画家にとって思いがけない幸運だった。厖大な量にのぼる解体作業を、かなりの程度こなしてくれたばかりではない。より重要なことは、復興が必要とされており、しかもそれは適切に計画されなければならないのだと、あらゆる人びとが認識したことである。長期間の挫折の後に、ついに全国民の志向は前向きになった。いまこそ、われわれの街に真の都市計画をもたらす絶好の機会なのである(5)。

こうした高ぶる感情によって、『アーキテクツ・ジャーナル』誌が「復興にかんする夥しい文献」と呼んだものが、大戦中に生みだされることとなった(6)。その多くは啓蒙的な内容だったが、個々の都市がいかにして復興されるべきかについての輪郭を描いた、詳細な計画も多数あった。そうした計画は、パトリック・アーバークロムビー卿といった第一人者による高度に洗練された諸提案から、地方の建築家によるおおまかなものまでをふくみ、視野や独創性に差異がみられた。とはいえ、大多数の計画は、ある共通の諸原則にもとづいて考案される傾向があった。まず、既存のイギリス都市は基本的に機能していないという点で、見解は一致していた。技術的な欠陥は明白だった。たとえば、人間の移動やすべての商業活動に、自由で効率的な流れがまったくなかった。それどころか、多くの都心部が交通で氾濫し、そのことが時間の損失や経済的損失、危険な事故の元凶となっていた。同時に、都市は社会的な意味でも問題を引き起こしていた。一部の人びとは、羨望の的となるような都市型の生活様式を享受したが、多くの人にとっては、都市での生活は疎外されることにほかならなかった。健康的な中流階級地区と貧民のスラムとのあいだの顕著な相違が、そのすべてを物語っていた。

したがって問題は、こうしたもろもろの欠陥をいかにして是正するかということであった。ここでも、かなりの意見の一致が認められた。都市計画は十分に包括的なものでなければならなかった。なぜなら、これまで多くの都市は、戦前にこころみられた限定的な都市計画では機能してこなかったし、問題の大きさを考えれば、いずれにせよそれでは不適当だとみなされたからである。しかも計画家たちは、今後は、影響力をもつ一部の人の利益を優先させるだけではなく、地域社会のニーズ全般を考慮しなければならなかった。このことは、復興計画において種々の特有な手段がつぎつぎに採用されることを意味した。復興される都市では、住宅と工場といった相容れない要素を峻別するように注意深く用途地域の決定がなされ、交通をより円滑化するために放射状の道路網が採用される必要があった。また、社会的な問題は、都市部を近隣住区（neighbourhood unit）に分割することによって克服されるとされた。個々の近隣住区は、数千人の住民と固有の医療、教育、レクリエーション施設とを擁し、それによって住区のアイデンティティとまとまりは強固になるとされた。最後に、計画を作成する当局は美観上の諸要素をおろそかにしてはならなかった。興味を呼び起こす景観や創造力に富む建築は、都市生活の質に劇的な差異を与えうるものだった。それらは長く富者によって享受されてきたものだが、ついにその喜びを、他の人びとにも分かちあってもらうときが到来したのである。(7)

また、政府による法制度の整備がすすめられた。イギリスで都市計画関連の法律がはじめて制定されたのは一九〇九年のことだが、その後三〇年間で実質的になしえたのは、未開発地の将来の開発にかんして地方当局が指針を示しうるという程度のことであった。これまでの法律はほとんど強制力をもたなかったし、一方、既成市街地の抜本的な再開発を可能にするような法律は、そもそも存在しなかった。そこへ、戦災復興が契機となって、法制度の整備・強化が戦時連立政府のもとですすめられた。一九四三年には都市計画を専一の管掌業務とする都市農村計画省が創設され、翌年には、戦災が集中したシティ・センターの再開発を主眼とした一九四四年都市農村計画法が制定された。同法によって、地方当局は復興計画にもとづく再開発に必要な土地を買収できるようになったのである。しかも、その財政措置には、国庫補助がかなりの程度あてられることになっていた(8)。

それゆえ、問題点の分析や適切な是正策の呈示に奮闘していた都市計画の支持者たちは、さまざまな点からみて、かなり楽観的な状況のなかで終戦を迎えようとしていた。彼らの興奮は、一九四五年総選挙の結果によっていっそう高まった。勝利をおさめた労働党は、保守党にくらべて、国家介入やあらゆる類のプランニングにずっと前向きだったからである。新たに都市農村計画大臣に就任したルイス・スィルキンは、抜本的再建に非常に熱心なことで知られていた(9)。いまこそまさに、戦災都市をすべての人に平等に開かれた、しかも効率的な都市に変えることが確信できる、と考えられた。

後年、こうした希望の少なくともいくつかは十分に実現された(10)。戦災都市のシティ・センターのほとんどは改善した方向で復興され、より多くのオープン・スペースやスムーズな交通の流れや一連の施設を、その特色としていた。また、たとえばコヴェントリーやプリマスが、一九四五年から五三年の間に、仮設ではない本格的な構造の住宅をそれぞれ八〇〇〇軒以上も供給したように、住宅の建設もかなり進んだ。産業面での再建も、けっして無視されたわけではなかった。一九五二年後半にハルを訪れた『タイムズ』紙の記者は、大戦時の軍需工場建設から数えれば、同市において四〇〇万平方フィートに相当する工場建設があったことをみいだしたし、他の場所からの報告も、同じような工場建設の進展ぶりに言及していた(11)。

しかし、こうした成果にたいして一連の失望感も存在した。第一に、復興は当初見込まれたよりもずっと遅いペースでしか進んでいなかった。一九五〇年以前にシティ・センター復興計画の実施に着手された例はほとんどなかったし、計画が実施されるまでにはしばしば一〇年以上かかった。サウサムプトン市選出の下院議員が描写した、一九五三年における同市の商業区域の状態は象徴的である。

店舗、オフィスや他の商業建築物で、復興されたものはほとんどない。メイン・ストリートから裏通りまで入っていけば、かつて立派な建物があったところに、平屋のプレハブ造りの店舗が立ち並んではいる。しかし、……やなぎ草や他の野草が生えただけの、むきだしで荒れ果てた区画もあちこちにある(12)。

同様に、住宅供給の規模は、かならずしも必要に見合うものではなかった。たとえば、うえに示唆したように、プリマスは住宅供給にとりわけ熱心に取り組んだが、それでも、戦後八年の時点で、市内の公営住宅に入居待ちする人がなお九〇〇〇人もいたのである(13)。

くわえて、大戦中に熱心に討議された都市計画の諸原則から、徐々にではあるが、はっきりとわかる後退がはじまっていた。労働党政府によって制定された一九四七年都市農村計画法にしたがい、一九五一年以降に戦災都市の総合的な開発計画（Development Plan）が作成されたとき、その多くはいたって散文的であり、かつての平等主義的で華麗な文体や美辞麗句はほとんどみられないことが注目された。ポーツマス計画の評者は、この点をとくに痛感していた。

〔計画文書の〕序文で、一九四五年以来財政上の締めつけが日増しに厳しくなったために、市は「大胆に計画する」ことから「控えめに計画する」ことへ、そしていまや「必要欠くべからざる部分についてのみ計画する」ことへと方針転換せざるをえなかった、と説明されている。装飾は削除され、職人的な計画が作成されたのである。(14)

こうした状況のもとでは、事情に通じた批評家たちが一九五〇年代における復興の進展ぶりを考察するに際して、たいてい控えめな結論に達することは避けられなかった。アメリカからイギリスを訪れたルイス・マンフォードやレオ・グレブラーは、コヴェントリーやポプラーを好意的にみたけれども、グレブラーは、それ以外の都市では好機が生かされなかったと感じていた。(15)新しい建築様式について、イギリス人の専門家や観察者のあいだでは意見が鋭く二分された。影響力のある記者だったイアン・ナイルンのようにその斬新さを非難する者と、それを讃える者とがいた。(16)より全般的な評価は、なしとげられた復興が限定的な内容だったこととならんで、復興の進展を妨げてきた種々の圧迫要因を強調した。都市設計（Civic Design：実質的に都市計画と同義）のリヴァー教授（Lever Professor）だったH・マイルズ・ライトは、復興の最初の一〇年間は、とくに当初の期待を考慮して評価すると、「落胆させられる」ものだったと感じていた。

新しい建築様式や復興計画の大半は、長期の経済的な利益を生むと期待され、長期の社会的な便益を確保するよう意図されていた。しかし結局は、短期的なニーズが支配的となった。その結果、責任感のある者なら得策ではないとみなしたであろうことをずっとおこなうはめになり、そのため、これまで困難だった難問の解決は、今後はいっそう難しくなるだろう。

それにもかかわらず、マイルズ・ライトが認めたように、このような評価は地方当局を徹底的に糾弾するものではなかった。なぜなら、彼の意見によれば、起こってしまったことの多くは「政治的にも、普通に考えても避けがたかった」からである。[17]

以上が、一九六〇年代まで支配的だった穏健な評価であった。しかし近年、そうした評価はことごとく挑戦をうけ、実際にいくつかの場合覆されてきた。前述のように、戦災復興についての現在の見解は非常に批判的な傾向にある。そうした批判がどういった類のもので、また、マイルズ・ライトのような権威者たちの見解をどの程度修正できるかについて、詳細に検討してみることが必要であろう。

二　辛辣な右派の修正論の誤謬

(1)　C・バーネットの見解との関連で

本章の「はじめに」で示唆したように、修正論をたきつけた非常に影響力をもつ最近の研究は、C・バーネットの『戦争の決算』(一九八六年刊)である。バーネットは、とくに社会政策にかんする第二次世界大戦中の議論の大半で、イギリスが直面した問題にたいする理想的・ユートピア的な諸方策に賛成した、ニュー・イェルサレム派と呼ばれる人びとが優勢だったと主張する。そうした人びとは戦後さらに影響力を増し、労働党政府の思想や活動を決定づけた。その間、イギリス経済の実情を直視した者たち、すなわち、ニュー・イェルサレム派が夢見るような社会革命を達成する余裕などないことを知っていた人びとは、脇におかれていただけであった。こうして、バーネットからすれば間違った優先順位で戦後再建がなされるようになった。政府は、産業の再建にもとづいた経済の活性化に集中すべきであったのに、むやみに金のかかる福祉計画に気をとられてしまった。バーネットの言によれば、「新しい邸宅を買えるほど裕福になれるよう新しい仕事場をつくることからはじめるべきところを、イギリスは一直線に邸宅に飛びついてしまった」(18)。その結果、イギリス経済、そしてイギリス国家そのものが、現実を直視する者が懸念したような重大な損害を被ってきた、というのである。

バーネットの主張は、かなり一般的なレヴェルに焦点を合わせたものだが、本書で検討している戦災復興という特定の問題にも、明らかにかかわりをもっている。くりかえしていえば、一九五〇年代に示された一致した見解は、都市計画にかかわった人たちを、経済的・社会的な諸困難のためにみずからの計画を縮小した穏健な改革者として描写するものであった。これに反してバーネットの著作は、とくに計画家の態度、相対的な権力、そして実際になしえたことにかんして、まったく異なる結論を提示しているようにみえる。そのような再評価は、実証的にも支持されうるのだろうか。

最初に立証すべき点は、都市計画にかかわった人たちの意向についてである。計画家たちは、はたしてニュー・イェルサレム派だったといってよいのであろうか。一部の者は、費用をほとんど気にしなかった点で非常に理想主義的だった。その根底にあったのは、安上がりにすまそうとしたあげく、あとになってから高価につくような選択をしてしまったら、それでは都市計画とはいえないという考え方であった。啓発され知識をもって事前に考慮することで容易に防げるような、渋滞、事故、汚染といった現象は、目に見えこそしないが、高価な負担を社会に課すというのである。[19] 計画家の仕事は、最善のものを推奨し、そうすることで社会の意識や士気を高めることだ、と考える者もいた。一九四三年に作成されたプリマス計画をのちに批評したある人物は、作成者たちがおそらくこのアプローチのほうを選んだと感じていた。その批評家は、計画文書はいまになると、まるで「消耗的な戦争の後の〔プリマス〕市の経済的状況にかんする鋭い査定というよりも、この国と同市の将来への自信を宣伝したもの」のように読めると主張した。[20]

とはいえ、右のような理想主義的な見解は、概して少数意見であった。一部の都市計画家は大戦中に、革新的な変化の見通しにたいしてハクスリーが感じた前記のような興奮を共有したかもしれない。しかし大多数の者は、より保守的な見通しに傾く傾向にあった。『アーキテクツ・ジャーナル』誌が報告したように、しばしばみられた計画家の基本的な前提は、「将来は過去においてよく役割を果たしてきた鋳型に合うようにつくられうるし、またそうされるべきである」というものだった。[21] 一九四五年以降、そうした態度はますます顕著になった。復興の任を担うべく急速に拡大しつつあった地方当局の計画課は、空想家よりも実務家をより重視し、それゆえ、土木技師、測量技師、または建築家の資格を有し、そのいずれかの分野ですでに実務経験がある者を都市計画業務の責任者として採用する傾向にあった。一九四〇年代末のある調査は、この傾向をつぎのように記している。

〔調査した〕一五三のあらゆるタイプの計画当局のなかで、計画の責任が土木技師にあるケースが八一例、建築家にあるケースが三四例、測量技師にあるケースが三二例であり、そうした基本的な職業上の資格はも

たないで、都市計画協会の試験に通っただけの同協会会員にあるケースは六例であった。(22)

その結果、当初の復興計画がアーバークロムビー卿のような、どちらかといえば理想主義的な人物によって作成された場合でも、実際の都市計画行政は、たいてい非常に実務的な関心をもつ者によってコントロールされた。グレブラーは、一九五〇年代にイギリスを訪問した際、四〇年代に著名だった人物で依然として高位を占めている者がほとんどいなかったことに衝撃をうけた。

大戦中や戦後間もないころにイングランドで出版された多数の都市計画文書を貪るように読んだ者としては、その著者である有名な計画家のなかにみずからの提案の実行に従事する者がほとんどいないことを知るのは、少なからぬ衝撃である。しかも、計画案を作成した建築家が最高責任者の地位を保持しているのは、ロンドン、コヴェントリー、カンタベリーだけである。ほかではすべて、精力的で決然とした行政者――これはたいてい市の土木課長なのだが――がその地位を引き継いでおり、プロの計画家は低い地位にある。(23)

したがって、一九四〇年代の都市計画家の大半をニュー・イェルサレム派とみなすのは誤りであろう。

さて、バーネットによる主張の第二の論点は、権力にかんするものである。一九四〇年代・五〇年代において社会政策を策定した計画家たちはみな非常に影響力をもち、実際に政府の意思決定を支配した、とバーネットが述べていることを想起されたい。この見解は、都市計画という特定の事例にもあてはまるのだろうか。

戦災復興にかんする最初の公式発言は、空襲がつづくさなかに戦時連立政府の大臣たちからなされ、概してその内容は急進的なものであった。ウィンストン・チャーチルから戦災復興をはじめとする国土再建問題の監督者に任命されたリース卿は、戦災地の地方当局が、想像力に富んだ再建の方策をとることを熱望したひとりである。一九四一年七月の記者会見でリース卿は、財政や行政区域が都市計画の抑制要因とみなされるべきではないことを強調し、つぎのように述べた。

多くの地方自治体が私に、政府の後押しを当てにできるのかと聞いてくるが、私は、それはまだ検討されていないと返答してきた。……では「どうされるおつもりなのか」と自治体がたずねてきたら、「……大胆な、包括的な計画をたてなさい。……私なら、そうあるべきと考える状況にかなう計画をたてる」と答えよう。あとはそれをもとにして、自治体が好きなものをつくればよい。そういったところで、大蔵省に補助金を約束させるものではないし、それはまた、地方当局を行政区域という境界で縛るものでもない。しかし、計画策定をはじめる前にこうした境界で計画を限定してしまっていたら、せっかくの都市計画も何にもならないのである。(24)

しかし、大戦半ばまでには、この種の方策にたいして強い警告が発せられるようになっていた。まず、チャーチルが、国内の戦後再建にかんする事項の決定は戦争終結まで残しておくのが最善であると信じており、(25)戦後再建についてのいかなる言明もよしとしなかった。都市計画に対立しがちな既得権益を有する利害関係者も、理想的な計画を抑制するよう迫った。不動産所有者の諸組織は、現状を維持すべく、すでに「積極的な運動をはじめる」ほどに興奮していると伝えられた。しかも、商業をはじめとする重要な業界の諸集団は、既存都市の姿を一変させるような都市計画を奨励するリース卿の見解に、よい印象をもってはいないようだった。政府は復興の過程にかかわるべきではない、と大半の者が感じていた。シティ・センターの性格を変える必要もないとされた。たとえば、ショッピング・センターは、一九三九年以前の方向で再建すべきだとされたのである。(26)

こうした事情のもとに、戦時連立政府は理想的・抜本的な都市計画からの後退が最善策であると決意した。(27)リース卿は、すでに一九四二年初め、復興の監督者たる大臣の座を突然解任されていた。そしてそれ以降、戦災復興の方針にかんする政府の公式声明はますます煮え切らないものとなっていった。関連する法律の制定についても、同じように理想からの後退が起こった。明らかに、戦災都市はなかば廃墟と化しており、政府は、なんらかの新しい都市計画法案を提出しなければならないことは認識していた。しかし政府には、議論をよぶような提案を是認する用意はなく、したがって一九四四年都市農村計画法は、じつは既存の取り決めにできるかぎり触れないものだった。同法では、地方当局の計画権限は強化されたものの、財政条項が硬直的であるために、地方当局は政府からの財政的な援助を十分に活用できそうにもなかった。(28)

もちろん、こうした経緯は、大胆な復興を望んだ人たちにとって期待はずれのものとなり、かなりの批判を呼び起こした。にもかかわらず、そうした批判をおこなう人のなかでさえ、慎重な態度をとる兆候がみられた。労働党の指導者たちは、一九四四年都市農村計画法よりも強力な法律を望んだが、かつて公約していた即座の徹底的な土地国有化については、ためらうようになっていた。(29)また、地方労働党も、都市計画の諸政策が他の諸目的と容易に衝突しかねないと認識しはじめていた。たとえば、ウエスト・ハム区の再建委員会は労働党が支配していたが、典型的なディレンマに直面していた。同委員会は「理想的な方針にもとづく復興」、とくに同区にグリーン・ベルトを加えることを望んだ。しかし、グリーン・ベルト地帯をつくって土地の「利用・開発を禁止する」ことは、地方税評価額の減少をまねくことが予測された。地方税の基盤がこれ以上減少したら、やはりウエスト・ハムが切望する新しい公営住宅をどうやって賄えるのか、というのである。(30)

したがって、全般的には、計画家が大戦中に政府の関心をひきつけたことは疑いない。また、たしかに、リース卿は都市計画ロビーの発想に好意的だった。しかし戦時連立政府全般についていえば、事情はかなり違っていた。実際、政府の政策は、狭量な政治的考慮と既得権益所有集団からの圧力とによって大部分が決定された。都市計画運動にもっとも熱心だった者のなかには、完全に裏切られたと感じる者もいた。たとえば、『アーキテクチュラル・デザイン』誌の編集長は、政府のシニカルな姿勢にぞっとしていた。一九四〇年・四一年に塗炭の苦しみのなかで示された都市の将来にかんする斬新な発想は、国民の士気の高揚という目的を果たした。しかしその後、そうした発想は「偽善と不誠実」が跋扈するなかで葬り去られてしまった。

〔大戦初期の〕そうした発想は、一〇〇〇ドルもする高価な棺に入れられ、政府という葬儀屋の口から発せられる控えめにも見事な弔辞を浴びながら、埋葬された。彼らの葬儀の取り仕切りは、ある奇妙な事情を除けば、非の打ちどころがないほど見事だったといえるだろう。葬儀屋自身が、これらの生贄が安らかに死ねるよう画策してきたのだ。その誕生に際しては、希望のオーラを発しながらそうした発想を称讃し、それを見た国民は黄金時代が目前にきていると感じたというのに。(31)

この状況は、戦後どの程度変わったのだろうか。前述のように、一九四五年総選挙での労働党の勝利は、計画家と政府との関係がより緊密になるだろうという強い希望を抱かせた。そしてしばらくのあいだは、そのように展開しつつあるようにみえた。新政府が制定した、介入色を強めた一九四七年都市農村計画法（地方当局に、より強力な土地の強制買収権限と有利な補助金の条件とを与えたもの）は、たしかに都市計画関係者から歓迎された。しかし、このハネムーンが長続きしそうにないことは、ほどなく明白となった。イギリスは国際収支の大幅な赤字をきっかけとした未曾有の経済危機に直面し、なによりも工業生産の増強を必要としていた。結果として、よりすぐれた都市計画は、戦災復興でさえも、棚上げにされた。新政府の都市農村計画大臣となったスィルキンは、都市計画が工業生産増強の犠牲にならないようにと全力を尽くしたが、ついには事態に屈せざるをえなくなった。一九四七年一〇月におこなわれた全国の戦災都市当局との会合で、スィルキンは「わが国の経済状況の好転を最優先すべき再建政策にかかげ、その実施に全力をあげている」政府には、戦災復興は「『贅沢品』、つまり、経済状況の改善には無関係なものとしかみなされない」と語るしかなかったのである。[32]

すでに政府は、戦災都市当局が申請した一九四四年都市農村計画法にもとづく再開発予定地の買収の範囲を大幅に縮小していた。[33]一方、戦災都市のなかには、サウサムプトンやハルのように、抜本的な再開発をめざした復興計画を策定しておきながら、経済的な理由から当初の計画を放棄し、より安上がりな計画をあらためて策定するケースも出てきた。[34]

政府の『都市農村計画　一九四三〜一九五一年』（労働党政権最後の年に公刊された）は、一九四〇年代後半の計画家にとって、めぐり合わせがよいことがほとんどないことを認めていた。

国際間の緊張が高まり、経済回復の要求がなによりも重要になるなかで、計画家はしばしば、さしあたって好都合だからというだけでなされた決定に黙従しなければならない。たとえ、短期でといわれることがほぼつねに長期にわたって害を与えるものであり、ドルを稼ぐ必要からとられた今日の決定が明日には再開発計画をひどく難しいものにさせる、と知ってはいても[35]。

こうした事情では、都市計画ロビーやその盟友からの不満や不平が表面化しないはずはなかった。労働党所属の市会議員のなかには、ウエストミンスターの「自分たち」の政府に完全に失望させられたと感じる者もいた。たとえば、一九四八年にポプラーでおこなわれた集会では、同区にたいする中央政府の姿勢は「まったくもって屈辱的」であると評された。区は、空襲このかた再建の開始を強く迫っていたが、それもほとんど功を奏さなかった。「政府は金がないという。しかし、もうその金を見つけていてもいいころだ。空襲とそれ以来の年月でわれわれが得たものは、結局、瓦礫だけなのである[36]」。

これとは違った類の失望を口に出す者もいた。社会主義者の建築家たちは、労働党が復興において、審美的側面を尊重していくだろうと信じていた。それは、建築や都市設計が審美的にすぐれていることの格段の重視につながるはずであった。ところが、労働党が支配する地方当局は、つねにもっと世俗的な問題に釘づけにされたために、こうしたことが起こった様子はほとんど認められなかった。左翼寄りの都市計画家だったトマス・シャープは、とくにこの「実利主義」を酷評し、たとえば『トリビューン』紙上でつぎのように非難した。

話が美についてとなると、労働組合員や労働党所属の市会議員は、どうも頑なになりがちだ。ダラムの労働党はまったく思慮を失い、イギリスでもっともすばらしい大聖堂を台無しにしかねない発電所の建設に躍起となった。オックスフォードの労働党は、世界でも有数の高貴な街の将来よりも、コウリーにあるナフィールド工場を大事にすることにずっと気を病んでいる。……美とは、初期社会主義者たちのユートピアのなかで、もっとも大事にされた特質のひとつだった。いまや、それを気にかける者はおよそいないようだ。[37]

したがって、計画家にかんするバーネットの一般論的な主張は、どれも戦災復興という特定の事例にはあてはまらないということができる。では、ひとたび復興が開始されてから実際になにが起こったのかについて、彼の記述はより適切であろうか。戦災都市での復興は、工場建設をなおざりにして、福祉寄りに歪められておこなわれたのだろうか。

資料の状態からすると、これは厳密に答えることが難しい問題である。[38]とはいえ、ここでもバーネットの主張が、他の問題についてと同様に、あてはまりそうにもないことを示す十分な証拠がある。労働党が工業生産の増強を重視したということは、戦災都市においては（他のいかなる場所でもそうであったように）、都市計画にかんする決定のなかで、一般に工業利用がなによりも重視されたことを意味する。その結果として、通例、企業家たちは戦争による損害の復旧をかなり容易におこなうことができた。[39]他方、地方当局にとっては、一般に他の諸提案の遂行は困難であった。なかでも前述のように、戦災都市、とくにそのシティ・センターの復興は中央政府から贅沢品とみなされ、そのために財源が枯渇し、「実施の目処が立たない公共事業」と評されたままの状態に甘んじていた。[40]

シティ・センターでの建設事業は、一九四九年になってようやく開始されたが、それは一都市当たり年にビル一棟程度の「名目上」の事業を予定したものにすぎなかった（表１－２および表１－３を参照）。[41]結局、労働党が政権の座にあった一九五一年までのあいだに、シティ・センターでの建設事業は本格化する素振りさえなかった。

表1-2　政府から戦災都市への鋼鉄資材供給

（単位：トン）

都　市　名	1949年	1950年（計画）2)
プリマス	750	4,200
サウサムプトン	270	1,600
ポーツマス	750	2,800
カンタベリー	0	400
ハル	450	2,400
スウォンズィー	75	1,700
エクセター	450	1,500
グレイト・ヤーマス		0
ローストフト	500（グレイト・ヤーマス、ローストフト、ノリッヂ計）	1,000
ノリッヂ		0
リヴァプール	0	500
ブリストル	390	3,700
マンチェスター	200	800
コヴェントリー	750	7,000
シェフィールド	400	2,500
サウス・シールヅ	180	500
バーミンガム	0	800
総　　計	5,540 1)	31,400

1）予備分375トンをふくむ。

2）1950年については計画のみで実施されず，資金供給に変更された。

出典）HLG 71/2222, 'Steel for Blitzed Cities', Note of Edward Muir, 15 February 1949, 'Annex B'; HLG 71/2222, Ministry of Works, 'Steel Requirements 1950: Schedule', 13 July 1949 より作成。

表1-3　政府から戦災都市への復興事業用資金供給

（単位：ポンド）

都　市　名	1950年	1951年
プリマス	100,000	550,000
サウサムプトン	0	250,000
ポーツマス	100,000	450,000
カンタベリー	0	140,000
ハル	50,000	300,000
スウォンズィー	50,000	250,000
エクセター	50,000	350,000
グレィト・ヤーマス	0	80,000
ローストフト	0	40,000
ドーヴァー	0	75,000
リヴァプール	0	100,000
ブリストル	50,000	250,000
マンチェスター	0	100,000
コヴェントリー	100,000	550,000
ノリッヂ	0	120,000
シェフィールド	0	350,000
サウス・シールヅ	0	60,000
バーミンガム	0	100,000
総　　計	500,000	4,000,000

出典）HLG 71/2224, Letter from E. A. Sharp to Hugh Dalton, 15 May 1950; *The Times*, 5 August 1950 より作成。

戦災都市のあいだでは、「終戦より六年にして数棟の建物しか存在しえない状況は、シティ・センターの完成を生きて見る者はないことを意味しよう」といった絶望的な観測さえ広まった(42)。

こうした状況のもと、戦災都市での復興の優先順位については、住宅供給にずっと高い順位を与えることで同意があったわけだが、それも実際には、十分と評するにはおよそほど遠いものだった。政府による住宅供給の割当は、たいてい戦災都市の要求を下回った。住宅供給の絶対量さえ不足する状況では、都市計画にもとづいた住宅政策を推進する余地などなかった。前述のように、大部分の地方当局は近隣住区――住宅と適切な施設をともなった――の建造を望んでいたが、実際それに成功した例はほとんどなかった。それはたんに、中央政府から財源がこなかったからである。その結果、一九五二年に社会学者チャールズ・マッジが、戦後に造成された一〇〇の住宅地にかんする情報を収集して示したように、計画と実際の供給とのあいだに驚くべき不均衡があることが明らかになった（表1―4を参照）[43]。

表1-4　戦後に造営された100の住宅地における諸施設についての計画と実際の供給，1952年マッジ調査

施　設　名	計画件数(A)	建設件数(B)	B／A(%)
託　児　所	13	–	–
保育学校	46	1	2
幼児診療所	24	6	25
幼児遊戯所	22	2	9
戸外運動場	52	14	27
保健センター	33	–	–
コミュニティ・センター	50	4	8
地区図書館	46	11	24

出典）C. Madge, ‘Survey of community facilities and services in the United Kingdom’, *U. N. Housing and Town and Country Planning Bulletin*, No. 5 (March 1952), pp. 31-41 より作成。

したがって、バーネットの著作『戦争の決算』は、当初思われていたほどには、戦災復興の議論をするにあたって適切なものではない。少なくとも戦災復興の場合、彼の著作は修正論者の論拠とはなりえないのである。そうだとすると、現在よくいわれている復興にかんする批判の第二のパターン、すなわち、解決策は非民主的におしつけられたとする批判が、より重視されるべきなのだろうか。

（2）都市計画は非民主的おしつけだった？

最初に戦後再建期の都市計画が非民主的だと主張した者のひとりに、一九五〇年代初頭にイギリスを訪問したフランスの住宅政策専門家、G・ピリエがいた。ピリエは、みずからがイギリスの都市計画システムに固有なものとみなす「啓発された専制主義」を好ましく思わず、それが「全体主義国家でよくみられる心理状態と奇妙に類似した心理状態」からくるものと感じた。そこに、大衆レヴェルでの議論や参加の余地はなかった。それどころか、政治家や行政官は、自分たちこそがつねに最善の策を知っていると信じていた。ピリエにとって、概して戦後再建期のイギリスの都市計画とは、あらかじめ

定められた厳格な方式の適用であるという点、すなわち、「『われわれ公権力が決定し、諸君はまえもって相談されることなく従わねばならない。というのも、われわれはよく知っていて、諸君は無知だからである』」とする点で問題だった。(44)

最近でも、戦後期にかんする議論のなかで、同じような主張がかなり広範になされてきた。コリン・ウォードやアリス・コールマンといった住宅政策の専門家は、一九四五年以降にとられた量的な解決策に批判的であり、計画家は概して大衆の希望を理解できなかったと考えている。(45) 労働党の社会主義では生ぬるいとして、同党に批判的なさらに左寄りの批評家たちは、党が興味をもったのは「上意下達」式の解決法のみだったために、その社会政策が「官僚的で干渉政治的な姿勢」にみちていたと主張する。(46) また、フェミニストたちもこの官僚的なおしつけについては同様の意見を述べ、男性建築家の「大仰な理論」と「人びとが追求することを望んだ生活様式」とのあいだの差異に、とくに言及している。(47)

ついには右派の政治家までが、非常に似かよった結論に達した。たとえば、マーガレット・サッチャー首相は一九八七年の保守党大会で、「計画家たち」はしばしば「私たちの街から心を取り除いた」と語り、さらにつづけて、戦後の都市計画制度全般にたいする広範な攻撃を開始した。

計画家たちは、何世紀もかかって成長した親近感のあるシティ・センターを一掃した。彼らはそれを、高層建築物の楔と、縦横につながる自動車専用道路とで代替した。そこにはわずか形ばかりの芝生と吹きさらしの広小路があるだけで、歩行者も足を踏み入れるのを恐れる。計画家は、「自分たちは人びとの生活パターンをこわしているのではないか。人びとを友人や隣人から切り離しているのではないか」とは考えなかった。彼らは、「地域社会全体を破壊しているのではないか」と疑ったりはしなかった。

彼らはそういったことなど、なにひとつ考慮しなかった。……彼らはただ、地方当局の人間を働かせただけだった。なんという愚行、信じがたい愚行であろうか。……諸計画は、数多くの建築関係の賞を勝ちとった。しかしそれらは、人びとにとっては悪夢だったのである。(48)

こういった点をすべてまとめると、明らかにひとつの強力な主張となる。すなわち、人びとは都市がどのようにあってほしいかについての明瞭な考えをもっていたが、傲慢な計画家たちは自分たちの考えを適用することだけに関心をもっていた、そしてそれはコモン・センスにたいする相容れないドグマの勝利だった、というものである。しかし一部の人が述べたように、この単純なモデルが戦後の当初一〇年間に実際にあてはまるかどうかは、あらためて問う必要があろう。このことは、計画家と人びととの関係を大戦初期から詳細にみるということでもある。

くりかえし述べれば、都市計画への関心の高まりは一九四〇年から四一年に起こった。新聞は、戦後に建設される「新生イギリス」の話題でもちきりだった。その結果、多くの専門家が特定の戦災都市の復興計画作成へと駆りたてられた。なかには、自分の考えだけにもとづいて計画を作成した計画家もいたが、大多数の計画家は、「都市計画の恩恵を与えたい人びとの願望や生活観を知る」ことなしには、その計画も失敗におわるであろうことを認識していた。まだ戦争中であることを考えると、直接的な協議の可能性はなかった。したがって計画家たちは、一般大衆の意見を聞き、彼らの考えや意見を理解するために、できるかぎり調査をおこなう必要があった。このことは、既存の調査を見直していくことでもあった。しかもその際、『アーキテクチュラル・デザイン』誌の言によれば、「復興問題にかんする可能なかぎり広範な一般〔市民〕レヴェルでの討論」が必要だった。[49]

これは一見したところ容易におこなえそうな目標だったが、実際には、計画家たちがそれを実行しようという段になると、ただちに現実的な諸問題に直面した。一九四一年のあいだは、復興への一般的関心は「敵軍空襲の程度に比例して増減したようであった」。[50] しかし、その翌年になると、大多数の人びとが復興問題にすっかり飽きてきたのは疑いようのない事実だった。『アーキテクツ・ジャーナル』誌のコラムニストだった「アストラガル」は、一九四二年を回顧して、空襲の終焉が復興を「切迫した問題ではないように、いくぶんかさせて」しまったと感じた。一九四〇年から四一年という騒然とした日々には、人びとはまったく新しい出発を期待したのかもしれなかった。だがいまや、人びとの願いは世俗的なものにむけられがちとなった。

戦前には、郊外住宅地への漠然とした郷愁、フラット〔中層集合住宅〕にたいする根強い嫌悪、そして建築物の質にたいする静かな怒りといったものが、人びとの心を夜ごと去来したものだった。いまやそれらは、心に残ってはいるが、かすかに思いだされるだけの大海の魔物のように、すっかり穏やかになってしまった世論をときおりざわめかせるだけの感情となったのである。[51]

それゆえ、「徹底的に訓練・教育された少数の専門家」と「当惑した大多数の素人」とのあいだに、「驚くべき」大きさの隔たりが起こりつつあることが認められたのである。[52]

その後の二年間で、この傾向にたいする不安はいちじるしく増大した。計画家たちをもっとも憂慮させたのは、住宅と都市計画についての、一般大衆の見解を示す一連の調査結果だった。[53] というのも、これらの調査は科学的厳密さやサンプルの大きさの点では千差万別だったが[54]、どれも一様に疑いのない結論に達したからである。人びとは、明らかに、自分の身の回りにあるさしあたっての必要にますます気をとられ、理想的あるいは長期的な復興計画には無関心になっていた。

大多数の人にとって、関心の的は家であった。戦争はひどく破壊的で、住居も家庭生活もめちゃめちゃにした。人びとには、失われたものを造りなおしたいという切なる思いがあった。実際、多くの人にとって家の再建が絶対的に必要であり、感情的・心理的な落ち着きを再発見する唯一の手段だった。「あなたにとって、家とは何ですか」とパネル調査の対象者たちにたずねたマス・オブザヴェイションの調査では、物的属性をあげた回答がほとんどなかったことが認められる。とくに女性は、つぎの典型的な回答が示すように、家を物質的ではない人間的なものと関連づけて考える傾向があった。

家とは困ったときに行くところだ。過ぎし日がとても幸せだったところだ。戦争でいたましく変わってしまったところだ。家主を気にせず、好きなようにできるところだ。いざ住んでいると、気晴らしに逃げだしたくなるところだ。……離れてみると素晴らしく、そしていつも頼れるところだ[55]。

とはいえ、多くの人はこういった感情を抱いたものの、自分自身が復興においてなにか共通の努力をなすべきだとは考えていなかった。人びとは、疎開者とであれ、宿舎割当できた兵士とであれ、住む場所を共有することを嫌うようになっていた。将来、家を建てることは、本質的に私的でかつ個人的な事業であるべきだった。マス・オブザヴェイションの主要な調査である『人びとの家』は、人びとがどれほど放っておいてほしいと願っていたかを、つぎのように力説している。

人びとの感情に影響をおよぼす重要な要因のひとつに、プライヴァシーがどの程度守られるかがある。閉めることのできる「自分自身の玄関」が、家についての人びとの考えのなかで際立っているのである。隣人が覗き込める窓や庭、また、道路や向かいの家から見えるバルコニーは、すべて嘆かわしいものとなる。人びとの多くは、他の家族はおろか、たったひとりの人間とでも家を共有することを、嫌悪するのである。現在、多くの人びとが家の共有を余儀なくされているのだが。(56)

一九四三年に二八一の「都市女性ギルド」(Townswomen's Guilds)が将来の生活にかんする討論をおこなったが、その主要な結論のひとつは、同じように「家庭および個人の双方にとっての」プライヴァシーの重要性であった。(57)

当然ながら、右のような感情は、将来の住居のデザインや所在地にかんするかなり詳細な選択となってあらわれた。あらゆる調査は、大多数の人びとがフラットよりも普通の家に住むことを望み、また、庭を持つほうを好んでいることをみいだした。(58)さらに、雑踏のなかのシティ・センターの外に住みたいという強い願望があった。たとえば、一九四三年の「女性諮問住宅評議会」(Women's Advisory Housing Council)による調査では、回答者のなかで都市に住みたいと望む者はわずか一七パーセントにすぎず、三〇パーセントは田園を、五二パーセントは郊外か小規模な街のほうを好むことが明らかにされた。(59)

以上は、かなり明確な選択を示唆する回答だった。ところが、地域の施設や都市計画一般というようなより広範な質問について考えるよう求められると、人びとの回答はずっと曖昧になり、熱意の欠如がはっきり示された。『人びとの家』の著者たちは、「地域社会全体への関心」が「出会った主婦のあいだでほぼ完全に欠如して」いると感じた。この結論は、別のいくつかの調査でも言及されていた。[60] 事実、ある評論家が指摘したように、収集された情報はしばしば矛盾しがちだった。推論しうるのは、せいぜい、「ある人はあるものを好み、他の人は別のものを好む」ということであった。[61] おそらく、唯一識別できた強い傾向は、共有はごめんだという願望だった。したがって、さきの都市女性ギルドの討論は共同の洗濯場について、大差でもって反対を唱えた。実際、ほぼすべての者が、「『断固反対』であるとか、『家の恥は外に出したくない』といった強い意見を示した」のである。[62]

同様に、別の調査で、家から一、二マイル（約一・六〜三・二キロメートル）の圏内にどのような設備を望むかとたずねられた女性たちは、大部分が実用的な選択肢（母子福祉診療所、保健センター）を選び、共同の洗濯場や食堂といったものに関心を示す者はほとんどいなかった。この調査のコーディネーターたちが論じたように、個々の家族が独立して対処できる施設への要求が強かったのである。質問をうけた女性の多くは、共同の設備に懐疑的なあまり、子供を保育園に送ることとさえためらった。[63]

それゆえ、計画家たちは終戦時に、自分たちと一般大衆との関係が今後容易ならざるものになるであろうと認識していた。一方、戦災都市当局は、依然として復興計画に熱意をもっていた。しかし、人びとが他のなにより も望んだのは住宅だった。『アーキテクチュラル・デザイン』誌の編集長は、ある不幸な対立をそこにみいだし、つぎのように述べている。

政府による政策がないために、……住宅は都市計画の敵となりつつある。……単純明快な事実は、住宅は都市計画から切り離され、一大政治問題となってきたということだ。住宅不足が非常に切実となった結果、住居の適切な位置選定をまず最初に計画したいと望む者たちにたいして、一般の人びとはおよそ我慢できなくなるのである。(64)

より広く意見を求めてみたところで、情況が厳しいことにかわりはなかった。人びとは、いまや、社会にどのような影響をおよぼすかにかかわりなく、なんでも自分の好きなやりかたでやることを望んでいるようだった。尊敬を集めた住宅政策の専門家キャサリン・バウアーは、この雰囲気が都市計画にとって意味することを憂慮したひとりであった。彼女はつぎのように述べている。

イングランドとアメリカの両国で、意味はいまひとつ明確ではないが、とにかく新しい「豊かさの経済」への信仰が広まりつつある。それは、とにかく必死でカネもかかる戦争のさなかに起こった、なんとも説明しがたい一般的繁栄という現象によって促進されている。しかし、人びとのこの革命的な考え方を、専門家だけが決定しうる科学的に完璧で、理想的に美しくさえある環境を人びとが望んでいる証左だなどと、混同してとらえてはならない。まさに「豊かさ」という言葉自体が、このうえなく個人的な選択を暗示するものであり、それには気まぐれや浪費といったものさえふくまれるのである。(65)

戦争の終結と総選挙での労働党の勝利で、こうした住宅・都市計画上の諸問題について考える機がいくぶんか熟した。都市計画ロビーは、大幅に増大した権力と責任とを、自分たちが間もなく担うであろうことを認識した。

こうした事情のもとでは、大衆との関係をどのように築くかについての明確な考えが必要となった。いくどとなくいわれたように、社会における計画家の役割を注意深く考えることが、たしかに必要であった。

その出発点は、そもそも大戦中にいわれはじめた、都市計画は一般の人びととかかわるものでなくてはならない、という認識であった。『アーキテクツ・ジャーナル』誌が一九四六年夏に指摘したように、計画家にとって、自分たちの善意が民主主義を代替するものになると考えるのは容易なことだった。にもかかわらず、同誌が述べたように、「よい計画をくりかえし言って人びとに覚え込ませる」のは、「悪い計画をそのようにして覚え込ませるのと同じくらい全体主義的」であった。真の解答は、いかなる計画も、「それが影響をおよぼすことになる人びとの積極的な支持をもって」できあがっていくように保証することであった[66]。

このことから、いくつかの問題が生じた。世論の現状を考えれば、一般の人びとをかかわらせるための取り組みとは、明らかに、なるべく平易な言葉で説明し、人びとを熱中させるような取り組みを意味した。たとえば、建築家は不可解な言葉づかいでものをいうことをやめ、また、建築の知識を広めるよういっそう努力しなければならなかった[67]。さらに、すべての計画家は、自分たちの考えを修正し拒絶することさえできるという、大衆の絶対的権利を受容しなければならなかった。このことの重要性は、トマス・シャープが一九四五年におこなった都市計画協会会長講演でくわしく述べられた。

シャープは、「一般国民との協議」は「都市計画の……必要条件」であると述べることからはじめた。とはいえ、彼も認めたように、国民をかかわらせるには多くの異なる方法がありえた。流布していたひとつの見解は、計画家は大衆の考えを技術的・形式的に解釈する彼らの奉公人たるべきである、というものだった。しかし、シャープにとって、これは専門家の真の技能を無視した「まったくのデマゴギー」であった。計画家と大衆とのあいだの本来の関係は、ほぼ正反対の道を進まねばならなかった。まず専門家集団が計画を作成し、そこではじめて協議に移る。「計画の民主的性格」を保証するのは、「都市計画という行為への実際的参加」というよりは、「批判の機会」であった。なぜ批判の機会を重視するのかというと、それによって、計画されたものへの最終的な発言権が国民に保証されるからだった。シャープはつぎのように強調した。「大衆は、自分たちのために計画されているものを完全に知るという絶対的な権利を有する。それは、批評する権利であり、……修正を求める権利であり、……そして、必要とあらば、拒否する権利である(68)」。

こうした類の考えかたにたいする労働党の反応は、総じて非常に肯定的であった。同党はつねに専門家を信頼してきた。そして、民主主義を、明快な論点を争う選挙に凝縮されるものという観点からみていた。したがって、一九四七年に都市農村計画法案を議会に提出したとき、都市計画大臣スィルキンは、自分がまさに「コンセンサス」(合意)を反映していると感じた。スィルキンは、都市計画を大衆化することの価値を信じ、それに関連する展示会や宣伝活動を奨励するためにできるかぎりのことをおこなった。そのうえ、彼が作成した法律は、シャープが唱えたのと同じ原則を具現していた。地方当局は計画を作成し、つづいてそれを一般に提示しなければならなかった。すべての人が提案されたものに反対する権利を有し、それを公正な検査官を前にした公聴会で行使することができた。都市計画家は過小評価されはしなかったが、支配力をふるうことが許されたわけでもなかった(69)。

それゆえ、一般の人びとは戦後になると、計画過程に参加するにあたり多くの点で、それ以前よりずっと恵まれた立場にあった。都市計画にかんする情報は、新聞紙上での発表、あるいは特別な体裁での発表で、そして通例は一般展示会での展示などで、たやすく入手された。市会議員や計画家たちとの接触や討論も容易だった(70)。そのうえ、あらゆる方法がうまくいかなければ、関係する個人はつねに司法に訴えることができた。いかなる場合にも、各当局は積極的な関心と関与とを奨励する姿勢をとった。一九五一年に開催された、イースト・ハムでの都市計画展示会における同区長の開会声明が、広く行きわたったムードを簡潔に示している。

〔区長は〕全能であると信じられ、「〝彼ら〟」と呼ばれるなんとも不思議な人びとが、われわれの思考において、あまりにでしゃばっていると述べた。……「〝彼ら〟ではなくて、〝私たち〟なのである」と区長はいった。「あなたの街であるだけではなくて、私の街であり、私たちの街なのである。私たちは、ともにその恩恵に浴するのであり、そして、ともにその義務を分かち合うのである」。「この展示会は、たんにコメントだけではなく、建設的な批判を促しつつ、健全な関心を喚起するために開かれるのである」(71)。

ところが、大衆の参加を活気づけたいという願いにもかかわらず、それが実際にはほとんど起こっていなかったことが、ほどなく明白になった。まず、大多数の人にとってもっとも緊要な問題は、あいかわらず住宅だった。強いられた同居にたいする人びとの不満に、ほどよい環境で家族との生活を再出発させたいという復員軍人の願望が加わった。戦後再建推進のオピニオン・リーダーとして大戦中から活発な出版活動をつづけていた、ハルトン・プレスの『イギリスの生活の諸相』に述べられたように、こうした状況のもとでは、人びとは当然「住宅不足で頭がいっぱい」だった。またしても大衆の願望が、自分たちだけの生活とプライヴァシーへの要求を際立たせる言葉で言い表された。

ほとんどの人たちは、フラットに住むより普通の家に住みたいし、持ち家が欲しいのである。人びとは、外界を閉めだした私的な空間を望むし、おそらくこの上なく庭を愛する国民なのである。花や野菜を育てたり、日曜の午後には腰かけてぼんやり過ごせる空間を望み、それが自分だけのものであってほしいと願うのである。(72)

このように、大戦なかば以降に人びとの関心がもっぱら自分の家にむけられたのとは対照的に、都市計画そのものへの彼らの関心は、大戦後半にはいよいよ薄まったようだった。たしかに、地方都市の計画にかんする展示会のなかには、かなりの成功をおさめたものもあった。しかし、そのような出来事はいたって例外であり、全般的には人びとの都市計画への関心がうすいことを際立たせるだけであった。都市計画運動家のベテラン、F・J・オズボーンは、一九五一年、「何百万もの都市民が」多分に「都市計画が提示しうる救済の機会に無関心」のままだった、という純然たる事実を認めざるをえなかった。(73)

一般の市民のあいだでのこうした態度は、いくつかの要因から形成されていた。すでに予想されていたことだが、多くの人にとって鍵となる問題点は、都市計画と強く望まれている住宅供給の拡大とでは、どちらか一方しか実現しそうにないということだった。スコットランドのコートブリッジ選出の労働党下院議員ジーン・マンは、自分の選挙区の有権者たちは住宅を「選挙での非常に重要な争点」とみなすが、都市計画についてはたんに「狂信的な夢物語」としかみていないと報告した。ロンドンでの人びとの態度にかんする報告も、同じような結論に達していた。ここでも競合する二種類の開発のあいだに、いちじるしい相違があった。

あの焼け跡に、当局はなぜ家を建てないのだろうか。都市計画は、そこはオープン・スペースになるとのたまう。オープン・スペースがなんの役に立つというのだ。そこに必要なのは家や道路じゃないのか。われわれが欲しいのは家なのだ[74]。

同時に、プランニング一般にたいするかなり広範な反発があった。大衆紙の多くは、保守党にならって「計画家」という語を濫用の代名詞に変え、とかく取り沙汰されるすべてのプランニング・システムの無能さを強調しつづけた。計画家たちは十把ひとからげで「『社会工学《ソーシャル・エンジニアリング》』、つまり平たくいうと『人びとを差別待遇する』というわけのわからない活動一筋の、ユーモアのないインテリども」と同一視された[75]。このことは、計画家、すなわち都市計画に関与する者たちにとっていたく名誉を傷つけられることだった。彼らはしばしば地元において世の耳目を集めており、それゆえに中傷をうけやすい存在であった。

したがって、一九五〇年代初めまでには、計画家と一般の人びとのあいだで意思の疎通がみられるような都市計画システムが現実に存在するというよりは、願望にすぎないままだったことは明らかであった。大衆の関与は育まれず、都市計画は多かれ少なかれ、ごく限られた人にとっての領分でありつづけた。一九五二年にＢＢＣの国内向け放送で上演されたある諷刺劇は、熱心な都市計画運動家の苦境を強調したものである。作者のジョージ・スコット-モンクリフは、スコットランドのとある小さな村で、村民に自分が作成した計画への関心をもたせようと努力する、ある計画家についての話をする。この計画家の宣伝策のひとつに、展示会を組織することがあった。しかしこの展示会を訪れたのは、彼にとってあまり魅力的とはいえない少数の地元住民だけだった。

この計画家に地元の芸術サークルで講演してほしい、と頼む御婦人がいた。ところが、このサークルには、彼女とその二人の妹しかいないとわかった。地元の地主は、コミュニティ・センターの模型はひどく膿んだできもののようにみえるといった。ギリー市会議員は街の中心に地所をもち、補償基準のことしか案じていなかった。ベイリー・ボニリッグは自分の名声しか心配していなかった。展示会に出席した役人以外に、計画そのものに関心をもつ者などだれもいなかったのである。(76)

したがって、当時の計画家を、自分たちの計画を居丈高におしつけていたかのように描写するのは、ひどく誤っていると判断してよいであろう。たしかに、大衆の願いにおかまいなく、自分の発想をつくりだしていくことばかり願っていた、エリート臭の強い計画家も一部にはいた。しかし、たいていの場合、計画家を駆りたてたのは、もっと民主的な動機だった。しかも、戦後に展開された都市計画システムは、相対的には開かれたものであった。実際、一九四七年都市農村計画法のもとでなされた上告は、半分近くが認められたのである。(77)

他方、大衆が都市計画をほとんど気にかけなかったことも明らかである。都市計画への関心は、空襲があったごく短い期間に一度は高揚した。しかし、労働党政治家やさまざまな都市計画運動家の努力にもかかわらず、都市計画への関心が以前と同じような規模で再現することは、どこにもみられなかった。大衆にとっては住宅がつねに最優先の問題であり、このことが都市計画への彼らの姿勢を直接に特色づけた。マイルズ・ライトが記したように、「どこでもいいからいますぐにある家のほうが、適切な場所にはあるが、五年後にならないと建っていない家よりも好まれた」のだった。(78) マス・オブザヴェイションのインタヴューでのハルのある漁師の見解が、広くみられた価値観について多くを物語っている。

保守党にいれようかなと思ってね。労働党なんざクソくらえだね。何もしちゃくれなかった。口ではずいぶん言ってたけど、戦争中から何も良くなっちゃいないよ。家も手に入りゃしない。この荒れ地だけだよ（といって、焼跡を指さす）[79]。

おわりに

以上、本章でみてきたことから、復興にかんする修正論はどれも支持しえないとの、総括的な結論を導きだすことができるであろう。修正論者はもっぱら計画家に注意を集中させてはきたが、たいていはそうするなかで、計画家たちの動機や目的を歪めて描写し、その権力を過大評価した。それとは対照的に、一九六〇年代までの一群の評者たちによる復興についての評価のほうが、いまだ説得力をもちつづけているようである。

戦災都市の復興は、より広範な政治的・社会的・経済的な背景の検討なくして理解することはできない。計画家とその協力者たちは、復興に取り組むにあたって、技術的および社会的な意味の双方における進歩を望んだ。しかし、こうした目標の達成はけっして容易ではなかった。なぜなら、戦災都市には、たんなる戦前への回帰のほうがいいとする者が多くいたからである。

とはいえ、計画家の形勢を決定的に不利にしたのは、全国レヴェルでの政治的・社会的情勢の展開だった。アトリー労働党政府は、抜本的な戦災復興をめざす熱意をもってはいたが、結局、ほかに優先すべき案件があるとの結論に達し、それゆえに最低限の水準の資力しか復興に投じようとはしなかった。地方レヴェルでは、都市計画にどのような影響をおよぼすかにかかわりなく、なにはさておき住宅が欲しいとの声が有権者のあいだで圧倒的に強かった。計画家は結局、彼ら自身の過ちというよりも、彼らでは制御しえない諸力によって葬られたのだった。ロンドン州議会の労働党指導者だったレイサム卿は、一九四三年に、「都市計画の行く手には、対立する利害、私権、陳腐化したさまざまな希望、洞察力の欠如といった……巨悪が存在する」と警告していた。[80] 悲しいことに、少なくとも都市計画を信じた人びとにとって、彼の言葉は現実にそのとおりあてはまっていったのである。

以上、本章では、イギリスの戦災復興を概観し、抜本的な都市計画にもとづく復興を妨げる要因が優勢だったとの結論をみちびいた。このことが、個別の事例においてもたしかめられることを、つづく第二章から第四章で示していこう。

第二章　インナー・シティの復興
――ランズベリーの事例――

はじめに

イギリスは一九五一年、自国にとって強壮剤になるとの期待のもとに催された、フェスティヴァル・オブ・ブリテンで沸きたった。[1] この催しは国の業績を祝う目的で開催され、その大半は政府が組織し後援したものだった。数多くのイヴェントや展示が催されたが、そのなかにロンドン東部の工業区ポプラーでの「生きた建築」展示会があった。ランズベリーと称された展示会用地には、実際に居住者のいる家々と、パブから学校までといった関連施設とをともなう、新たに建設された近隣住区の一部がふくまれていた。

以下、本章では、なぜ、どのようにしてランズベリーが建設されたのか、また、当時および後の批評家たちが、その意義をどう考えたのかを詳細に検討していこう。ランズベリーにかかわった人たちは、一九五一年当時、自分たちがランズベリーの建設にたずさわっているのは、将来の社会のためであることを願った。彼らは展示会が、「今日のポプラー住民のための、そして明日のイギリス国民のための、新たな、よりよい生活」への方向づけを示すものであると感じていた。[2] はたして、こうした楽観的な見通しは的を射たものといえるのだろうか。

一　ランズベリー建設への道

フェスティヴァル・オブ・ブリテンの本格的な準備は一九四八年にはじまった。企画の段階で、フェスティヴァルでは建築が重要な役割を担うべきであるとの結論が出され、フェスティヴァル全体を調整する立場にあった枢密院は、これをどう具体化していけばよいのかを検討すべく、保健省の建築局長J・M・フォーショーに話をもちかけた。これをうけてフォーショーは、ハーロー・ニュー・タウンやロンドン空港を手がけた建築家フレデリック・ギバードに相談し(3)、このギバードが「実物の展示会」というアイディアを提案した。ギバードは、大戦後、都市計画や建築についての展示会は数多くあったが、そのなかで大衆のあいだに関心を喚起したものはほとんどないと感じていた。大衆は、「素晴らしき新世界への敬虔な希望という名の『青写真』」にうんざりしていた。建築がより人気を得るようになる唯一の方法は実際に「建築物を示すことによって」だけであると、ギバードは主張した。

過去におこなわれた展示会がこのことを証明している。大衆は、写真や図面には大雑把な程度の関心しか示さない。だが、ひとたび建物が実在すると、大衆は関心をもった。「理想の家庭」展示会では実際の家に長蛇の列ができたのである(4)。

したがって最善の方策は、入場者が歩き回ったり見たり触ったりできる宅地を、実際に開発することであった。

これは近隣住区の形式をとりえた。そうすれば、あとで関係する地方当局に譲渡できるからだった。このような展示会の全体的な成果として、大衆の都市計画への関心が高められることと、「新しい環境を創造する際の美的・科学的諸問題の解決において、一九五一年に到達された……段階が恒久的に記録される」ことを、ギバードは望んだ。(5)

こうしたアイディアは、かなり斬新なものだったにもかかわらず瞬く間に支持を得て、まず枢密院によって承認され、ついで、新たに組織されたフェスティヴァル建築審議会（以下、「フェスティヴァル審議会」と略す）によっても承認された。(6)この審議会は著名な建築家・業者から構成されるもので、設計・建築にかんする全事項を任された。つぎの処理は適当な用地を決定することであった。これは、できるかぎり多くの来訪者をひきつけるために、ロンドンの中心部から二、三マイル（約三・二〜四・八キロメートル）圏内である必要があった。また、建築にかんする最大限の裁量の余地がフェスティヴァル当局に与えられるように、用地はまだ都市計画がないところである必要があった。明らかな答えは、手ひどい空襲をうけた地域から用地を選定することだった。候補地はいくつかあったが、調査が本格化するにつれて、最適な選択はイースト・エンドのはずれの区、ポプラーであることが明らかになってきた。(7)

フェスティヴァル当局がもっとも関心を寄せたのは、ポプラー北西部の一二四エーカー（約五〇万一八一〇平方メートル）の土地であった。同地の形状は三角形で、運河、幹線道路、鉄道が明確にその境界をつくっていた。ここにはかつて労働者階級の住宅と（主に近隣の港湾関係のための）雑産業とが密集していたが、空襲のために残存する建築物はほとんどない状態だった。(8)ここでのフェスティヴァル展示会開催は明らかに象徴的な意味をもち、同時に、労働党がめざす福祉国家の真髄に十分かなっていた。もちろん、この用地には実践上の利点も多くあった。大戦半ばに作成されたアーバークロムビーとフォーショーのロンドン州計画では、市内を人口稠密な中心部から外方への一連の同心円で大まかに分類し、異なる人口密度で再建する構想になっていた。ポプラーは人口密度が一エーカー（約四〇四六・八六平方メートル）当たり一三六人の地域に属したが、その人口密度地域における将来の開発は、フラット（中層集合住宅）だけを建築するのではなく、さまざまな形態の住居をふくむことができるとなっていた。[9] しかも、裁量の余地という問題についていえば、この地域はいまだ詳細な都市計画の対象とはなっていなかったことも指摘された。ロンドン州議会（ＬＣＣ）が計画作成の責任機構であったが、ＬＣＣはポプラーの大部分を、一九四六年に承認された二マイル（約三・二キロメートル）四方の（一九四四年都市農村計画法にもとづく）買収予定地域にふくんでいた。しかし、事態のその後の進展は、政府官僚との意見の対立や資源全般の逼迫のために滞っていた。[10] そのためこの用地は、いかようにも望む形で開発することが可能だったのである。

以上の点は各々重要だったが、すべてを勘案するともはや反論の余地はなかったため、フェスティヴァル当局は、ポプラーでの展示会の開催を一九四八年九月の時点で発表することができた。[11] つぎの段階は、資金の調達および設計の詳細を決定することであった。驚くべきことに、どこが開発費用をもつかという問題は、かなり容易に解決された。用地の展示会場化に関連した追加費用（たとえば、インフォメーション・パヴィリオン）をフェスティヴァル側が負担し、必要なプランの法的・行政上の通過手続きを早めるよう政府がとりはからうという条件で、ＬＣＣが住宅および地域施設の建設費用を負担することに同意した。[12]

これとは対照的に、設計にかんする責任の割当はかなりの問題をひきおこすことになった。ＬＣＣは当初、この企画はＬＣＣ自身の住宅課で完全に管理し、実施するものと考えていた。だが、そのような取り決めは、フェスティヴァル審議会の多くの委員にとって同意できるものではなかった。委員たちは、ＬＣＣの住宅課のトップが建築家ではなくて価格査定主任であることをとくに問題にしており、そのせいで、同課が過去に建設したものの多くは非常に低水準であると指摘した。しかも、その価格査定主任は、展示会のせいで自分の課の職員がより切迫した諸問題をないがしろにすると感じていたために、とにかくこの展示会に乗り気ではないということが伝わっていた。したがって、ＬＣＣに設計をまかせたら、イギリスの最善を世に示そうという大きな目的とはおよそ相容れない、二流程度の結果しか生みそうになかった[13]。

結局、こうした意見の相違は、管轄の大臣であるハーバート・モリソンの介入によってようやく解決された。合意をみた方式では、価格査定主任が建設される住宅のうち二〇パーセントを設計できることになっていた。残りの住宅と地域施設のすべては、さまざまな在野の建築家が名簿より選択され、彼らの責任とされた。フェスティヴァル審議会は、そうした建築家のなかに意匠に長けた一流の人材が多数ふくまれることを望んだ。しかし、慎重に検討した結果、建築家の選択についてなんらかの妥協をしなければならないだろうとの認識に達した。モダンすぎるとか実験的すぎるとみなされるような若い建築家を選んで、これ以上、多分に保守的な価格査定主任の反感を招いたらなんにもならないからであった[14]。

これらの問題が解決して、ようやく都市計画にかかわる問題を詳細に検討することが可能になった。その第一段階は、近隣住区建設に際して考慮する必要があった、用地の性格と住民の要求についての情報を収集することだった。地域の地理的諸特徴をつかんだり、また、たとえば既存の樹木をどうやって開発に組み込んでいくかなどの調査が実施された。くわえて、計画された地域の住民に必要な（商店、パブ、運動場といった）施設にとくに関連する、「詳細な問題にかんする」社会学的な調査が実施された。とはいえ、ＬＣＣとフェスティヴァル審議会は、地域についての全面的な調査に乗りだすのは得策ではないという点で一致していた。そのような調査は、「地元の要望と実際に供給されているものとが相容れない」という結果を示す可能性があり、人びとに誤解を与えかねないというのであった。この新規に開発される住区にLCCの借地借家人として移ってくる人たちのすべてが、かならずしも地元ポプラーから来るとはかぎらなかった(LCCはもちろん、ロンドン全体を統括する住宅当局であった)。しかも、フェスティヴァル審議会が率直に認めたように、地元の要望はとかく「実現の可能性を超越した理想」の表明となりがちで、「そうした要望に応じることは、財政的な理由やその他の事情からつねに可能であるとはかぎらない」のだった。こうした状況では、すでに実施されつつある専門的な調査に依拠し、必要に応じて計画を説明し、批判を聴くための一般的な集会によって、調査をすすめていくのが得策であるとされた。(15)

調査の結果がわかるにつれて、用地の全体計画の輪郭がいっそう明確になりはじめた。一二四エーカー(約五〇万一八一〇平方メートル)の近隣住区には、完成のあかつきには九五〇〇人が居住することになっていた。しかし、与えられた時間内で、これほど大規模な住宅を建設することが不可能なことは明らかだった。そこで、まず三〇エーカー(約一二万一四〇五平方メートル)分の地域に集中し、残りについては一九五一年以降に完成させるという決定がなされた。選定された地域は、最終的には住区全体でみられるさまざまな特色の代表例を展示するために使われることになった。それにしたがって、一五〇〇人分の住宅、ショッピング・センターとマーケット、学校三つ、教会二つ、老人ホーム、保健センター、パブ三軒、子供の遊び場三カ所を建設する計画が作成された。住宅には、三階、四階および六階建てのフラット、二階建てのメゾネット式住宅およびテラス式住宅がふくまれていた。(16)

計画の詳細は、いくつかの重要な新しいこころみを示すものであった。展示会用地に接するある道路の沿道に、よくはやったマーケットがあった。計画では、このマーケットを新たに造成する車両交通を禁止した中央広場に移転し、アメニティと安全性とを高めようとした。住宅計画についても注意が払われていた。さまざまなタイプの住宅が、植樹や設計上の特色で独自の様式をもつ、さまざまな大きさと形状のオープン・スペースを囲む形で計画された。その目的は、美的な関心を高めると同時に、コミュニティ精神を奨励することだった。計画文書のひとつは、以下のように説明していた。

〔住区内の住宅の〕グループ化は、視覚上ばかりでなく、社会学的な観点からの重要性を有する。近所づきあいや社会的責任という感覚は、住居が長いテラスとかフラットが延々とつづく形でよりも、グループ化されている場合のほうがずっと発達しそうである。子供たちも、地域社会の一翼を担うとともに、自分たちの必要に見合うように造成された遊び場をもつ場合のほうが、素行が良さそうである。(17)

とはいえ、このような細部にわたる環境の創造は、あまり極端になされるべきではなかった。したがって同時に、普通の住宅、メゾネット、フラットといったさまざまな小グループはすべて、ポプラーに伝統的な上質レンガとスレートという共通の資材を使って建設することで意見の一致をみた。(18)全体に共通する特色と個別的な特色との調和を醸しだすことが望まれたのである。

こうしたアイディアの実現は一九四九年にはじまった。ＬＣＣはまず、選定した用地の強制買収を確実にするために、公聴会に計画を提出しなければならなかった。ＬＣＣは三七〇人が所有する一〇〇〇以上の自由保有権を買い上げる必要があったため、公聴会ではかなりの反対が出る可能性があった。ところが、実際にはトラブルはほとんど起こらなかった。公聴会には二五件の異議申し立てが書面で提出されたが、本人みずからが公聴会で申し立てをおこなったのは八人にすぎなかった。しかも公聴会での反対は、基本的に少数の商業関係者からのものに限られていた。彼らは計画の一般的な側面よりも、かねてより論点となっていた、新しい地所への移転の際にいかなる補償の方式がとられるのかという問題を、なお懸念していた。(19)

しかし、実際の建築段階では、順調な滑りだしにもかかわらず困難をきわめるであろうことが、ほどなく明らかになった。一九四九年半ばの予算削減で、フェスティヴァルでの企画の多くは規模を縮小したが、ポプラーの企画もその例外ではなかった。フェスティヴァル審議会の建築家たちは、「生きた建築」展の建築物の周辺に、さまざまな展示物や公営レストランといった関連施設をめぐらす計画をたてていた。ところが、建築と都市計画にかんするまことに質素なインフォメーション・パヴィリオン二棟、「建築において科学的諸原則が無視されるとどのようにまずいことになっていくのか」を示す建築（「小鬼グレムリンの穀物倉」）、小さなカフェテリア一軒（「ローズィ・リー」〔コックニーの押韻スラングで、tea を表す名がつけられた〕）でよしとしなければならない、との決定が下された。(20) さらに悪いことには、住区建設の全体計画自体が節約を迫られはじめていた。

その一例は住宅供給について起きた。くりかえし述べれば、住宅計画全体のさまざまな部分を、さまざまな建築家がうけもっていたが、彼らは間もなくコスト面で窮境に陥りつつあることに気づいた。その傾向は、かなり早い時期におこなわれたＬＣＣとの協議のなかですでに示されていた。そこでは節約の必要性が、つぎに示す言葉で重々しく強調されていた。

ウォーカー氏〔ＬＣＣの住宅課長兼価格査定主任〕は、問題解決には現実的にあたらなければならないと述べた。つぎの二点が成果を大枠のところ決めてしまう。ひとつは資材が入手できるかどうかの問題であり、いまひとつは住宅建設費用の最高額の問題だった。保健省は最高額が遵守されているかどうかを注意深く見守っていくだろう、というのだった。(21)

実際、ＬＣＣの役人たちは、費用にかんして策を弄する余地がほとんどないことを熟知していた。一方では、州議会で野党保守党がつねに目を光らせていた。保守党はいかなる無駄や非効率も逃すまいと虎視眈々としていた。(22)他方、ＬＣＣの役人たちは、住宅建設費用の大半を最終的に提供する保健省と対峙しなければならなかった。価格査定主任は数年前に保健省とのあいだで最高額について合意していたが、インフレのせいで、その額での購買力は大きく減少していた。最高額についての再交渉の要請は継続的になされたが、それも保健省自身が予算緊縮の圧力にさらされたために、ほとんど影響力をもたなかった。(23)その結果として、ポプラーにたずさわった建築家たちが、それぞれのプロジェクトを見積もりのためＬＣＣに提出した際にも、かならずしも希望する金額は得られなかった。心配したあるフェスティヴァル関係者は、つぎのように不満を述べた。

個人の建築家による計画のいくつかは、……見積もり費用のチェックの結果、保健省が定める最高額の枠内におさえるべく調整するようにと送り返されたので、非常に案じています。……どの建築家も、費用はできる限り低額におさえるようにと告げられています。(24)

最後の例として、保健センター提案にたいしても節約の圧力がかかったことがあげられる。LCCはこの施設にとくに乗り気であったが、それは、ポプラー全体にとっての目に見える利益をもたらすからだった。ところが、保健省は一九四九年九月初めに、正式な認可は与えられないだろうといってきた。同省が支持できるのは、「医師、歯科医からなる小集団の開業医を収容した、相対的に簡素な新ビルディング」といった程度の、まったく野心的ではない計画だった。(25) この決定は相当な怒りをよんだ。フェスティヴァル当局は大いに狼狽し、つぎのように主張した。

保健センターを抜かせば、都市の……近隣住区のレイアウトにかんして、現在イギリスがもつ技術を将来にむけて示していこうという展示会の概念は、いちじるしく損なわれるであろう。しかも、保健センターを抜かせば、展示会でもっとも興味深い展示のひとつであり、国民保健サーヴィスの展開におけるイギリスの進取の精神や前進を実際に物語るものを欠くことになる。

右のような見解はLCCも共有するところであった。うえに示唆したように、LCCには「即席の過渡的タイプの保健センター」が保健省から提示されたわけだが、それはLCCが求めていた進歩的な施設とはおよそかけ離れたものだった。しかも、この提案を受け入れてしまうと、のちの展開を大きく損なうおそれがあった。その結果LCCは、保健省とは協力しないとの決意を固めた。保健センターが建つはずだった土地は、政府の貧弱さを世間に思い起こさせるものとして、そのままにしておこうというのである。(26)
この類の戦術が大臣たちをあわてさせ、さきの決定の再考をうながすことが期待されたが、そうはいかなかった。保健相アナイアレン・ベヴァンみずからが強調した核心的問題はカネだった。彼は、計画された保健センターの費用は一六万ポンドであったが、イギリス経済の現状を考えると、これではあまりに高額すぎるとした。それゆえ政府は、一九四九年末に保健センター計画にたいする拒否権をふたたび行使したが、これにたいしては左右両派の新聞から当然のごとく批判が浴びせられた（「ベヴァン、保健サーヴィスの目玉をひっさらう」）。[27]

こういった挫折のそれぞれが、フェスティヴァル側の関係者の士気を喪失させたことは当然であった。しかし、ポプラーでの建設が進むにつれて、それとは反対の、より前向きな動きがあらわれてきた。第一に、フェスティヴァル当局は展示会場の命名で、ちょっとした宣伝上の成功をおさめた。適切な名称の選択が、外部の関心を集めるばかりでなく、将来そこに住む住民のあいだに隣人精神を育む一助をなすうえでも重要なことは、衆目の一致するところだった。「ニュー・ライムハウス」（と、かつてこの地域は呼ばれた）や「レイボーン」（地元ライムハウスの重要な建物セント・アンズ・チャーチの最初の教区牧師の名）といったいくつかの案が検討されたが、結局、ポプラー区会議員から一九三〇年代に労働党党首にまでなった、社会主義者で平和主義者の故ジョージ・ランズベリーにちなみ、この地域を「ランズベリー」と名づけることに決定した。これにたいする反応は概して好意的であり、たとえば地元新聞『イースト・ロンドン・アドヴァタイザー』紙などは、「ポプラー企画に与えられるもっともふさわしい名」であると書いた。[28]

他の出来事もまた、士気を高める要因となった。一九五〇年一一月には国王ジョージ六世夫妻が用地を訪問し、賛意を表明した。「良い計画です」と、王妃は現場で働く二一歳の労働者に語った。数週間後には、故ランズベリーの息子ウィリアムが、新たに造成されたマーケット広場のパブ、フェスティヴァル・インでの「起工」式に出席し、正式に一家の祝福を捧げた。「ウィリアムは、彼の父親は禁酒主義者だったけれども、この居酒屋には満足したことだろうと感じた。ウィリアムもまた、急速に立ち上がるランズベリー地区に非常に感銘したのだった[29]」。

一九五一年二月には、LCCが借家借地人の新住居への移転を開始できるところまで建設工事が進んだ。移転第一号は、三五歳の溶接工、その妻（パートタイムで紙の仕分けをしていた）、二人の子供と親戚の老人一名からなるスノディ一家だった。一家は以前からポプラーに住んでいたが、このたび四部屋、風呂、台所付きで家賃が週二九シリングのフラットの一階を割り当てられた。スノディ夫人は新聞に、これまで自分はたびたびバスでランズベリーを通りかかっていたが、まさしくこんど引っ越してきたフラットに住みたいものだといつも望んでいた、と語った。夫人はその喜びと誇りを、つぎの言葉で強調した。

私たちの新居は、まさに主婦にとっての夢です。備え付けの食器棚、服に風をあてる棚、ステンレスの流し、給湯タンクまであります。フェスティヴァルを訪れる方で私の家をご覧になりたい方には、喜んでお見せします。なにしろ自慢できる家です[30]。

二　ランズベリーにかんする評価の転変

（1）展示会場への評価

ランズベリー展示会場は、国王夫妻がフェスティヴァル・オブ・ブリテンの開会を宣言した二日後の一九五一年五月五日、ついに公開された。その時点でおよそ半数の建物が完成していたが、残りはまだ建設中で、出来具合もさまざまだった[31]。

とはいえ、来訪者は、すでに居住者がいる部分もふくめ会場全体を見て回ることができた。また、テラス式住宅の端にある、三六五ポンド相当の実用本位の家具を備え付けたモデル・ハウスを見ることもできた[32]。最後に、来訪者はインフォメーション・パヴィリオンを覗き、「小鬼グレムリンの穀物倉」の教訓を学ぶこともできた。専用のガイドブック（価格二シリング）には、ランズベリーではなにが提示されているのか、また、ランズベリーでの成果が戦後イギリスの都市計画の状況全般にいかに適合するのかが説明されていた[33]。

当初はこういった呼び物で、日に五〇〇〇人は集められるとの期待がもたれた。しかし、数週間後には、一般大衆の熱の入れ様はそれほどにはならないことが明白となった。ヨーロッパやアメリカ合衆国から、あるいはセヴンオークス公立男子中学校といったありきたりのところから、代表団がランズベリーを訪れた。だが、一般来訪はそれほど目立たず、六月初めからは開場時間も短縮された[34]。展示会開始の五月から閉会の九月までに、延べ約八万七〇〇〇人が会場を訪れたが、これは主要なフェスティヴァル・イヴェントのなかでももっとも人気のない部類の数字だった[35]。六月末にランズベリーを見学した二人の官僚の報告が、展示会のかなり散漫な雰囲気をよくとらえている。

広告の指示にしたがって、われわれは地下鉄でアルゲート・イーストにむかった。駅には、展示会への行きかたを示すものは何もなかった。……われわれは……ホワイトチャペル公立図書館で道をたずねたが、受付の若い女性にも……結局わからなかった。……展示会にたどり着くと、たしかに住宅にかんする企画はおもしろかった。しかし、率直なところ特別展示（これには入場料がいる）はあまり良くはなく、ロンドンの中心からわざわざ出かけていくほどの価値はほとんどない。建築調査局の展示は、……リージェント・ストリートそばの建築調査センターでの無料の展示会より劣るし、都市農村計画パヴィリオンにいたっては、理解することはほとんどできなかった。……

どうもフェスティヴァル当局は、われわれのような一般人の愚かさを過小評価していると思う。[36]

とはいえ、ランズベリーを実際に訪れた人が予想より少なかったとしても、展示会はかなりの論評や論争を呼び起こすことができた。地元の反応は概して好意的だった。フェスティヴァル当局は、ランズベリーを讃える内容の手紙を、イースト・エンド住民から多数受け取った。たとえば、イルフォードのある主婦は手紙で、「瓦礫の山からできたこの美しいものが、私たちの味気ない生活に光を与えてくれた……ポプラーの英知」に感謝した。[37]さらに、『イースト・ロンドン・アドヴァタイザー』紙は、建物をたいへん気に入り、「ロンドン東部のどこにも、このようにすばらしい建物の一群を見たことはない」と論評した。唯一厳しい見解として同紙記者によるものがあったが、そこでは、低所得者層がはたしてランズベリーの家賃を支払えるかどうかが懸念されていた。[38]

全国紙では、好意的な意見ばかりというわけにはいかなかった。右派の新聞がランズベリーを実質的に無視した一方で、対抗する左派の各紙の反応は一様ではなかった。『トリビューン』紙のR・J・エドワーズは、新しく建てられた住宅を嫌悪し、退屈で狭いと批判した。しかし彼は、地域施設の一部、とくに学校のひとつを賞賛した。[39]『デイリー・ワーカー』紙は、さらに徹底して批判的だった。同紙の記者はランズベリーが斬新な建築・都市計画の好機だったが、「その大部分を逃してしまった」と断じた。関与した建築家たちは、たんに「時代遅れですたれた概念の改良版」を示したにすぎなかった。新築された住居のインテリアは期待はずれであり、一方、家の外側は「ごく一部の『事情に通じた』者以外はだれもおもしろいとも思わない、中産階級一家のおしゃれの趣向しかなかった」。

それらの建物は、……なにも具現していないがゆえに、なんの興奮も喚起しない。建物には、なんらの統一した考えもなければ、共通の目的が表されているのでもない。それらは機械のように無表情で孤立し、新たなコミュニティの創造はほぼ失敗におわった……。

しかし、『デイリー・ワーカー』紙の読者のなかには、これではあまりに手厳しいと感じる者もおり、「怒れる建築家」は、建物は斬新であり、たしかに「偉大な進歩を象徴している」と主張した。同様に、一部の女性読者も、最初の記事のなかの新しい商店施設にたいする意見に異論を唱えた。記者の妻は、「雨のなか、子供が車に轢かれないかと始終案じながら行商人の手押し車の前で列をつくって待つよりも、屋根付きのマーケットや車両交通を排除した通りで買い物するほうを好む」のではないだろうか、というのであった。[40]

多数の専門誌でも、都市計画や建築の専門家たちがさまざまな評価をおこなった。そのなかに、ランズベリーで建てられつつあるものへの多大な興奮を示したものはほとんどなかった。一部の記事は、住居の細部のデザインをもっと考えるべきだったと示唆した。たとえば、多くの三階建てフラットやメゾネット式住宅で防音装置がきちんと施されていないことが、とくに言及された。さらに、「フラットの棟への入り口にある外に面した格子の衝立は、男の子たちのジャングル・ジム用に設計されたかのようである。庭園を横切ったり芝の縁を通っての自然の近道も、……おそらく避けることができただろう[41]」というように、住居外部のさまざまな特徴が専門家には不満の種となった。

計画のなかの建築やレイアウトの美的な質にかんする不満は、より大きかった。リヴァプール大学都市設計(Civic Design：実質的に都市計画と同義)科教授ゴードン・スティヴンソンは、「無難が第一」式というランズベリーでとられた態度に批判的だった。彼は、一部の公共建築物は賞賛したが、住宅の大部分については、以下の二点の主要な理由から「期待はずれ」であると感じていた。「第一に、用地の計画が、思ったほど独創的でもなければ合理的でもない。第二に、設計全般に優雅さが欠如しており、おかしなことには、同じ地域にある一世紀前に建てられた建物にさえ外観で劣るのである。どうも、はてしない議論のなかで設計された家が多すぎるという気がする……」[42]。

J・M・リチャーズは、『アーキテクチュラル・レヴュー』誌での展示会についての論評で、計画に唱われた都市的生活からの後退と彼がみなしたものを、とくに懸念した。彼は、プロジェクトは誤った前提から出発したとして、つぎのように主張した。

ランズベリーの住宅の大部分を占める二階建てテラス式住宅は、通りの大きさや広さからして多少とも郊外一戸建て風であるが、それは、コンパクトな都市型レイアウトの長い伝統というよりも、むしろ田園都市の実践に倣ったもののようである。……ランズベリーのあちこちで、相対的にちっぽけな家並みで区切られた道路がどんどん拡張している印象をうけるが、これはLCCの郊外住宅地ではあまりにも見慣れた光景である。しかし、ロンドンの都心部においては、建物と空との輪郭線が郊外のように低いのは、たしかにそぐわないのである。[43]

それにもかかわらず、この時代の建築家たちの意見のほとんどが批判的だったにせよ、完膚なきまでに非難しようという者もほとんどいなかった。ランズベリーには失敗もあったかもしれないが、概してそれはやりがいのある実験だったということで、広く同意が得られたのである。スティヴンソンにとって、展示されたものは、「たんにそれが……かつてのスラム・クリアランスのバラック式建物にたいして断固たる訣別をなしたというだけのことにせよ」、良い兆候には違いなかった。ランズベリーでは、「より人にやさしい環境の設計に」「かなりの考慮」が払われたのは明らかだった。[44] そのうえ、たいていの評者が、商店、パブ、教会などをふくめ、地域全体について考えられているという計画の統合的な性格に感心し、それはかつての自由放任的な開発からの重要な前進を象徴していると感じていた。[45] それゆえ、ランズベリーは多くの欠点があるにもかかわらず、進歩を象徴しているとの見解が広く行きわたったのである。評論家のジョン・サマーソンは、この点を『ニュー・ステイツマン』誌でつぎのように象徴的に主張した。

ここでなされていることは、圧倒的に感服させられるほどではない。なされていることは、かなりありふれたフラット群や家並み、デザインはよいが貧弱な教会、……悪くはない学校、歩行者のみ通行を許されたショッピング・センターという実験的なこころみといったものである。それはたしかにワクワクさせるようなものではないが、しかし重要であり、注視しておくだけの価値はある。何となれば、かなりの意義をもつように思える市街地再開発の方式が、ここにはじめて実現されているからである。おそらく、吐き気を催すような都市の回復にむけての第一歩がここにはある。ランズベリーは印象的ではないけれども、将来性がないというわけでもないのである。[46]

フェスティヴァル・オブ・ブリテンが一九五一年九月に終わると、ランズベリーの展示会諸施設はすぐさま解体され、この地域は将来ＬＣＣの公営住宅地になるということで落ちついた。居住者数は、展示会中の一六八世帯から、その三年後にはおよそ四五〇世帯にまで漸増した。[47] 中央広場周辺の商店など、近隣住区のさまざまな施設も完成していった。とはいえ、ランズベリーはフェスティヴァル会場としての輝きを急速に失ったわけではなく、一九五〇年代でもかなりのあいだ、同地の開発にかんする論評が引きも切らなかった。

（2）フェスティヴァル終了後のランズベリー

専門家の批評は、時がたつにつれてより好意的となる傾向にあった。一九五三年にポプラーを訪れたルイス・マンフォードは『ザ・ニューヨーカー』誌上で、「住宅や都市計画の最高の部類のひとつ」とほぼ間違いなくいえるものを見た、と読者に語った。マンフォードにいわせれば、ランズベリーの成功の鍵は、イースト・エンド住民が何を望むかを本当に理解して建設されたという事実であった。

ランズベリーがうまくいった理由は……いたって単純である。その設計が、抽象的な建築美の原理や営利的建築の経済学、あるいは大量生産の技術のみにもとづいたものではなく、多様な人間的関心と必要とをともなった地域社会自体の社会的構成にもとづいていたからである。

この点で、ランズベリーは他国の公共住宅の模範ともみなされた。かくして、マンフォードは、「ロンドン州当局の計画家やそれに協力した建築家たちは、われわれに多くのことを教えてくれ」たと、結論した。[48]

一方、ランズベリーはＬＣＣの関心も引いていた。ＬＣＣは、模範的な近隣住区を建設するという当初の目的が、実際にどう機能しているかを知りたかったのである。ＬＣＣで収集された情報は、かならずしも肯定的なものではなかった。第一に、建築物が二、三年間使用された後にその状態を調査した結果、すでに腐食や崩壊の兆候があることが明らかにされた。木製の窓枠はしばしば表面が剝落してしまい、一方、バルコニーの鉄製の手すりに使用された塗料は「急激にダメに」なり、表面が錆びついてしまった。さらに驚いたことに、マーケット広場に建てられた装飾的な塔はいまや「危険」とみなされ、一般の立ち入りを禁じられていた。いずれの場合も、建設の過程で十分に手がかけられていないことは明らかだった。ＬＣＣのある役人は、言葉を選びながら以下のように書きとめている。すなわち、「おそらく、こうした早期の悪化の原因は、展示会開会までにできるかぎり開発をすすめておこうとするあまり、建設作業を急いだことに、ある程度あるのかもしれない」(49)。

第二に、さらに気がかりなことは、居住者たちが住区のオープン・スペースや施設を、ＬＣＣがふさわしいと感じるように、注意を払って使用していない形跡があったことである。コンクリート製の装飾的な植木鉢は、子供の砂箱や石けり遊びに使われた。住居前の庭園も、熱心に栽培がおこなわれるものもあったが、その一方で、棚や防御用の塀を欠いていたために、近道や非公認の遊び場として使われるものもあった。実際、地元の子供たちの痕跡がいたるところにあり、いくつかの区画の中心にある芝の広場は「手入れが行きとどかない、荒れた外見」を呈していた。さらに悪いことには、予定された中央公園は、子供がよじ登るために用意された丸石が危険であると判明したため、閉鎖されたままだった。ＬＣＣが認識したように、ランズベリーを良好に維持することは、容易ではないようだった。ＬＣＣは、規範を維持するための協力があってのみ、近隣住区が成功することをよく知っていた。しかしＬＣＣは、「導入されたアメニティとそれにかんする住民の義務というものが、大部分

の居住者の生活における新しい特徴であるような地域では」、そういった協力の確立が困難であることも認識していた。(50)

LCCが暴露したランズベリーについての情報は、明らかに論争を呼ぶものであり、一部の建築家が計画は「大失敗」だと結論づける根拠となった。(51) ところが、そうした悲観論にたいする有力な異議が一九五四年に唱えられた。その年、ロンドンのユニヴァーシティ・カレッジの二人の社会学講師、ジョン・ウエスターガードとルース・グラスが、ランズベリー居住者の意見にかんする調査結果を公刊したのが、それである。この調査で、ランズベリー住民は新住区を忌憚なく批判する一方で、概してここに移ってきたことにたいへん満足していることが明らかにされた。

ウエスターガードとグラスの調査は、ランズベリー全住民のなかから抽出したサンプル世帯の一連のインタヴューにもとづいていた。(52) 二人は、地元住民のいくらかが住環境の諸側面に不満を感じていると報告した。マーケットは狭すぎたし、子供の遊び場所は十分にはなかった。住居の内部については、一部の特徴的な設計に欠陥があると批判された。たとえば、食事用につくられたスペースは、普通の規模の家庭には小さすぎた。くわえて、多くの居住者が、新しい住居にLCCが課す家賃は高すぎると感じていたのは明らかだった。ウエスターガードとグラスは、家賃が「ランズベリーでの会話で頻繁に出てくる話題」であると報告し、家賃のために金銭上困った経験をもつ家族が大きな割合を占めると強調した。

家賃を払えそうな場合にのみランズベリーに入居が許されたという事実にもかかわらず……、稼ぎ手がひとりしかいない若年層世帯の多くが財政的に相当困窮しており、同じことが、……老齢年金世帯についてもいえた。その他の世帯でも、余裕があまりないので、ちょっとしたつまずきで心もとない安定など簡単に吹き飛んでしまった。(53)

他方、こうした問題にもかかわらず、ランズベリー住民の大部分は疑いなく、新しい住区をたいへん気に入っていた。ウエスターガードとグラスは、インタヴュー回答者のひとりで、ステップニーでの間借りから新住区のメゾネットに越してきた人物が、「うれしくて笑いが止まりません。本当に幸せです」と言っているのを引用し、これが典型的な発言であると努めて強調した。二人が論じたように、ランズベリーが「根本的に申し分のない環境」を提供したとの見解は、「新しい近隣内および周辺住民の大部分によって共有された」(54)。したがって、ランズベリーという実験からなにか学ぶべき教訓があるとしたら、それは都市計画を有益なものとして支持できるということだった。ランズベリー建設に使われた技術をさらに発展させ、復興が依然として必要な場所でそれを使うべきだというのである。(55)

(3) ランズベリー計画への関心の再燃

ウエスターガードとグラスの調査以降およそ二〇年近くのあいだ、ランズベリーはほとんど忘れられていた。それが一九七〇年代半ばになって、ノスタルジアと公共部門の住宅危機の再現とにより、ランズベリー計画への関心が再燃しはじめた。建築家たちは一九六〇年代の高層住宅建設《タワー・ブロック》ラッシュの過程で出現した、住区の荒廃や建物の倒壊といった問題のために、なんらかの抜本的な対策を示さなければならないという圧力を相当に感じていた。そして一部の建築家は、かつての低層住宅計画が代替的なモデルとなるかどうかを調べるべく、その見直しをはじめたのである。

ランズベリーについての再評価は概して肯定的であった。たしかに、誤りがあったことは認識されていた。計画家たちは、地元住民との協議にもっと努力すべきだったし、ポプラーで起こりつつあった経済的発展と自分たちの社会的な諸目標との調和をもっと考えるべきでもあった。しかし全般的には、ランズベリーは成功したといえそうであった。影響力をもつ建築家で批評家でもあったライオネル・イシャーは、計画は「穏健な」ものだったと感じていたが、「その耐久力は実証されてきた」ともつけ加えていた。フェスティヴァル・オブ・ブリテンでの展示会より二〇年が経過し、ランズベリーは「居心地のよい、入居するにはいいところ」という印象を与えた。展示会を提案した建築家ギバードもまた、この地域は本質的に初期の期待を裏切らなかったと確信していた。彼は、ランズベリーは「つつましくも卓越した空気」を保持してきたと書き、建築のうえでは古くさくなったかもしれないが、それでもなお「親密で、友好的で、人間的な性格」をもった場所だと考えた。住区の成功のあかしは、そこが依然として居住者に評判がよいという事実であった。(56)

建築の専門家以外のあいだでは、ランズベリーにかんする意見はもっとまちまちであった。左派の評者たちは、ランズベリーが失敗だったと躊躇なく認めながらも、なお、それを好意的にみなす傾向にあった。左派の支持者だったイースト・エンドの医師デヴィッド・ウィジャリーは、つぎのような評価を与えた。

〔ランズベリーは〕成熟していないし、ぞんざいに安っぽく建設されてしまった。……しかし、全体的な計画は、中庭、緑地、社会的アメニティをともなったさまざまな規模の住宅が当初の概念にむけて計画されるような、調和のとれたパターンをたしかにめざしていた。一九五〇年代後半に……ポプラーを概観したならば、気まぐれに点在する、雑草の生い茂った焼け跡にもかかわらず、……荒廃のなかからなにか新たなるものが出現しつつあるとの感は得られたであろう。そこには未来への楽観的な展望があった。そしてそこは、人びとが住まうのはもちろん、働き、学び、運動し、そして楽しむ、都市共同体《アーバン・コミュニティ》だった。[57]

これとは対照的に、右派にとってランズベリーは、アトリー労働党政府の社会工学《ソーシャル・エンジニアリング》偏愛のなかでももっとも嫌悪すべき部分を象徴しているようにみえた。ジャーナリストのクリストファ・ブッカーが述べたように、ランズベリーで建てられたものは、概して「一九六〇年代・七〇年代の誇大妄想的な都市計画と、それをしでかした建築家たちの最初のお披露目」だった。それゆえ彼は、その長期的な影響は「深刻」であるとの確信を抱いた。[58]この種の批判をいっそう辛辣なものにしたのは、最初に移り住んだ一家のスノディ夫人がいまや、ブッカーと非常に似かよった結論に達しているという事実だった。一九八〇年代半ばのＢＢＣによるインタヴューのなかで、夫人は復興やランズベリーへの移転が、かつてのよりよき地域共同体の伝統をいかに破壊したかを回想した。

> さて、ランズベリーに住んだことなんか一度もなかったもので、はじめてフラットを見たとき、そんなにうれしかったとはいえません。どこかヨソへ行って普通の家に住むほうがよかったわ。……古い家を出るのはつらかった。裏庭があって、子供たちはそこに行って遊べたし、ほんとうに移りたくなかった。ずっと居たかったですよ。でも、出て行かなきゃならなかったんです。ほかに選択もなくて……。

スノディ夫人は、ただもう「嫌々」ポプラーに越してきたかのようであった。[59]

おわりに

以上に紹介した異なる主張は、どのように評価されるべきであろうか。ランズベリーは、困難な状況のもとで勝ちとられた大成功だったのか、それとも、のちの大失敗の前触れだったのだろうか。この疑問にたいして、三通りの観点から答えが求められてきた。第一の観点は、ランズベリーの建設は、つねに建設費用の切り詰めが優先されるという制約のもとですすめられた点を強調するものである。政府による支出削減の圧力がつづくなかで、ランズベリー建設の費用をいかに切り詰めるのかという問題は、建設過程を通じてもっとも重要かつ考慮すべき事柄だった。その結果、ランズベリー近隣住区全体の完成は一九五一年に予想されたよりずっと後になり、また、地域に計画された住居についても、一九六二年末までに実際に完成したのは七一パーセントにすぎなかった。[60]しかも、社会的な施設の建設が、住居・フラット建設につねに遅れをとるのが目についた。実際、ランズベリーには、一九七八年になっても近隣地区の会合用のクラブハウスがなかった。このような施設は必要不可欠であることが、二〇年前にいわれていたにもかかわらずである。[61]

費用の制約を考えれば、ランズベリーへの訪問者や批評家の一部に長いあいだ与えた印象が、ランズベリーの壮麗さではなくて、むしろその期待はずれの平凡さだったとしても、けっして驚くには値しないだろう。フェスティヴァル当局は、イギリス都市計画の最上のものを展示したいと望んだが、結局、世俗的なものしか生みださなかった。ある評論家が一九五一年夏の『タウン・アンド・カントリー・プランニング』誌で、この点をつぎのように簡潔に主張している。

〔住区が建設された〕三〇エーカー〔約一二万一四〇五平方メートル〕は、……どんなに寛大な基準に照らしても、費やした時間を考えれば偉業とみなすことはできない。ワルシャワからにせよ、イタリアその他いずれの国の復興された諸都市からにせよ、海外から来た人たちの多くは、戦勝国がいったいいかにしてこれほど長い時間をかけてこれほどわずかしか成しえなかったのか、と不思議に思うのも当然であろう。(62)

三年後の一九五四年に、影響力をもつ建築・美術評論家のクラフ・ウィリアム-エリスが同様の意見を述べた。彼は、ランズベリーが「知的で、品があって、非常に人間的で、しばしばレイアウトの面で想像力に富んでいる」ことはわかったが、しかしなぜ芸術的な価値への鋭い感覚や心遣いというものがほとんどなしに建設されたのか、と首をかしげた。費用にかんする考慮が最優先されるべきではなかったとして、彼は、「すべてを容赦なく骨の髄まで切り詰め、費用一ポンド当たりで何フィートかが判断の唯一の基準となれば、必然的にその骨だけが得られるすべてとなる。そしてかりに住宅統計にたずさわる者や中央官庁にとってはそれで十分だとしても、居住者もふくめて残されたわれわれにとっては、本当にそれで十分といえるであろうか(63)」と主張した。

とはいえ、ランズベリーは、たとえ目を見張るような成果をあげられなかったにせよ、同地への人気がたしかに高いという、いちじるしい長所があった。ランズベリーの評価における第二の観点は、計画家が居住者のことをどこまで考慮して計画を策定したのかを重視するものである。

ウエスターガードとグラスが示したように、一九五〇年代にこの住区は広く居住者から好かれていたし、その二〇年後にも、訪問者が認めたように、状況は本質的に同じままだった。[64] この成功はまちがいなく当初の建築家たちの名を高めた。居住者の多くはひどい環境のところからランズベリーに移ってきたので、つねに新しい住居を評価する傾向にあるようにみえた。そのうえ、新しい居住者の大部分はイースト・エンドから来ており、そのためしばしば似かよった価値観や意見を共有した。[65] それでもやはり、人びとのランズベリーへの感情は、地域の計画のされかたによって育まれたものだった。この住区は、往来の多いイースト・インディア・ドック・ロードを境界としていたが、自動車交通が支配的ではなかった。マーケットは安全なショッピングの場を提供し、学校や教会はすぐ近くにあった。近隣はひとつのユニットのように感じられ、このことがかなりの満足と安心を与えた。すでに述べたように、LCCとの軋轢が知られていないわけではなかったが、それもロンドンの他の地区とくらべればずっと少なかった。[66]

したがって、ランズベリーはうまくいった住区のひとつであった。しかし、もし計画家がさらなる協議をおこなっていたら、もっとうまくいっていただろうという問題は残る。ランズベリーでの先例は、計画家が大衆の選択を顧みず勝手かつ高圧的にふるまうという、のちの権力の濫用への扉を開いたと主張するブッカーは間違っているのだろうか。

ランズベリーに責任のあった人たちは、もちろん地元住民が望むものに気づかなかったわけではないし、実際、さまざまな問題についての社会学的な調査をいくらかおこなった。そのうえ、住区が建設された土地の買収は、公聴会を開いた後にはじめておこなわれた。そこでは、地元住民はまったく自由に異議を提出することができたのである。しかし、協議が限定されたもので、ときとして意見交換のための真の公開討論会というよりも、建築家のアイディアを宣伝する行事になってしまったことは、たしかに事実だった。地元住民が、ランズベリーの環境の設計にたいして自分たちが相対的に無力であることに憤慨した形跡は、はたしてあるのだろうか。

これは、容易には解答が得られない問題だが、資料を見るかぎり、当局による計画過程の進めかたに広く不満が存在したとする見解は、およそ支持することができない。ポプラーは長いあいだ労働党が強かった地域であり、地元住民のかなりの数は、同党に投票しつづけた。事実、一九五一年の総選挙では地元下院議員のチャールズ・キーが実際に得票差を増やし、保守党候補を二万四五〇二票差で破ったのである。[67] 必然的に労働党は、ポプラー区やＬＣＣの地方選挙でも優位を占めた。このように資料には、ランズベリーに責任のあった労働党にたいして地元住民からの不満があったという形跡は、ほとんど見当たらないのである。

しかし、住民がランズベリーにおおむね満足し、労働党に投票しつづけたからといって、彼らがランズベリー計画を積極的に支持していたとは断言できない。ランズベリーの評価における第三の観点は、住民の都市計画への関心の度合いが重要だとするものである。実際、復興に関連した個別の問題では、住民の意見はつねに好意的というわけではなく、彼らはときに不満を爆発させることさえあった。なかでも、住宅問題がつねに論争の的となっていたことをよく示す例が、一九四八年半ばのポプラー議会で勃発した「騒動」である。

「いつになったら、ちゃんとした家が得られるんですか」と、ひとりの女性が叫んだ。騒然としたなかで、この女性は「うちとしてはこの問題を下院に訴えます」と言葉を結んだ。「うちの赤ん坊はついこのあいだ、回復期患者療養所に行ってしまいました。赤ん坊たちを見にきてやって」と、別のひとりが怒った口調で叫んだ。そこへ、ひとりの男性が割って入った。「区のやつらは気が変わって、家の外見をよくしろとおっしゃっときながら、しかしつぎには、外より中をよくしろという。とにかく家を持たせろといいたいね」。別の不満の声が上がった。「戦争の英雄たちに家を」というけれど、英雄は見てきたが、家は見たことがない。[68]

これにたいし、都市計画は通常、関心をもってみられることはほとんどなかった。たとえば、区が一九四八年に地元の図書館で開いた「ポプラーは立ちあがる」という展示会にわざわざ行こうという住民はほとんどなく、これを『イースト・ロンドン・アドヴァタイザー』紙は以下のように論評した。すなわち、「地方当局は、住民と地方議会議員と職員の三者が一体となった協力関係のもとで運営されるときにのみ、十分に機能的たりうるといわれてきた。……ポプラーに議員と役人はいた。だが、あいにく彼らには、大半の市民の関心と協力を維持することができないままであった[69]」と。

こうした住民による熱意の欠落は、三年後の一九五一年、地元の市民生活相談所のひとつによる調査報告のなかで確実に証明された。その前年、八四六六人が五一二五件の問題について、この機構に相談していた。なかでも住宅がもっとも頻繁に問題にされ（一六一四件の問い合わせがあった）、これに社会保険（七三一件）、法的論争（六二五件）、家庭や個人的な問題（五六九件）がつづいた。それとは対照的に、ランズベリーでの都市計画事業については、彼らは最低限の関心しか示さなかった。地元新聞が論じたように、「ポプラー復興の計画は、……地元住民の関心をほとんど引き起こさなかったようだ。なにしろこの一年のあいだで、都市農村計画にかんする質問はたった一件しかなかったのだから[70]」。

それゆえ、右に述べたような住民の意見や態度のパターンを考えれば、たとえさらなる協議がおこなわれていたとしても、それが必ず、住区の設計にかんして異なる結果を生みだすことになったかどうかは疑わしい。『アーキテクツ・ジャーナル』誌が述べたように、ランズベリーは「啓発された世論」とともに創造されたわけではなかった。[71] しかし、どうみても、地元住民がこの事実に憤慨していたと信ずるもっともな理由も存在しない。ポプラー住民は、とにかく一日も早く家が欲しかったのであって、その供給の詳細についての関心はずっと低かったのである。

ある建築評論家は、フェスティヴァル・オブ・ブリテンが開催された一九五一年のランズベリーをふりかえって、その二〇年後に、それは「時代を寸分違わず反映したもの」だったと書いた。[72] この言葉は建築様式の特徴に言及したものだったが、より一般的な碑文に刻まれても十分かなうように思われる。ランズベリーに責任のあった人たちは、なにか革新的なものを創造したいと望んでいたが、彼らの前には、建設費用の削減や、自分の家のことで頭がいっぱいで都市計画への関心はうすい住民の意識といった問題が立ちはだかり、そのため、思いどおりに計画を実行し、そのヴィジョンを実現することができなかった。その結果、完成した住区は一応成功したけれども、計画家が望んだような恩恵のすべてを住民に提供できたわけではなかった。このように、種々の制約のために当初の目標を実現できなかったという意味で、ランズベリーは、広く全国で見られた戦後再建期の都市計画のパターンを象徴していたのである。

第三章　イギリスを代表する壮大な実験

――コヴェントリーの復興――

はじめに

コヴェントリーは「さまざまな実験がおこなわれている大きな鍋のようなもの」である。同市の司教は一九四五年初め、地元のロータリー・クラブでこのように語った。コヴェントリーは一九四〇年一一月に猛烈な空襲をうけたが、その三カ月後には包括的で大胆な復興計画をたてていた。それは、イギリスにおいて策定された、最初の戦災都市の復興計画であった。コヴェントリーの司教は、第二次世界大戦の終結も間近といわれるなかで、いまや「全イングランドが、この市がその職を全うし、市民に完全な生活を許していくのかどうかを注視している」と感じていた(1)。

本章では、コヴェントリーの復興がどのように計画され実施されたかを考察し、こういった初期の期待が実現されたのかどうかを検討していきたい。大戦中の計画やそれへの期待は、一九四五年以後のコヴェントリーでの復興に、はたしてどのような影響を与えたのだろうか。

まず、この問いにたいするこれまでの見解が、きわめて多岐にわたっている点に注目すべきであろう。実際、新生コヴェントリーは多くの人びとの関心の的となり、またいくつかの点で、建築家で評論家でもあるライオネル・イシャーが書いたように、「五〇年代の原型であり試験台で」あった。[2] 早い時期にコヴェントリーを訪れた人たちは、その復興ぶりを賞賛する傾向にあった。たとえば、ルイス・マンフォードは、「コヴェントリーは自動車、航空機、工作機械、そして電機産業で名高い産業都市だが、その復興は、見栄えのする、多方面にわたってすぐれた、文化的にも豊かな近代都市への変貌にむけておこなえるものすべてを具現している」と感じた。[3]

しかし、一九六〇年代・七〇年代には、より批判的な認識が優勢になった。コヴェントリーの復興は、いまや深刻で重大な失敗とみなされた。市には多少の近代的な施設ができたかもしれないが、建てられたものの多くは見かけ倒しで、うまく計画されてはいなかった。文化的・精神的な意義が、あまりにも軽視されていたというのである。その責任は、一九三七年以来、地方政治の実権を握っている労働党にあるようだった。なぜなら同党は、目立つ企画にあまりに気をとられすぎ、地元の要求に応えず、ことによると国内の大手建設業者の手先のような役割さえ果たしたというのが、その理由である。こういった主張の真相がなんであれ、コヴェントリーはたしかに成功談とはみなされなかった。実際、ジェラミー・シーブルークにとって、コヴェントリーは戦後イギリスの社会民主主義の理想でなにが誤っていたのかを、ほぼ完璧に例証しているようにみえた。[4]

しかし、さらに近年になって、こんどはこの悲観的な見解に異議が唱えられてきている。ティラッソーと長谷川の両者は、コヴェントリーでの実際の復興がつねに順調にはすすまず、そしておそらく期待はずれにおわったことは認めながらも、その結果を、これまでの研究で触れられた以上に広範にわたる要因との関連で説明した。[5] ここで重要なのは、コヴェントリーで起こったことは、中央・地方双方での政治的背景を重視しなければ理解できないという点である。以下、本章では、まず空襲によるコヴェントリーの破壊とそこからの再生とを簡潔に描写し、つづいて新生都市の建造の促進あるいは妨げとなったであろう諸要因を、政治的な要因とからめて検討していこう。

一　コヴェントリーが高く評価されてきた理由

一九三〇年代後半の再軍備による好況は、コヴェントリーを平時における機械産業の中心地から、イギリス軍の戦車・戦闘機の主要な供給源へと変えていった。それゆえ、宣戦布告後ほどなく、同市はドイツ空軍の標的とされた。損害の大部分は、一九四〇年一一月の一回の集中的な空襲によるものだった。その直後にコヴェントリーを訪れた社会調査機構マス・オブザヴェイションの調査者たちは、「市の心臓部に局地的に集中した」被害が、「これまで調査された他のどの都市でよりも甚大」だったことをみいだした。市民は深い衝撃をうけ、すべてのものが破壊されてしまったと感じていた。

混乱があまりに大きいために、市民は街そのものがやられたのではないかと思っている。「コヴェントリーはおわった」とか「コヴェントリーは死んだ」というのが決まり文句だった。……コヴェントリー全体としては、……〔軍需産業の成長など〕戦争のおかげで財政的にはずいぶんうまくやってきていたから、空襲による経済的な打撃はことさら大きいようだ。(6)

数週間後には、そうした見解がかなりの程度誇張されたものであることが明らかになった。最大級の破壊を被った地域はかなり限定されており、郊外住宅地域や中心地から離れた工場の多くは実質的に無傷だった。こうした状況のもとで、空襲についての市民の認識もまた変わりはじめた。新たな始まりという見解が、致命的な一撃という見解に取って代わったのである。コヴェントリーは一九三〇年代にあまりにも急速に成長し、交通渋滞やアメニティの貧困といった諸結果に悩まされていた。ある市当局公吏が記したように、空襲による損害は新たな始まりの可能性をもたらした。「こう言ったら差し支えがあるかもしれないが、起こってしまった以上、空襲は姿を変えての天佑だと感じる。ドイツ軍は、無秩序で混沌とした市の中心部を一掃し、おかげで新たなスタートをきることができるのである」(7)。その結果、市議会は新生コヴェントリーの都市計画を開始する決意を固めた。

将来について考える際に、市議会議員や公吏たちは、さまざまな都市論や都市計画理論の影響をうけた(8)。著名な都市理論家や建築家の著作が、彼らに少なからぬインスピレーションを与えた。ルイス・マンフォードの『都市の文化』(*The Culture of Cities*)が、熱心に読まれた。改革は根幹で社会的必要に結びついた徹底した性質のものでなくてはならないという彼のメッセージは、労働党自身の認識に非常に近いように思えたからであった。ル・コルビュジエの『明日の都市』(*The City of Tomorrow*)もまた、関心を呼んだ。さらに、数多くのイギリスの著述家(とくにアーバークロムビーとトマス・シャープ)が、おそらく、より大きな影響をおよぼしていた。同時に、都市計画に関与した者たちは、こうした著作にくわえて自身の業務上の経験に依拠することができた。

一九三〇年代のコヴェントリーは経済的には豊かだったかもしれないが、住むにはおよそ快適な場所ではなかった。シティ・センターは、中世からのレイアウトと規模をそのまま残していた。それゆえ、シティ・センターでは交通渋滞が頻発し、歩行者に危険な状況がしばしば生じた。シティ・センターから離れた郊外においては、工場と住宅とが明らかに無秩序に広がっていた。そのため、たとえば主婦は、煤や埃で洗濯できないことがしばしばあった。そのうえコヴェントリーには、周辺都市の住民の多くが享受しているような施設が不足していた。

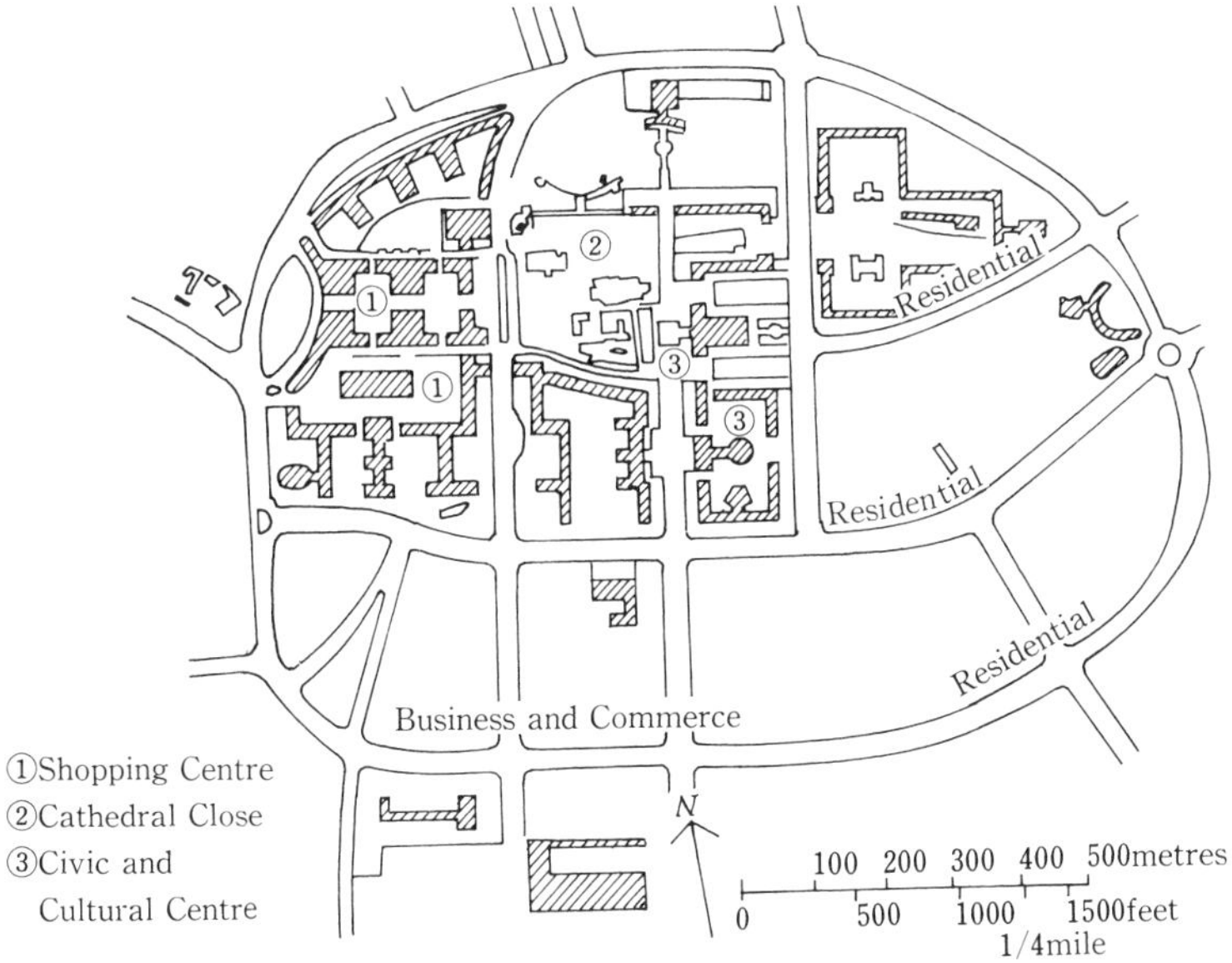

図3-1　ギブソンによる1941年計画
出典）*Midland Daily Telegraph*, 13 March 1941 より作成

商店はあまりに少なく、住区のコミュニティ・センターは不足し、オープン・スペースの数も十分ではなかった。その結果、市民生活はまったく退屈なものだった。カネは比較的容易に手に入ったけれども、それを使うことをどれだけ楽しんだかは別問題だったのである。市のレイアウトも、施設の不足による退屈の埋め合わせとなるような共同体意識を発揚するものではなかった。

こうした問題の解決には、かなり思い切った一連のイニシアティヴが必要であると感じられていた（図3－1および図3－2参照）。計画家たちは、市街地を機能に応じておおまかに境界区分することからはじめた。それぞれの用途別区域は、「クモの巣」状の道路網で結ばれた。工業は居住区域から十分に離れた特定の場所にのみ許された。空襲をもっともうけたシティ・センターでは、シヴィック・センター（公共建築物区域）、娯楽施設、および十字形で二階が歩廊式になっている歩行者専用商業区域からな

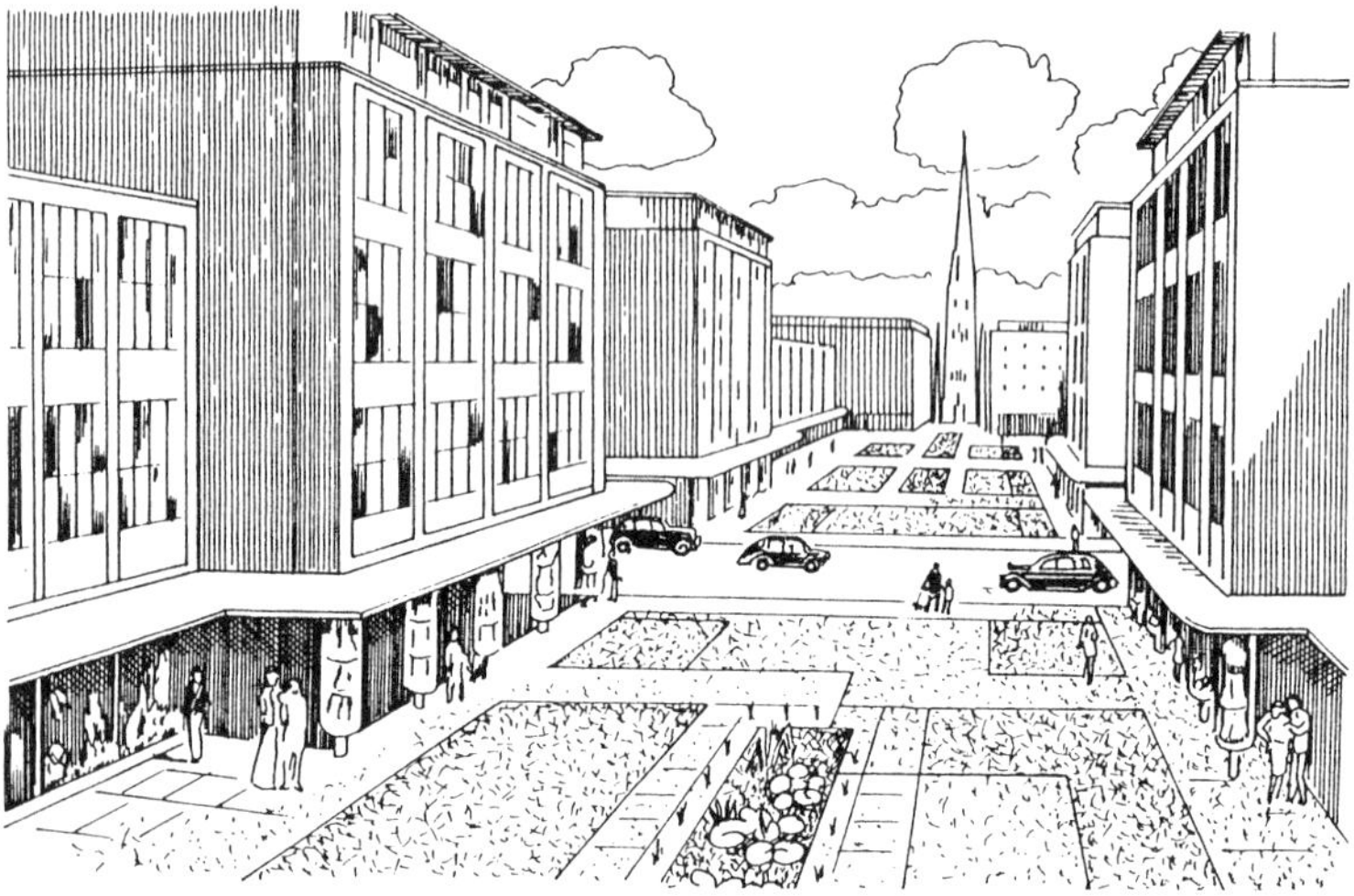

図3-2　歩行者専用商業区域

出典）The Corporation of Coventry, *The Future Coventry* (Coventry: The Corporation of Coventry , 1945), p. 15.

る部分が、市民生活の新しい中心になるものとされた。計画家たちは、こうしたさまざまな区域の建設に際して、景観や建築様式に十分な注意が払われるべきことを強調した。建築物は、心地よい通景《ヴィスタ》を提供することを念頭におきつつ、調和がとれるようにグループ化するとされた。市民は何をしていても、そのような環境にくつろぎと安心と興味を感じるだろうということだった。

残る重要な問題は住宅であった。コヴェントリーでは、一九三八年にあった住宅のおよそ七パーセントが空襲で破壊されていた。このほかに修繕を必要とする家は多数あった。くわえて、シティ・センター近辺にある多くの古いスラムを取り壊す必要があった。すべて合わせると、おそらく三万軒以上におよぶさまざまな型の新住居を建設する必要があるだろうと、計画家たちは考えた。ここでも、シティ・センター再開発の場合と同様に、供給するものの質がかなり重視された。住居地区は人口八〇〇〇～一万人の「近隣住区」に分割され、それぞれに学校、図書館、教会、医院、映画館など一連の地域施設が置かれるものとされた。

このようにして、市民は集団ごとに「社会的意識」を発達させ、この規模で配置された地元の集合体の一員として、ひいては、コヴェントリー市民の一員として、みずからを位置づけるようになるというのであった。

こういったアイディアにたいするさしあたりの反応は、賛否相半ばするものだった。まず、コヴェントリー市当局の提案をコスト面から憂慮する向きがあった。地元のある事務弁護士は政府の役人に、「経済的観点」が「この仕事にかんしては非常に重要」であり、「理想主義的であるのは結構だが、しかし、経済的な側面を十分考慮しつつ計画を実行するためには、それにカネをつぎ込むことになる人にとって魅力あるものでなくてはならない」と語った。(9) ほかには、既得権益を有する人たちのあいだで、より直截的な反応があった。コヴェントリー商工会議所は、「都市計画にかんする小売業者諮問委員会」を創設したが、同委員会は専用商業地区というアイディアに「まっこうから、完全に」反対であると主張した。事実、小売業者たちは、一般にアーケード式ショッピングという原則を好まなかった。したがって、最良の選択は、戦前からの「道路の両側に店が並ぶ目抜き通り式」を再現するように復興することだった。(10) また、地元の機械産業の雇用者たちも、とくに計画に感銘した様子はなかった。その大部分は明らかに、計画は「ユートピア的で、無用の長物である」と感じていたのである。(11)

他方、明らかに、コヴェントリー市当局の立場により好意的な者も多かった。そもそもコヴェントリーの空襲の経験は、政府の広報担当部門によって広く宣伝されていた。そしてこのことは、国民の多くがコヴェントリー計画への共感をはっきりと示しつづけることを確実にした。国王でさえ諸提案に熱心なことは明らかであり、一九四二年のコヴェントリー訪問の際には、「市にとっての将来のアメニティがなによりも重要」となることを望んで諸提案に賛成する、と言明した。さらに重要なことには、コヴェントリー市民の大多数が市当局を支持しているといわれた。戦争がつづくあいだは、市民が復興計画を本音のところでどう考えているのかについて、はっきりしない部分があったが、一九四五年末におこなわれた平時における最初の選挙で、地元の状況は明白になった。というのも、計画をもっとも強く推進した労働党が、市議会で過半数を維持したばかりでなく、コヴェントリー選挙区の下院議席も得たからである。大戦中に育まれたアイディアをすみやかに実行する道が開けたようであった。

つづく一〇年のあいだに、諸目標の達成にむけてかなりの進展がみられた。一九五五年末までには、コヴェントリー市当局は賃貸用の本建築住宅九〇〇〇軒以上を建設した。これは、同じような規模の都市のなかで匹敵するものがほとんどないほどの実績だった。新商業専用区域も、ブロードゲイト・ハウス（一九五三年五月）、ウルワース（一九五三年八月）、マークス・アンド・スペンサー（一九五四年四月）、オーウェン・オーウェン（一九五四年一〇月）、ブリティッシュ・ホームズ（一九五五年五月）といった、主にチェーン・ストアからなる主要な建築が立ち上がるにつれて、形をなしはじめていた。くわえて、コヴェントリーについて全国誌にレポートした人たちは、同市が完成されていく光景に好感を寄せていた。すでに言及したマンフォードの見解が、典型的なものであった。したがって、モダニストのJ・M・リチャーズは、商業専用区域を「空襲をうけたシティ・センターで実現された都市計画のなかでもっとも印象的なもの」とみなすことができた。批評家たちは、新たに建設されたもの自体に肯定的ではない場合でも、市当局が調和をこころみ、アメニティや建物の規模を重視したことに賛辞を贈った。『アーキテクツ・ジャーナル』誌のコラムニスト「アストラガル」が、この点を以下のようにはっきり述べている。「時代に敏感な建築家で、国際的水準に照らして建築それ自体をすばらしいとみなす者はほとんどいないだろう」。しかし、コヴェントリーの計画家たちが、「大都市を文明的・文化的な方向に……ふたたび創造するやり方の手本を示した」のは確かであり、彼らは国内でも群を抜いていた。(12)

二　コヴェントリー市当局の実際の苦悩

（1）コヴェントリー市当局にたいする批判

にもかかわらず、右のような偉業と並んで、大きな不安感もはびこってきた。まず、復興のペースにたいする不満が広がっていた。地元の状況を概観して『コヴェントリー・スタンダード』紙は、一九四九年後半の記事で「市が廃墟のなかから不死鳥のごとく立ち上がっている……様子はほとんどみられない」と書いていたが、[13]同じような所見は、その後何年にもわたって決まったようにくりかえされた。さらに悪いことには、コヴェントリー市民もまた、復興のされかたが当初約束されたよりもずっと偏ったものであることに気づいていた。たとえば、市当局の住宅計画は称讃に値したであろうが、そこに新しい地域施設が順調に建てられていった形跡はほとんどなかった。新規の居住者たちは多くの点で、一九三〇年代に周辺の郊外へ移った者たちにくらべて、ごくわずかに暮らしぶりが良くなっただけであった。新聞の報告が、お馴染みとなったくどいほどの苦情をつぎのように示していた。

孤独が居住者の唯一の不平の種であるわけではけっしてない。……街灯がないこと、たまにしか来ないバス、商店の不足、……こういったものやその他の苛立ちのせいで、居住者たちは、「家を貸す前に、なぜアメニティを完成させておかないんだ」と疑問に思ってきている。[14]

概していえば、コヴェントリーは安っぽく復興されているようにみえた。大戦中になされた魅力的で野心的な約束は、実現しないことがあまりにもしばしばあったのである。

当然のことだが、こうした状況は一九五〇年代に地元を相当に驚愕させ、今日でもなお問題として残されている。コヴェントリーの困難な状況にはさまざまな説明がなされてきたが、市当局にその責任があるというのが、どの説明にも共通した傾向となってきている。そこでは、労働党が戦後再建期を通じてコヴェントリーの地方当局を支配してきたのだから、市の諸問題にかんしては労働党がかなりの責任を負わねばならない、と示唆されているのである。

さらに詳細にみてみると、コヴェントリー市当局にたいする批判には二種類ある。一部には、復興にたいする労働党の姿勢があまりにイデオロギー的であり、それゆえに利用できた一連の実現性の高い解決策を無視した、と主張する者がいる。そういった見方からは、市当局にたいして、「おそらく国内の他のいかなる大都市においても匹敵するものがないほどの極端に急進的な社会主義を追求」した、「圧倒的に社会主義的な独裁」との烙印を押すことができた[15]。しかし、これにたいして、ほぼ正反対のもろもろの見解が存在した。それらの見解では、問題は市当局がイデオロギーにとりつかれていることではなくて、市当局に政治的な原則や理解が欠如していることにあるとされた。そこでは、市当局はかつて信奉した理想のために全力で闘う決意に欠け、十分な準備や真の意志もないものとして描写されている。はたしてどちらの解釈が、実証的な検討を通して支持されうるのだろうか。

コヴェントリー労働党（したがって市当局）が戦後再建期を通じて左派に支配され、その左派が復興を社会改革の成果に密接に関連したものとみなしていたことは、たしかに事実である。とはいえ、市当局が教条的だとか極端であると性格づけることはまずできない。市当局は財政業務について非常に慎重であり、地方税をかなり平均的な水準に維持した。また、市当局は、シティ・センターおよび郊外の住宅地の双方で、必要とあれば民間の開発業者と協働する用意があった。さらには、民間の住宅開発にたいする市の態度は比較的寛大であり、実際その結果として、市は国から譴責されたほどだった。[16] 最後にあげるべきは、市当局は地元の全利害集団と協議し、重要なアイディアについての合意を打ちたてることに多大な注意が払われた点である。その結果、地元での批判者たちでさえ、試行されている事柄にたいしては不承不承ながらも敬意を表した。一九五五年、保守党寄りの『コヴェントリー・スタンダード』紙にあらわれたつぎの社説が、その典型であった。

コヴェントリーでは、大戦以来復興された他のほとんどの都市においてよりも、計画家たちにみずからの可能性を示す大きな機会が与えられてきた。彼らはこの機会を熱心にとらえ、一般の意見も、これまでの成果は概していえばさすがに立派なものだ、とみているのである。[17]

計画の実行に際して準備や決意が欠如していたとの指摘も、説得力があるものとはいえない。大戦中にコヴェントリーを訪れた人たちはしばしば、市当局が革新的な復興に熱心である状況に強い印象をうけた。ジャーナリストのモンタギュー・スレイターは『レノルズ・ニュース』紙で、労働党のアイディアは「たんなる計画という以上」のものであり、おそらくは「情熱」という言葉でもっともよく表しうるだろうと報告した。[18] 官僚たちも、しばしば同じように感銘をうけていた。政府官僚たちは、市当局のアイディアの財政的な含意について憂慮する傾向にはあったが、しかし、アイディア自体が都市計画の理念にてらして不適当であるとは考えていなかった。

さらには、計画を採択し、さまざまな「障害にもかかわらずそれをやり通そうとする」市当局の「頑固さ」に、警戒しながらも敬意が払われた。[19]

一九四五年以降も、同じような認識が優勢であった。『マンチェスター・イヴニング・ニュース』紙のある記者は、コヴェントリーの市助役が、さまざまな省庁で厄介者扱いされながらも、市当局の要求を通すうえで効果をあげていたことを、以下のように述べた。「それが、私が訪れた他の都市とコヴェントリーとの違いである。コヴェントリーでは、なにかがなされつつあるのを痛感するのである」。[20] こういった活力を可能にしたのが、地方労働党指導層の姿勢だった。彼らは、当初のアイディアを断固やり抜こうとしたのである。この期間を通して労働党の指導的人物だったジョージ・ホジキンソンについてのつぎの私的評価が、一般的な風潮をとらえていた。

私はつねに彼〔ホジキンソン〕のことを、ニュー・イェルサレム派のヴィジョンをもち、ひたむきだが新しいアイディアの受容を妨げたりはしない目的意識をもって、そのヴィジョンの実現に努めている人だとみなしてきた。前進するためには信念が必要な場合が数多くあったが、彼はつねにその信念をもっていた。[21]

(2) 市当局対中央政府の関係

これまで述べたように、コヴェントリーがかかえた問題の源泉を市当局に求めることには説得力がない。市当局は、復興についての明確な見解をもち、一九五〇年代に入っても長くその理想を求めつづけた。これが事実だとすれば、ほかのなにが進展を妨げる要因だったのかを問うことが必要になってくる。この種の分析の出発点は、以下で明らかにするように、コヴェントリー市と中央政府との、かなり複雑な関係を正しく認識することである。

コヴェントリー市をいかに復興しうるかを検討するに際し、市の公吏や政治家たちは、自分たちの努力は政府の助力があってはじめて実を結ぶであろうことをつねに認識していた。市の経済は成長しつづけねばならなかったが、市当局は、その成長が政府による統制をうけてでも計画的になしとげられることを望んだ。政府の誘導による地元機械産業の拡張のせいで、移入者が大挙して市に押し寄せ、深刻な住宅不足が生じた戦争中の経験の再現は許されなかった。同時に、市当局は資材や財政面で、政府からのより直接的な援助を明らかに必要としていた。なぜなら、既成市街地を計画に即して再生・改善することは、地方税収のみでやっていくにはあまりに過大な事業となるからだった。したがって、中央・地方当局は緊密な関係を保ちながら作業しなければならなかった。そうすることで、市は復興にとりくむうえでの最適な条件を整えるとともに、復興が資材や財政面での制約のために滞ることのないようにしよう、というのであった。

こういった要求は精力的に政府に突きつけられたが、コヴェントリー市当局は間もなく、ロンドンの官僚や政治家が望むほどには協力してくれそうにないことを知った。実際、政府の態度は一様ではなく、首尾一貫しないこともしばしばあったが、その総体的な影響は、コヴェントリーが望んできたものとは実質的に対極をなすものであった。どうしてこのようなことが起こったのかを検証するには、コヴェントリーの経済にたいする政府の姿勢と、それが市の平時における再建プログラムにどのように貢献したか、という点に注目する必要がある。

コヴェントリーの地方経済にかんする一九四五年の政府見解は、数多くの相容れない要素をふくんでいた。都市計画関係の省庁は、過去数年間における市の成長は急速すぎたという点で、市当局と同じ見解をもっていた。今後は、産業配置の点で同市ばかりでなくより広い地方の必要も考慮に入れた均衡のとれた方策に、さらに重点をおくべきだというのである。しかし、政府の他の省庁はまったく異なる見解をもっていた。軍務関係の省庁は、コヴェントリー企業の多くが、将来、軍備やそれに関連した生産の鍵を握るであろうことを熟知していた。実際、一九四五年五月の軍需省の調査で、三万二〇〇〇人を雇用する市内の二四企業が必須の製品の生産に「きわめて重要」であると位置づけられることが、明白となった。[22] そのうえ、コヴェントリーは、イギリスが戦後すぐにとりくむべき課題である輸出促進で非常に重要な役割を果たすという点でも、全般的に意見が一致していた。スタンダード・モーターズ社はすでに平時生産用モデルの計画をかなり進めていたし、他のさまざまな自動車企業や機械企業も、海外市場に素早くかつ十分にくいこんでいくうえで有利な位置にあるようだった。それゆえ、コヴェントリーの経済を、均整のとれた産業配置という抽象的な原理にしたがって形成することは、理論上は好ましいかもしれないが、実際には認められるものではなかった。国全体としては、輸出促進のためにコヴェントリーの産業の潜在力を完全に、かつ絶え間なく利用する必要があったからである。

当初は、こうしたさまざまな政策上の要因が不調和に共存していた。しかし一九四七年までには、軍および生産関係省庁が、論争が起こればつねに自分たちの意志を押し通すほどに強力になっていた。コヴェントリーの経済を計画する必要性についての、言葉のうえでの合意はあったかもしれない。だが、実際に決定をくだす必要が生じた場合には、「生産」にかんする考慮がつねに、もっとも重要だった。コヴェントリーへの過度な産業集中を避けようとこころみてきた、長い経験をもつ都市農村計画省のある官僚は、典型的な事の成り行きをつぎのように描写した。

各省は、とられるべき一般的な政策についてはすぐにでも同意できるが、……困ったことに、いざこの政策を個々の事例に適用する段になると、とりあえずその適用を断念せざるをえなくさせるような決定的な理由がつねに存在する。……そしてまさにそれゆえに、……われわれは、自分たちがまったく非現実的な立場にたっていると認めでもしないかぎり、省として反対しつづけることがまずできないのである。[23]

このような事情のもとでは、地方行政にいかなる影響をもたらすことになろうとも、コヴェントリーでの工場の拡張を望む企業が、政府からの反対にあうことは滅多になかった。事実、一九四八年から五三年の間に、一四〇以上の工場拡張や新設企画が認可された一方で、政府当局によって反対されたのはわずかに八件にすぎなかった。[24]

現状の意味するところは、政府が朝鮮戦争のための再軍備計画に乗りだしたため、一九五〇年代初めに完全に明確になった。一九五〇年八月の軍備拡張の決定後、コヴェントリーには、携帯兵器からジェット・エンジンまでのさまざまな製品の注文が、止まるところを知らぬ勢いで殺到した。そして翌年冬までには、一一七の最重要企業のうち少なくとも四八社が、なんらかの規模で軍備を請け負うようになっていた。[25] この軍備拡張は、より高い利潤や賃金を達成するという点では明らかに恩恵をもたらしたが、まもなく問題も出はじめた。弱小企業は労働力や原材料の争奪で伍していくことができず、操業の短縮を導入せざるをえなかった。そのうえ、地元の医療・教育・運輸サーヴィスの供給能力が人口の急増で限界にまで達していた。その結果、政府の一部に、コヴェントリーへの新たな請負をしばらくのあいだ完全に中止すべきだとの要求が出はじめ、この考えは地元の支持も得たのである。

それにもかかわらず、「生産」関連の省庁はみずからの思惑どおり事をすすめられるほどに、ふたたび強力になった。新規の請負は禁止されることになったが、軍関係省庁はそれを無視して既成の業者を利用しつづけた。

こうした行為がかなり一般的だったことは、地元新聞によってはからずも暴露された。記事は、新規請負の禁止が実施中であるにもかかわらず、「大部分の」コヴェントリーの機械企業はなんらかの軍備を請け負っていると報告した。すなわち、「大手業者は、作業場全体や工場全体さえも、軍需省注文向けに生産を移してきており、小さな部品は下請け……企業によって生産されている」というのである。(26)

輸出促進運動や再軍備が積極的に進められるという状況のもとで、コヴェントリーの経済は実質的に、戦争末期から少なくとも一九五〇年代半ばまで、継続的な好況状態にあった。完全雇用の状態がつづいたことで移入者が続々と押し寄せ、一九四五年以降の一〇年間で市の人口は二二パーセント近く増加した。だが、このような人口の急成長があっても、地元企業の必要を完全に満たすことはほとんどなかった。たしかに、労働者の多くは、金額の面で全国でもトップになるほどの上積賃金《ウエイジ・ドリフト》の上昇を経験したが、その反面、職種によっては数多くの低賃金の職が補充されないままだった。いずれにせよ、少なからぬ観察者が指摘したように、戦後期のコヴェントリーにかんして注目すべきことは、高賃金を求めて労働者が流れこむ「ミッドランド地方のゴールドラッシュ都市」という一九三〇年代の評判を、いかにすばやくとりもどしたかということであった。(27)

こうしたことのすべてが必然的に、コヴェントリー市当局の復興計画にとって少なからぬ影響を与えた。コヴェントリーには実質的に、古い建物の再建はもちろん、新しい都市の問題にも対処することが求められていた。市当局の公吏は、この事情が政府から特別融資を引き出すことにつながるよう望んだが、まもなくこの問題でも、政府が市側の期待する解決策を支持しないことを知った。

一九四五年におけるコヴェントリーの苦境について労働党政府の見解はかなり同情的だったので、市は復興計画の実現にむけて相当な援助をうけられそうにみえた。しかし、一九四七年以降の経済情勢の悪化にともない、政府の姿勢は格段に厳しいものになった。いまや空襲による損害の復興は、戦後再建全体のなかで、もはや優先されるべき事柄ではなかった。そのうえ、コヴェントリーが他の都市にくらべてとくに優遇されてしかるべき理由もありそうにはなかった。ある官僚が述べたように、たしかに同市での生活は快適なものではなかったが、しかし、「好況より悪いものはいくらでも」あったのだ。(28) こういった事情では、コヴェントリーは、好況に影が差しそうな場合には援助されたかもしれないが、さもなければ、特別な、あるいは優先的な扱いを期待する術などなかったのである。

政府による極度の倹約ぶりは、いくつかの異なる問題で明白だった。戦後のコヴェントリーにおいては、明らかに住宅問題が重要な関心事であり、市当局は政府に最大限の援助を執拗に求めつづけた。しかし官僚たちは、実際にこれに応じるつもりはなかった。国からの住宅割当は、コヴェントリーにたいしては依然として潤沢であった。だがこれも、そういった数字が現実には達成しえないことを官僚が知っていたからにすぎなかった。市当局の住宅建設計画において重要な論点となったのは、労働力の確保であった。市当局ははやくも一九四六年秋に、建設労働者をひきつけることの困難を経験していた。それは、市当局が払える賃金が地元機械産業の賃金に追いつかないからだった。それ以降問題は悪化し、労働者が賃金の高い機械工場に移動するにつれて、コヴェントリーにおける建設労働力は年に八パーセントほど減少した。市当局が強く望んだ明確な解決策は、他の地域から熟練した建設職人を導入することだったが、政府はそれに要する費用の問題を理由に同意しなかった。その結果、住宅の完成率は、もっとも望まれた数値どころか、目標値にさえ達しないままとなった。実際このことは、市当局の住宅の志願者リストに、一九五四年においても依然として一万人以上が載り、戦争以来この水準以下に下がったのは、それまでにわずか二度しかなかったことを意味した。

専用商業区域も同じような運命をたどった。コヴェントリー市当局は、一九四七年にその建設を開始するよう望んでいたが、政府の鉄鋼供給禁止によって妨げられていた。一九四九年にその禁止が解除されたときも、政府により原料供給が制限され、くわえてここでもまた適切な労働力が不足したために建設のスピードが遅れ、やはり期待はずれにおわった。そのうえ、官僚たちが市当局に語ったように、市当局は建てたいものを建てられるというわけではなかった。市当局は、必要とあれば民間開発業者と協力して商業建築物に集中し、シヴィック・センターのような、より一般的なアメニティについての計画を棚上げにしなければならなかった。

最後に、コヴェントリー市の戦災復興をどうすすめるかにかんする政府のねらいは、復興計画の法的側面に関連した諸問題についても明白であった。コヴェントリーは当初、その内部で強制買収の権限が認められる、かなり大規模な「買収予定用地」を都市農村計画省に申請していた。しかし計画大臣は共感を寄せず、その最終的な判断は、要求された四五〇エーカー（約一・八平方キロメートル）のわずか半分を認めただけであった。それは明らかに、市当局の計画を「公共的・文化的建築物とは異なる、機能本位の建築物」に限定させようというもくろみでなされていた。[29] その後の諸決定も、同じ論理にもとづいていた。一九五三年にコヴェントリー市当局は、シティ・センターに隣接し、空襲によってかなりの被害をうけていたヒルフィールズ地区にあるスィンガー社の罹災工場に住宅を建設し、同社にはより適した工業地区に別の敷地を補償することへの許可を、政府に求めた。これはもともとの復興計画の精神に合致していたが、政府内では同意を得られず、結局却下された。地元新聞は、この「計画省の市計画家への一撃」を憤慨し、一方、市会議員たちは、いまや自分たちの理想がいつの日か実現されることはあるのかと訝った。それを、ある市会議員がつぎのように説明している。

計画大臣の決定は、……ヒルフィールズに近隣住区を建設しようという住宅委員会の提案を……非常に難しくした。……計画委員会は、……本来工業には適さない地域をひきつづき工業地域として利用することに対処しなければならないが、われわれは、とくにヒルフィールズのような空襲や荒廃に苦悩する地域で、〔そういった不適切な土地利用の継続を許さないという〕新たな傾向の先鞭をつけたかったのだ。[30]

(3)　コヴェントリー市民の支持

このように、政府の政策はコヴェントリーの復興を形成するのに非常に重要であった。しかし、このことを認めたとしても、検討されるべき問題があとひとつ、依然として残っている。コヴェントリー市当局は、政府が定めた制約条件のなかで復興にとりくまねばならず、その条件を変えることはほとんどできなかったが、まったく無力というわけでもなかった。復興はある特定の方針で進められたけれども、もっと異なった方法もやろうと思えばありえた。たとえば、市当局は、既得権益を有する地元の人たちに対処する際に、対話や合意を軽視したより強硬な路線をとれたはずだし、同様に、福祉・住宅供給用に特別にカネを得るべく、市民にたいして格段に厳しい地方税を課そうと思えば課せたはずだった。[31] いいかえれば、政府によっておしつけられた枠組みにもかかわらず、実行できる一連の選択肢があったのである。それゆえに、なぜある特定の選択肢が選ばれ、他は却下されたのかを問うことが必要になるだろう。これは必然的に、戦後再建期における地方政治の状況と、とりわけコヴェントリー市民がどの程度まで市当局の復興計画を支持したのかを、より綿密に考察しなければならないことを意味する。

くりかえしていうと、一九四〇年のコヴェントリーへの空襲は、同市における復興熱をかきたて、その後の数年間、戦後どのように再建されるべきかを議論することは、ごく日常的になった。一九四五年初めに、連合軍の勝利がさらに近づくと、関心は新たな頂点に達した。地元新聞には、市の将来図を熱心に描くクラブや団体についての報告が目白押しだった。さまざまな婦人協会が、たとえば住宅についての市民大会を共同で組織して人目をひいた。しかし、そうした団体が例外的なわけではけっしてなかった。『コヴェントリー・スタンダード』紙が、同年三月につぎのように報告している。

すべての組織された団体が、コヴェントリーの将来について発言する責任や権利を意識するようになっている。……人びとの正式な代表者〔である市当局〕、教会の指導者、社会的な指導者、政党、男女の諸組織から……ユースクラブや諸団体にいたるまでのすべてが、復興がなんらかの点で自分たちに影響をおよぼすという事実を、自覚するようになってきた。[32]

七カ月後には、こうした関心の度合いがいっそう目にみえるようになってきた。「未来のコヴェントリー」についての二週間にわたる展示会に、地元民が多数押し寄せたのである。

この催し物は、コヴェントリー市当局と地元夕刊紙『コヴェントリー・イヴニング・テレグラフ』紙とが教育的・娯楽的な目的で後援したものだった。[33]展示会は、大ホールを都市計画一般、道路と運輸、産業、住宅、室内装飾、アメニティ、シティ・センター再開発の七つのセクションに分けておこなわれた。来場者は全体像が把握できるように、これらの異なったセクションを巡っていくよう誘導された。展示会全体を通しての調子は専門的になりすぎない程度に定められ、また、視覚的な興味を与えるような工夫がなされていた。最終セクションは、市当局のシティ・センター計画のモデルを呼び物にしていた。その他、ホール内のいたるところで、「生まれ変わった都市」と題されたコヴェントリーについての映画が定期上演された。同時にこの展示会は、人びとの関心を喚起させるためのものでもあった。来場者が印象を書き記せる奥まったスペースが、あらかじめ設置されていた。さらに、二シリング六ペンスで入手できる見事な図解入りの刊行案内書は、復興を考えることにもっと直接的にかかわるよう呼びかけていた。

この小冊子――そして展示会……は専門家ではない一般の人向けのものであり、その目的は、そうした人に、市の将来のために進められてきた多くの提案・提議の一部を紹介することである。読むもの見るもののすべてに同意は得られないかもしれないが、この小冊子が将来望まれる市について考えることにつながりさえすれば、その目的は果たされたことになろう。コヴェントリーの将来は、その素晴らしい伝統と市民の犠牲とに値するものでなくてはならないが、それは市民の積極的な支持と承認をもって計画されるべきなのである。[34]

展示会は月曜日に開会されたが、翌日までにすでに大成功となった。来場者数は順調に増え、最初の土曜日にはピークの七一〇〇人に達した。第二週も同様に人気を博し、展示会の閉会までに五万七五〇〇人（市人口の約五分の一に相当）の入場者があった。[35] 組織した側はこの反響を喜んだ。『コヴェントリー・スタンダード』紙も同様に喜び、ライヴァル紙である『コヴェントリー・イヴニング・テレグラフ』紙が「大衆を啓発し、市とその大望へのより大きな関心を喚起する」のに尽力したことを祝した。[36]

したがって終戦時には、コヴェントリー市当局も市民も歩調を合わせて進んでいるようにみえた。そして、市議会で多数派を占めていた労働党が一九四五年一一月の地方選挙で議席をさらに増やすと、この印象はいっそう強められた。もちろん、労働党は外見上はこの勝利に歓喜したが、より抜け目のない指導者たちは、自分たちの勝利が考えられていたほど堅固に基礎づけられたものではないことを認識していた。事実、労働党は投票数の五五パーセントしか獲得しなかったし、また、有権者の半数以上が投票に行こうとさえしなかったのである。さらに憂慮すべきことには、復興についての市内の意見は、一部で考えられたほど一致団結した賛成ではないことが明らかだった。計画には熱烈な支持者がいたが、厳しく批判する者もおり、彼らはみずからの見解を地元新聞の投書欄を通じて世に知らしめた。投書欄以外で示された計画にたいする感情はさまざまであった。市の将来について意見を表明していたクラブや団体の一部は、特定の問題に興味があっただけだった。それらの意見は、『コヴェントリー・スタンダード』紙によれば、「他の人びとの要求に留意することなく、ある一定の派の主張を進めるためにだけ」形成されたのである[37]。

他方、組織されていない人びとのあいだには、明らかに、計画の詳細についての特別な関心などまったくなかった。さきの展示会での反応が、それを暗示していた。たしかに、多数の人びとがやってきて、さまざまな展示物を忠実にじっくりと見ていった。しかし、彼らが気に入ったのは映画と、室内装飾セクションに陳列された新しい電気式の台所だった[38]。多くの人は明らかに、計画のかなりの部分が実現すると信じたわけでもなかった。ある記者が耳にした人びとの評判の大部分は、「好意的だが、目にしているものが結実する可能性については懐疑的である」というものだった[39]。自分たちの将来の展望については、なかばあきらめがちで冷笑的だが、娯楽は求めている人びとという印象だった。もっと真剣に物事をとらえようとする人は、ほとんどいないようにみえた。このことは、展示会終了から数週間後に市内の劇場で催された市当局職員の「ブレインズ・トラスト」（聴衆からの質問に即答する形式の催し物）で、会場の三分の二が空席だったことで強調された[40]。

そういった市民の態度は必然的に、地元の労働党の活動家にとって非常に気がかりなものとなった。コヴェントリーの復興は、市民のかかわりなしには失敗におわるだろうと、労働党は確信していた。新生される都市は、住民におしつけられるものではなかった。しかしいまや、ほとんどの人は積極的な役割を果たそうという気持ちすらないようだった。それゆえに、「真の民主社会における一市民として果たさねばならない、きわめて重大で積極的な役割を市民に自覚」させるねらいで、「新しい民主主義の手法」を開発する必要があった[41]。コヴェントリーは、よく面倒をみる行政者と責任感のある有権者とのあいだの真のパートナーシップにもとづく、市民の共同体にならなければならない、というのである。

これは実際には、協議と奨励を意味した。したがって、つづく数年のあいだ、コヴェントリー市会議員たちは自分たちのアイディアをあらゆる種類の地元集団に提示し、その反応に耳を傾けることに多くの時間を費やした[42]。他方、市会議員たちは、共同体意識の涵養をねらいとした機関のネットワークやイニシアティヴの形成にも励んだ。いくつかの例は、一九四九年一二月にコヴェントリーを訪れたＪ・Ｂ・プリーストリーによって示された。彼は、「誇り高い市民意識を創造」しようというコヴェントリーのこころみに感心し、つぎのように報告した。

コヴェントリー市当局の情報局は、私がほかで見てきたなかでも最善のものだ。はじめて立ち寄ってみたとき、老齢年金受領者の列に出くわした。彼らの外出を奨励するために毎月配られる、バスの無料券五〇枚を受け取ろうというのだった。ひとりの老婦人は、入り口で自分の靴を必死でふきながら、私にこう言った。「このきれいな場所を汚しちゃあいけませんよ」。感心した！　入るときには思わないのに、出るときになると靴をふきたくなるような……お役所が多すぎるのである。ついで私たちは、市当局が市内に経営する素晴らしい市営レストランのひとつを見て、さらに後で郊外にあるコミュニティ・センターのひとつを見た。……市当局は『コヴェントリー・シヴィック・アフェアーズ』という刺激的で情報が満載された月刊の刊行物を発行している。おそらく、コヴェントリーでおこなわれているなかでもっとも良いことは、市当局が、学童に市民生活の全機構を理解させる目的でおこなっている活動である。……子供たちは市当局のさまざまな部局のすべてを見学し、市議会議事堂や市長応接室にさえ侵入しているのである。[43]

いくつかの点で、この方法は期待される成果をもたらしたようにみえた。コヴェントリーを訪れた人びとはしばしば、そこで育ちつつあるようにみえる市民共同体を誉めちぎった。たとえばプリーストリーは、「皆によく知られた、難しすぎず、遠すぎず、不可解でない人による施政」という彼の理想に市は近づいている、と結論づけた。[44] さらに、労働党が地方選挙と総選挙で優勢でありつづけたという事実は、大半の人が党の諸目標に賛成していることを示したようだった。しかし、事態をより詳細に考察してみると、またしても、それが一部の評者が思ったほど申し分のないものではなかったのである。

まず、市民共同体についての労働党の基本的概念を大部分の市民が受け入れているような形跡は、ほとんどなかった。党は、有権者がもっと地道で、責任感をもつようになることを望んでいた。だが、コヴェントリーの労働者階級の大部分は、「公益」といった概念とはほぼ無縁の快楽主義的な関心事に執着しつづけた。その背後で作用していた主な要因は、急発展する地元経済だった。大戦中のコヴェントリーでは、消費はしっかりと統制されていた。しかしその後の数年間で、モノを買ったりカネを使ったりすることが、たいていの人の生活の中心的な活動としてすぐにもどってきた。商店や文化・娯楽施設の不足のために、商品やサーヴィスを得るにはかなりの工夫が要求され、時間もかかったが、人びとには使えるカネはかなりあったので、結局は満足を得られることがほぼつねに約束されていた。地元新聞は驚嘆し、ある週にはコヴェントリーにおける家の価格が一九三九年以来で三倍になったと報告し、翌週には、市内のテレビ受信認可証数が全国平均の二倍であると報告した。また、とくに思い切って海外に出かける人が相当数にのぼるようになると、市民の休暇の過ごしかたさえもが、分析の格好の対象とみなされた。[45]

労働者階級の生活水準の改善は良いことだとの見解に異論を唱える者はまずいなかったが、それにともなって生じる価値観については、同じようにはいえなかった。コヴェントリーは利己的で無関心な人ばかりで、精神的不毛の地に急速になりつつあると、多くの識者が主張した。市には新しい肉体はあったが、まだ「心はない」。『よごれるところにはカネがある』という諺」を思いださせる、「列挙しきれないほどの見苦しい特徴だらけ」の、「『一攫千金』の欲望にあふれた煉獄」だった。[46]『コヴェントリー・スタンダード』紙が、主だった批判をつぎのようにまとめている。

コヴェントリーでの生活を知っている者なら、だれが現状のままで良しといえようか。……不正な利益への欲望、……「よき隣人関係」の衰微、礼儀の欠如、……飲酒や賭博の増加。……快楽や、教会や講演会場での空席との意気阻喪させる闘いを、文化は余儀なくされるのである。[47]

もちろん、この論評のおおかたは、コヴェントリーが以前に招いた類の中流階級的な偏見とみなすことができた。にもかかわらず、もっと公正な判断をする人たちでさえ、コヴェントリーに出現しつつある典型的なイメージには何か問題があるという点では同じ考えだった。一九五二年にコヴェントリーを訪れた『ニュー・ステイツマン』誌の記者は、「巨大で騒々しい工場群が醜く中途半端に描かれた背景としてあり、それ以外にはとりたてて何もない」場所だと、同地を評した。[48] 同時に、市の政治活動家たちは、市民の無関心をしばしば嘆いた。人びとは生協店舗でよく買い物をするが、その運営を手助けしようとしないことが、とくに言及された。同様に、労働組合の指導者たちは、コヴェントリーの労働者が滅多に活動に熱心にならないことを知っていた。実際、機械工組合は一九五〇年代初めまでに、地区の潜在的組合員数のおよそ半分をどうにか新規加入させるのが精いっぱいだったのである。[49]

しかし、こういった問題について何が真実であったにせよ、労働者階級の文化が開花するにつれて、復興への関心が衰微したのは疑いようがなかった。コヴェントリー市民は、問われれば新しい建築に賛成したことだろう。しかしそれくらいが、しばしば彼らのかかわりのすべてであった。こうして市の買収予定用地の申請にかんする公聴会でさえ、とくに議論もなくつつがなくおこなわれた。市当局の提案にたいして二五九件の異義申し立てがあったが、そのなかに、都市計画に根本的にかかわる問題をとりあげたものはまったくなかった。実際それどころか、市助役の言によれば、異義申し立てが「計画についての批判をおさえてなされた」点が目立った。[50] 市当局の住宅計画についてはといえば、これもまた熱意がはっきりとみてとれなかった。たいていの市営住宅居住者は、与えられているものを気に入り、市当局の尽力に感謝した。しかし、強い感情が表されるときは、肯定的な意見と同じ程度に、泥や不十分なバス運行、全般的な施設の欠如という苛立ちの種にうながされた、否定的な意見が示される傾向にあった。[51]

こういった事情のために労働党政治家は、有権者にたいする自分たちの説得力が、一部の評者が示唆したほど堅固には基礎づけられていないことに気づいていた。地方選挙で労働党はしばしば、野党各党の合計よりも少ない得票数しか獲得できなかった。そのうえ、かなり奮闘したにもかかわらず、労働党は市内一六選挙区のうち五区では、勝利にはほど遠かった。実際のところ、労働党はコヴェントリー南部の諸地域であまりにも弱体だったので、一九四〇年代後期に同地に国会の新選挙区が創設されると、そこはすぐに激戦区となった。[52] したがって、選挙結果だけからみれば、コヴェントリーは労働党の拠点とはけっして呼べなかったのである。

これに加えて、労働党も自覚していたように、選挙での成功は、一部は地元野党の異常な弱さの結果であるといういうたんなる偶然性によるものであった。コヴェントリーにおける保守党党員数は一九四五年以降に急速に増加し、五一年には八三九八名（公称の労働党党員数の約二倍）に達していた。[53] しかし、そういった数字には誤解を招くところがあった。保守党員は団結してもいなければ、強力でもなかったからである。内部での分裂も顕著だったが、それはなかば、党員を無視して自分のやりかたを押し進めることを望んだ、有力な地元工業家たちによって引き起こされた。[54] そのうえ、保守党員は自信を示すこともほとんどできなかったようで、この点については地元新聞のひとつが、一九五三年につぎのように述べていた。

今日コヴェントリーには、かつてないほどの数の保守党員がいるといってよい。……しかし、彼らが熱意に燃えた戦闘的な政治集団だとはいえない。……実際それどころか、……インスピレーションのきらめきが欠如していることがしばしばなのである。[55]

保守党は多くを約束するが実現はできない政党とみなされ、それは労働党に一息つく余裕を与えた。そうしたなかで得られた労働党の優勢が多分にうわべだけのものであったことは、ある地元の国会議員が述べたように、その後、一九五〇年代に保守党が回復するにつれて労働党への支持が「ますます脆弱に、バラバラに」なっていくと、完全に暴露されたのであった(56)。

以上のようなコヴェントリーでの政治的・社会的な状況を考慮すれば、なぜ同市の労働党が、やろうと思えばおそらく可能だった急進的な復興政策よりも、そうではない政策を選択したのかという問題を理解するのは、それほど難しいことではない。市当局はできるだけ迅速に前進することを望み、直面する諸問題への社会主義的な解決策とみなすものを好んだ。しかし市当局は、この姿勢を戦後のコヴェントリーでつらぬくことは政治的・社会的状況が許さないと判断したために、実際にはそれを修正しなければならなかった。地元住民は、大戦中は復興にそれなりの関心をもっていたが、しかしその後、市当局の最善の努力にもかかわらず、彼らの熱意はまもなく衰えていった。娯楽が非常に長いあいだ否定されてきた後では、都市計画家たちの真剣な討論に参加することよりも、楽しむことが限りなく好まれたようであった。

おわりに

本章の冒頭で述べたように、コヴェントリーは一九四〇年末の大空襲からわずか三カ月あまりで、イギリスで最初の戦災都市の復興計画を策定した。戦災の集中したシティ・センターを斬新なアイディアで生まれ変わらせようというこの計画には、イギリスをあげてといっても過言ではないほどの関心と期待が寄せられた。この計画は、抜本的な都市計画にもとづくイギリス国土再建の象徴である、というのであった。

しかし、復興されたシティ・センターが実際に全容をみせはじめるのは、一九五〇年代末になってのことであった。しかもそのときに、当初の計画に示された復興にかんする提案のすべてが実現されようとしたわけではないし、コヴェントリー市全体の復興という観点からは、住宅の慢性的な不足が解消されないままだった。従来の評価では、その原因は市当局の復興にとりくむ姿勢にあるとされてきた。なかでも、市議会の多数派だった労働党が槍玉に上げられたが、同党にたいする批判は二種類の正反対のものに分かれた。一方の見解は、コヴェントリーの労働党が、あまりにもイデオロギー的で現実性に乏しい社会主義色の強い復興政策に固執した結果、復興の進捗が妨げられたというものだった。これにたいし別の見解は、同党には当初の計画を実現させようという意志などなく、その復興政策も原則を欠いた場当たり的なものだったことが、当初期待されたように復興がなされなかった原因だとした。本章は、復興計画の策定から実施までの過程を実証的に検討することで、前記のいずれの見解も的を射たものではないことを明らかにした。

たしかにコヴェントリーの労働党、すなわち市当局は、シティ・センターのなかでも地方税収に直結する商業区域の建設を優先させ、アメニティの面では重要なシヴィック・センターの建設をあとまわしにした。公共建築物の周囲にオープン・スペースを潤沢に配したシヴィック・センターの完成を急いでも、地方税収の増加になんの恩恵ももたらさないからであった。また、一九四六年にシティ・センターにおける買収予定地の指定申請を都市農村計画省に提出した際に、隣接するヒルフィールズ地区にかんしては、地元市会議員の要求があったにもかかわらず、申請を見送った。「自分たちができると確信するものに集中する」のが得策だから[57]、というのがその理由であったが、そのことが、本章でもみた、のちにヒルフィールズ地区での近隣住区建設を断念せざるをえなくなったことの遠因となったのかもしれない。

しかしこうした政策は、コヴェントリー市当局が、当初の計画の基本的な理念を守ろうという意志にもとづいたうえで、財政上の困難に柔軟に対応したことのあらわれといえる。特筆すべきは、この意志の強さである。戦後労働党政権期の都市農村計画省は、イギリス経済が苦境にあることを理由に、すべての戦災都市にたいして、復興計画の実施を凍結する措置をとったうえに、費用がかさむ提案の抜本的な見直しをせまった。コヴェントリーでは、計画省が市当局にたいして、シヴィック・センターの大幅な規模縮小や、シティ・センターを囲む環状道路の路線に既存の道路の採用を求める強い圧力をかけたが、市当局はこれを計画の根幹をゆるがす要求として退けたのである。(58) サウサムプトンやハルのように、当初の復興計画そのものを中途で放棄する例があったことを考えても、計画を実現しようというコヴェントリー市当局の意志は、きわめて強かったといえよう。

コヴェントリー市当局が都市農村計画省にたいして強い姿勢でのぞめたのは、復興計画への市民の支持を後ろ盾にできたからである。コヴェントリーの労働党、すなわち市当局は戦災復興をすすめるにあたって、市民や利害関係者から計画への支持を得ることをつねに重視した。そのこと自体が、コヴェントリーの戦災復興における重要な原則のひとつといえるものであり、それは同時に、イデオロギー的な戦災復興という印象とは対極をなすものなのである。一九四五年の復興にかんする展示会は、第二章でみたランズベリーの場合とくらべても、コヴェントリー計画への支持がきわめて高いことを物語っていた。

この計画への支持は、地方政治のコンテクストでは、労働党が市議会において多数党の座を守ることで立証される、と解された。ところが、前節でみたように、戦後の選挙での労働党への支持が磐石とはいえなかったし、一方、市民の復興への関心も時間の経過とともに薄れていく傾向にあった。市民にとっては、復興計画よりも自分の家についてのことのほうが格段に重要な問題だったのである。しかもコヴェントリーでは、生産・軍事関係の省庁が、輸出振興や再軍備のために地元の生産能力を限界まで活用した結果、住宅、医療、教育などのサーヴィスの供給で市当局に多大な負担がかかり、市民も不利益を被った。

このようにみてくると、コヴェントリーの戦災復興が、市当局およびその政策の実質的な担い手である同市の労働党にとって、いかに困難な状況のもとですすめられたのかがよくわかる。市当局は、復興計画の抜本的な見直しをせまる政府からの圧力にさらされつづけた。そのなかで当初計画での提案をできるかぎり堅持するために、市当局は市民の計画への支持を後ろ盾にした。市民の支持はかなり有効に作用したが、時間の経過とともに薄れていくものでもあった。一方で、市当局は、計画を堅持する強い意志をもちつづけなくてはならなかった。同時に、計画を実施するうえで財政的な考慮を優先させ、また、市民の反発をまねかないようにイデオロギー色の強い政策をおしつけることまではおこなわないといった、柔軟な対応をとらなくてはならなかった。市当局のこうした姿勢は、当初計画にもとづく戦災復興の実施を可能にする唯一の選択肢だったといってよいであろう。この選択肢を紛うことなく選択し、当初の復興計画を堅持した点で、コヴェントリー市当局がなしえたことは、限界があったにしても、評価されるべきだと思われるのである。

第四章　保守的な復興政策の帰結
――ポーツマスの事例――

はじめに

第二次世界大戦時のポーツマスはイギリス国内屈指の海軍基地であった。そもそもポーツマスは、一九二〇年と一九三二年に市域に編入された部分を除けば、ポートシー島とよばれる島嶼部から成り立っていた（図4―1参照）。ポートシー島は、北端のポーツ・クリークとよばれる幅一五〇～五〇〇ヤード（約一三七～四五七メートル）の入り江で陸地から分断され、東西には自然の地形と水深を利用したラングストーン港とポーツマス港を擁し、南にはワイト島を海上の防塞とする形でイギリス海峡をひかえていた。こうした地理的条件が、ポーツマスを古くから海軍基地として発展させてきた主な要因だった。

一六世紀前半、ヘンリー八世の時代にポートシー島には海軍工廠が建造された。当時、国内唯一だったこの海軍工廠は、一八・一九世紀のいくたびかの拡張を経て、第二次世界大戦が勃発する時点では三〇〇エーカー（約一・二平方キロメートル）の広さに発展し、これに海軍関係の諸施設を加えた総面積は、ポートシー島の五分の一近くを占めるまでになっていた。こうしたなかで、ポーツマスの経済活動は海軍工廠の存在と密接なかかわりをもち、たとえば一九三七年時点の市の民間人被保険有職者数約七万人のうち、約一万二〇〇〇人が造船業およびその関連産業に従事していた。さらに、海とのかかわりでいえば、島嶼部南端にあるサウスシー地区は、一七世紀以来の歴史を誇る国内でも有数のホリデー・リゾートであった。(1)

また、ポーツマス市の人口は、一九世紀初頭の三万人強が一九三九年には二六万人に達しようとしていたが、注目すべきは、このうち約二三万人がポートシー島内に居住していたことである。そのため、島嶼部の人口密度は大部分で一エーカー（約四〇四六・八六平方メートル）当たり七五人以上の高さを示し、なかにはその数値が二〇〇に達する地区さえあり、一エーカー当たり三〇人という市域内陸部の平均値とは好対照をなす過密状況を呈していた。こうした過密状況は、ポートシーやオールド・ポーツマスとよばれる旧市街から、一八九〇年建造のギルドホールを中心としたシティ・センターにかけての一帯で顕著だった。

ポーツマスではまた、目抜き商店街が市内各地区に存在し、それぞれが中核となるショッピング・センターを形成していた。なかでも重要だったのが、ポートシー島北部ノース・エンド地区のロンドン・ロード、シティ・センターのコマーシャル・ロード、島嶼部南端のサウスシー地区のパーマーストーン・ロードであった。ところがこれらの通りは、道幅が狭く曲がりくねっていたにもかかわらず、市内の主要道路としても利用されたため、通過交通《スルー・トラフィック》と買い物客や営業用の車両との競合による深刻な交通渋滞に瀕していた。さらに、サウスシー地区では、計画性を欠いた無秩序な観光開発によって、第一級のリゾート地にふさわしい施設が欠如するありさまだった(2)し、一方、一応シヴィック・センター（公共建築物区域）とされていたギルドホール周辺地区も、その機能を果たすにはもはや手狭で、なんらかの対策を講じる必要に迫られていた。(3)

このように、既成市街地であるポートシー島で、島嶼部全域についての抜本的な再開発が急を要する状況だった一方で、一九三〇年代後半には北方の内陸部にも開発の波がしだいに押し寄せつつあり、その傾向はさらに強まっていくものと予測されていた。(4)そうしたなかで、一部の市議会議員らによって大規模に市域を拡張する案が主張された。彼らは、市域の拡張によってこそ、周辺田園地帯にむけての市街地の無秩序な膨張を抑止できるというのだった。(5)同時に、市域の拡張を推進する論者の一部は、これが実施されれば既存のシヴィック・センターの位置は地理的に不都合になるとの理由から、それを北方へ移転することも主張していた。(6)

第二次世界大戦中のドイツ空軍によるポーツマスへの空襲は、既成市街地の再開発や市域拡張にもとづく総合的な都市計画の検討を、否応なしに、より現実的な課題とさせた。ポーツマスでとくに被害が大きかった地域は、市街地の中心であるポートシー島南西部だった。そこでの破壊は、実質的に一九四一年一月一〇日および三月一〇日の二度の大空襲によるもので、ギルドホールは炎上し、コマーシャル・ロードやパーマーストーン・ロードといった、目抜き商店街は壊滅的な打撃をうけた。市内全域でも、一九四三年七月時点で家屋約六万三〇〇〇軒のうち一万二〇〇〇軒が大きな被害をうけ、(7)空襲前に二四万五〇〇〇人近くあった民間人口は、一九四二年度には一四万三〇〇〇人に激減していた。また、地方当局の財政力の指針といえる地方税評価額《レイタブル・ヴァリュー》も、一九四〇年末の約一九四万ポンドが四五年末には約一六七万ポンドに急落し、地方税収自体も、一九四〇年度の約一一一万ポンドが翌年度には九四万ポンドまで大幅に減少したのである。(8)

同時に、こうした大規模な戦災は、総合的な都市計画の作成を主要な課題に位置づけた、ポーツマス復興の諸政策の検討を促進することになった。復興政策策定の担い手は、当然、市当局であった。ポーツマスでは、コヴェントリーやランズベリーの場合とは異なり、保守派勢力が市議会での圧倒的多数を占めていた。一九三八年一一月の地方選挙の結果、市議会での勢力分布は保守党四一議席、自由党九議席、労働党七議席、無所属六議席となっていた。(9)以後、大戦中には補欠選挙を除いて地方選挙は実施されなかったので、ポーツマスは戦災復興を主眼とする復興政策が保守派勢力によって策定された好例といえよう。しかもポーツマスでは、そうした保守派勢力の支持母体である商工会議所が、市当局と並行して独自の復興政策策定に取り組んでいた。そこで次節では、商工会議所と市当局の復興政策それぞれを検討し、両者の関係をみていくことにしたい。

一　一九四三年『中間報告』の採択

（1）ポーツマス『商工会議所諮問討議会報告』

ポーツマス商工会議所による復興政策は、のちに述べる市当局の復興政策と多くの点で類似している。なによりも、商工会議所は、戦災復興をひとつの柱とする総合的な都市計画の策定を、復興政策の主要な課題として位置づけていた。その検討は、はやくも一九四一年七月の同商工会議所総会において開始された。この総会で、商工会議所会頭で市会議員もつとめていたF・G・H・ストーリーの発議にもとづき、「市復興にかんする諮問討議会」（以下、「諮問討議会」と略す）の設立が満場一致で採択されたのである。ストーリーはそこで、これまで専門家まかせだった都市計画に、商業関係者はいまこそ積極的に関与すべきことを力説した。なぜなら、多くの商業活動が市民生活の中核をなしている点で、その関係者は市の復興にかんする重大な責務を負っており、同時に、もしその検討を戦争がおわるまで先送りにすれば、商業活動の本格的な再開に大きな支障をきたすというのが、その理由であった。(10)

この総会を契機に、商工会議所は諮問討議会を中心として復興政策の検討に本格的に取り組んでいったが、そうした活動のなかでまず目を引くのは、都市計画の必要性を広く世に訴えるための、一連の宣伝活動であろう。

一九四一年一〇月には、当時もっとも著名な都市計画関係の政府高官だったG・L・ペプラーをゲスト・スピーカーに招いて、市の再開発問題にかんする講演会が商工会議所主催でおこなわれた[11]。翌一九四二年春には、やはり商工会議所のイニシアティヴで、「都市に住まう」（'Living in Cities'）と題する展示会が大聖堂を会場にして開催された。多彩な顔ぶれのゲスト・スピーカーによる講演会、都市計画についての映画上映会、市当局や商工会議所自身の手による展示物などを呼び物としたこの展示会には、一〇日間の開催期間中に約二五〇〇人の入場者があった[12]。

同時に商工会議所は、諮問討議会を通じて復興政策の検討を着々とすすめ、その成果をまとめた報告を、一九四一年一〇月から翌四二年一二月の間に五回に分けて、つぎつぎと発表していった。ここで、諮問討議会のこれらの報告をくわしくみていくことにしよう[13]。

一九四一年一〇月に発表されたポーツマス市復興にかんする諮問討議会の第一報告では、復興政策の基本原則として以下の五点があげられていた[14]。

一、復興計画は、現行市域をこえた広範な地域を射程に入れるべきであること。

二、計画策定においては、職場、住宅、レクリエーションといった生活の基礎をなす要素を網羅的に検討すべきであること。

三、既成市街地での過密解消が必然化する余剰人口の周辺田園地帯への流出は、産業の計画的分散にもとづいた、周辺地域の自然環境を損なわないように統制されたものであるべきこと。

四、一方、既成市街地再開発の核心は、オールド・ポーツマスとサウスシーの再開発、シヴィック・センターの建設、ヘイリング島の開発、海軍関係施設跡地の再利用にあること。

五、復興の実施を促進するような法制度上の諸改革が、とくに財政面を念頭において断行されるべきであること。

つづいて一九四一年一二月には、市域の拡張を主題とした第二報告が公表された。そこでは、総面積一五〇平方マイル（約三八八・五平方キロメートル）水域を除く）、総人口三四万人におよぶ将来の広大な市域が想定されていた。同時に第二報告では、市域の拡張によってポーツマスに吸収されることになる周辺地域の中小地方自治体が、拡張にたいして異議を唱える可能性も認識されていた。ポーツマス市と周辺地域とのあいだには吸収合併を正当化するに足るような共通の利害が存在せず、したがって、周辺地域にはなんらの恩恵ももたらさないばかりか、むしろ各地域の独自性を脅かしかねない暴挙である、との反対論が予想されたのである。

こうしたありうべき異論にたいして、第二報告では、あらかじめつぎのような反論が展開された。そもそも周辺地域の経済的な繁栄はポーツマスでの経済活動に立脚したものであり、社会的にも、市内人口の周辺地域への流出が顕著である。しかも、市内での過密解消の必要を考慮すれば、人口の流出に今後いっそう拍車がかかるのは明白である。したがって、ポーツマスと周辺地域とのあいだには、市域の拡張を必然化するに足る共通の利害がたしかに存在するのである。また、市域の拡張が実施されれば、新たに編入される周辺地域は従来以上に、多岐にわたって廉価で効率的な公共サーヴィスの恩恵に浴することになる、という点が強調された。さらに、各地域の独自性の喪失という問題についても、市域の拡張は、むしろそうした独自性の維持につながるとの見解が示された。なぜなら、市域の拡張により広範な地域を包摂する都市計画が一地方当局の手に委ねられることになれば、そうした都市計画こそが、各地域の独自性を脅かしてきた元凶である、市街地の無秩序な膨張にたいする最善の防止策となるからであった(15)。

一九四二年一月発表の第三報告は、島嶼部を中心とした主要道路網案であった。空襲前のポーツマスを示した図4－1と第三報告の内容を示した図4－2を比べると明らかなように、諮問討議会の提案は、たとえばコヴェントリーでみられたような、既存の道路網を根底から覆す性質のものではなかった。その理由としては、第一に、重度の被害をうけた戦災地はそれほど広範囲におよんでおらず、多くの主要道路がそのままで十分に利用可能な状態にあること、そして第二には、主要道路の地下に敷設された上・下水道、ガス、電気、電話等のシステム網を抜本的に再編するのはコストの点で不可能とみなされることが、あげられていた。[16] それでは、主要道路の分岐・湾曲や、そこでの通過交通とそれ以外の車両交通との競合といった、既存の道路網がかかえていた重大な問題にたいして、どのような方策が提示されたのだろうか。第三報告ではそうした問題の解決が、図4－2に斜線で示されたような、バイパス的な役割を担う補完的新路線やロータリー《ラウンドアバウト》の建造によってはかられた。要するに、既存のレイアウトを生かした道路網改良案が提示されたのである。[17]

そうした部分的な改良による再開発という考えかたは、ポーツマス市内各地のショッピング・センターの再開発にかんする提案にも反映されていた。一九四二年三月に発表された諮問討議会の第四報告は、商工会議所にとってもっとも直接的に利害が関係する、このトピックの検討にあてられていた。そもそも、目抜き商店街が幹線道路沿いに発達したことが、交通渋滞を深刻化させる主な要因だった。他方、商業関係者のあいだでは、幹線道路沿道のような交通量の多い場所での立地こそ商業活動の成功に不可欠な要因であるとの見解が、長いこと支配的だった。しかし第四報告では、年々悪化の一途をたどる交通渋滞はもはや商業活動にとって大きなマイナスであり、「この問題にかんするなんらかの思い切った解決策が必要である」との認識が示されるにいたった。その解決策として提示されたのが、ショッピング・スクエアの原則であった。しかしそれは、ひとくちにいって、目

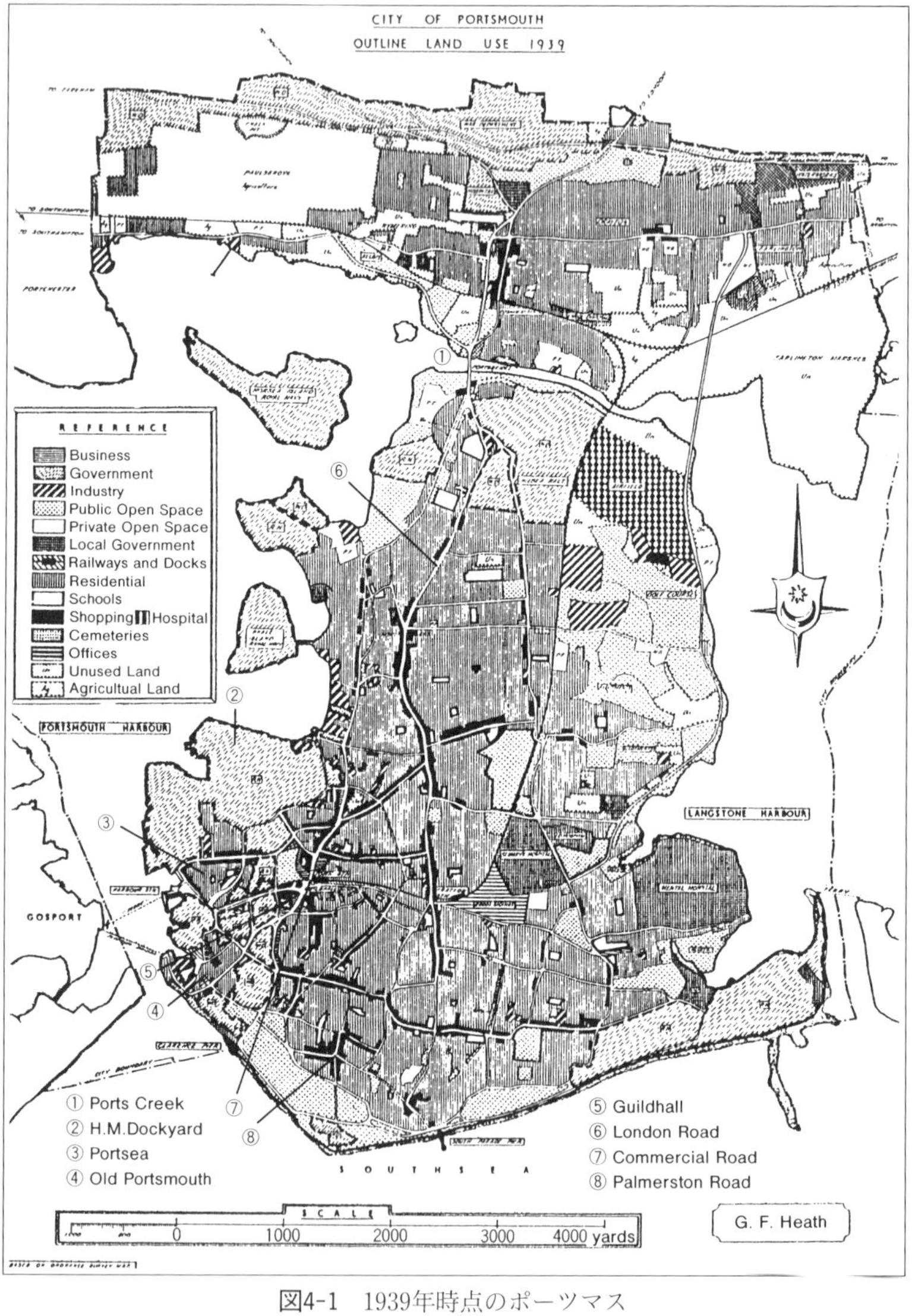

図4-1　1939年時点のポーツマス

出典）G. F. Heath, *City of Portsmouth Development Plan* (Portsmouth: City of Portsmouth, 1953), P. 12

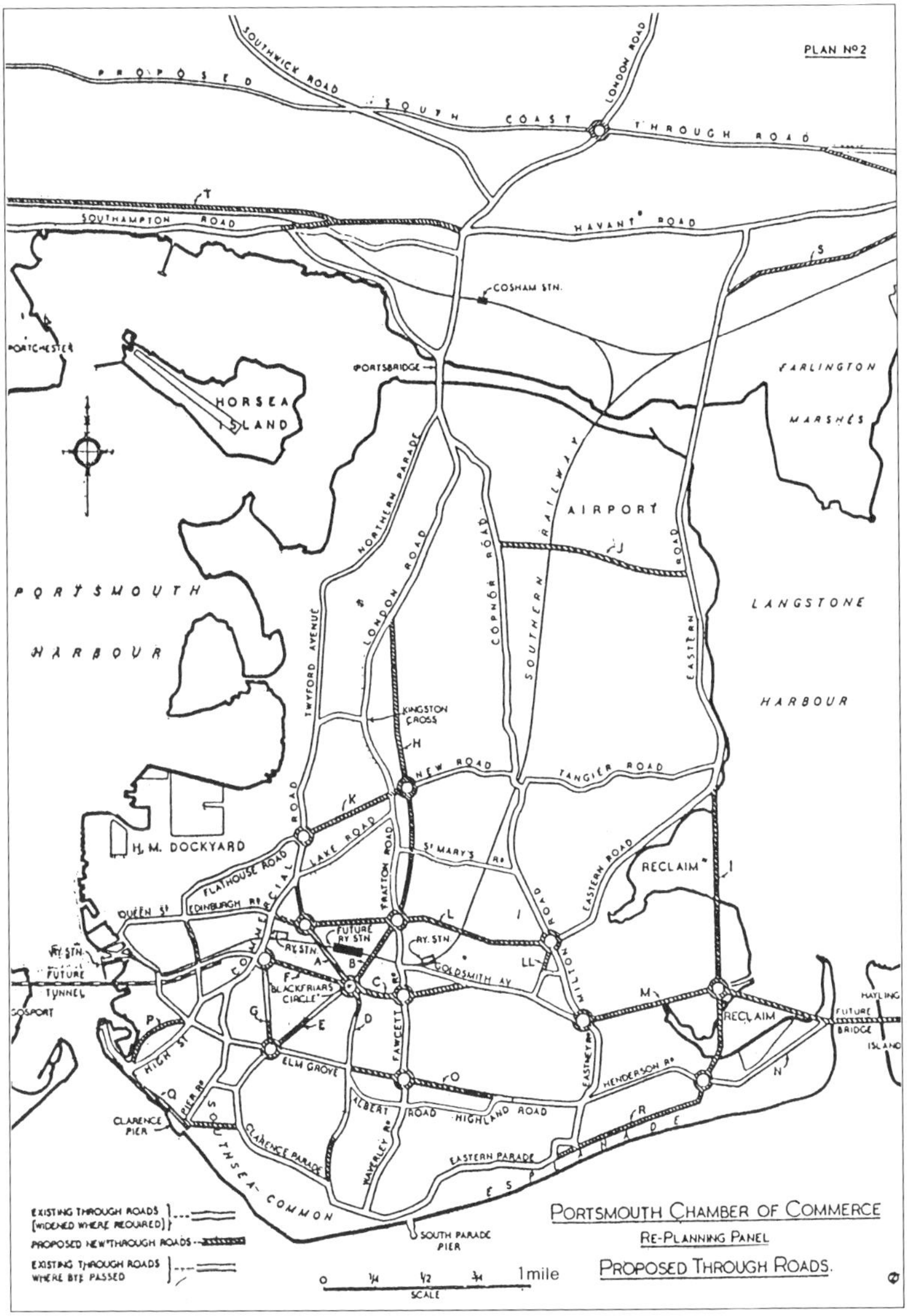

図4-2　商工会議所諮問討議会第三報告（道路網案）

出典）*Evening News*, 9 January 1942

抜き通り沿道の建築物を後退させ、その結果できたスペースを買い物客用の駐車場として利用するという考えにすぎなかった。[18]

最後に、一九四二年一二月に発表された諮問討議会の第五報告では、住宅政策にかんするさまざまな提言がなされていた。同報告では、まず、ポーツマス市内での深刻な過密居住にたいしてなんらかの抜本的な対策を講じる必要が強調され、その具体的な方法として、市街地でのフラット（中層集合住宅）の供給と、郊外での衛星都市の建設とが提起された。とくに、衛星都市については、既成市街地での人口密度を、一般に容認されている一エーカー（約四〇四六・八六平方メートル）当たり最大限六〇人に抑えた場合の推定余剰人口約五万人の吸収手段として、人口一万五〇〇〇から二万五〇〇〇人程度のものを市域外に何都市か建造するよう提案されていた。その用地についての具体的な言及はなかったが、衛星都市が市域に編入されるべきことを明言した点で、この提案は商工会議所による市域拡張の主張を強く反映するものであった。[19]

以上みてきた商工会議所諮問討議会の復興諸提案には外部からも高い関心が寄せられ、実際、一部にはそれをポーツマス市当局の公式な計画とみなす向きさえあったことが、当時の政府関係資料に指摘されている。[20]だが、諮問討議会の第五報告が発表されるころには、市当局も復興にかんする諸提案をまとめあげようとするところであった。

（2）ポーツマス市当局の『市建築課副課長中間報告』

ポーツマス市当局による復興政策の検討は、一九四一年一月の大空襲よりわずか一カ月後の市議会において、「ポーツマス再計画にかんする特別委員会」（以下、「再計画特別委員会」と略す）の設置提議が圧倒的多数で採択される形ではじまった。[21] 再計画特別委員会はさっそく、国土再建問題の責任大臣であるリース卿に復興政策策定にあたっての助言を仰ぐことを決定し、[22] 同年三月に協議をおこなった。この協議ではリース卿が、「独創的で大規模な計画を作成するようにと〔再計画特別委員会〕委員諸君にアドヴァイス」し、さらに、「市域のみならず周辺農村部をふくめた、地方全域についての計画作成に取り組むべきである」との見解を表明した。協議は、市当局の復興政策策定への取り組みに絶大な影響を与えたようだった。再計画特別委員会議長のダリー市会議員は、リース卿の発言を「これにまさる励言はない」と評し、「われわれは自信をもって、より大きく、よりすばらしいポーツマスの建設に着手できる」と語った。[23] 地元新聞『イヴニング・ニュース』紙も、その協議の意義についてつぎのように論評した。

これは、近来まれな吉報である。……再計画〔特別〕委員会は、逡巡したり、懐疑の念にかられたりすることなく、不退転の決意をもって、空襲によって破壊されたポーツマスの復興という任務にあたることができよう。……

「独創的な計画を作成せよ」――重大な使命につかんとする計画作成者たちにとって、なんと心強い貴重なアドヴァイスであろうか。彼らが自信と、そして当市の将来への確信とをもってその任にあたらんことを、切に願う次第である。[24]

かくしてポーツマス市当局は、復興計画作成への本格的な取り組みを開始した。計画作成の実質的な担い手に抜擢されたのは、若き市建築課副課長のF・A・C・モンダーであった。そして、リース卿との協議からおよそ半年あまりが経過した一九四一年一〇月には、再計画特別委員会から最初の報告書が市議会に提出された。その主な内容は、モンダーの設計によるシヴィック・センターの再開発提案だった。それは、ギルドホールを中心に、六五〇フィート（約一九八メートル）×三六五フィート（約一一一メートル）のギルドホール広場、市立単科大学、市庁舎、警察署、消防署などを配した壮大なプランだったが、この提案にたいする市議会の当初の反応は、かならずしも肯定的なものばかりではなかった。たとえば、再計画特別委員会は総合的な都市計画を提示せずに部分的な再開発提案を小出しにしているだけだとの批判や、将来の市域拡張をみこせば、シヴィック・センターはギルドホール周辺よりももっと北に位置すべきだといった意見が出された。さらには、海軍工廠の将来が不透明な時点での復興政策の検討は時間の浪費にすぎないとの立場から、いかなる復興計画の検討も戦争終結後まで棚上げにすべきだとする修正動議さえなされた。

再計画特別委員会正・副議長はこうしたさまざまな反対意見に直面するなかで、復興計画作成のすみやかな着手はリース卿を通じてポーツマス市当局に示された中央政府が勧奨する方針であること、なかでもシヴィック・センターは計画全体の心臓部となること、そして、こうした個々の提案を積み上げながら全体的な計画が形づくられていくのであり、いかなる提案の検討に際しても委員会は市議会をないがしろにしないことを訴え、総合的な計画作成までの過程にたいする理解を求めた。結局、委員会正・副議長の発言が功を奏し、修正動議はわずか三票の賛成票を得たのみで却下され、再計画特別委員会報告が原案どおり採択されたのである。(25)

その後、一九四二年二月には、モンダー設計のポーツマス市内主要道路網計画案が公表された。たしかに同案では、ブルーバード形式の通過交通専用の新設道路が提案されていたが、基本的には、既存道路網の部分的な改良案としての性格が強い。(26)さらに翌一九四三年二月には、市域に加えて周辺農村部をも視野に入れた包括的な都

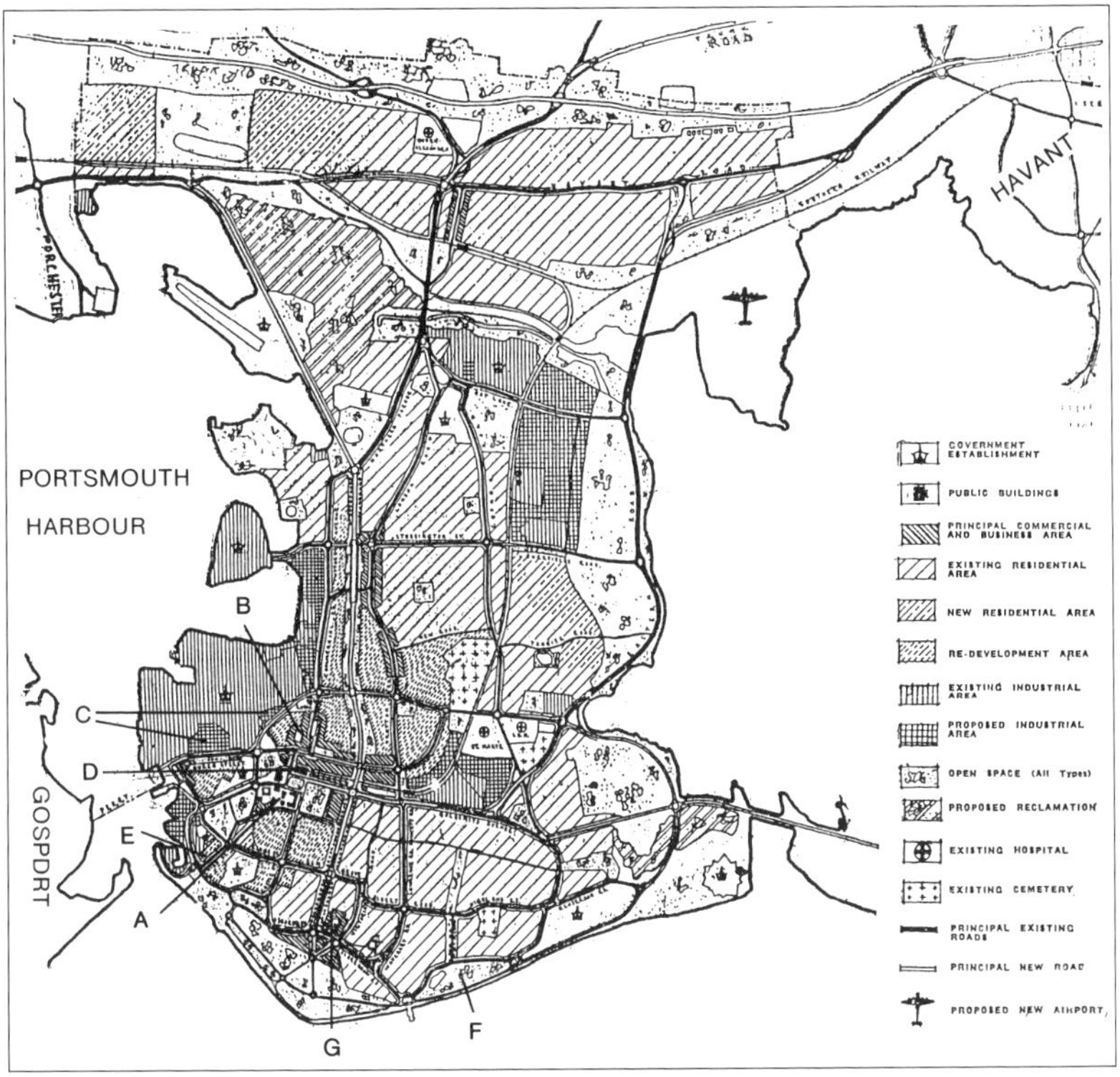

図4-3　『中間報告』での道路網および用途別土地利用提案

出典）*Evening News*, 24 Feburay 1943

市計画のアウトラインとして、『市建築課副課長中間報告』（以下、『中間報告』と略す）がモンダーの手でまとめられ、再計画特別委員会を通して市議会に提出された。『中間報告』は大別すると、道路網と土地の用途別利用にかんする諸提案のふたつから構成されていた。このうち道路網にかんする諸提案は、一九四二年二月の道路網計画案にもとづいており、実質的にはそれと大差ない内容になっていた(27)。もうひとつの用途別土地利用にかんする諸提案は、産業、シティ・センター、地区センター、住宅、衛星都市、レクリエーションの項目別に提示されている。以下では、これらの内容を少したちいってみておきたい。

まず、産業にかんする項目で注目すべきことは、クィーン・ストリート北側に海軍工廠の拡張用地（図4－3C）を確保した提案であろう。都市農村計画省は、戦後の国防政策が確定していない時点であえて打ちだされたこの提案を、ポーツマス市が海軍との緊密な関係の維持を強く望んでいる証左とみなした。[28] ついでシティ・センターは、サザン・レイルウェイ鉄道の中央駅をはさんで、その南側のシヴィック・センター（図4－3A）と北側にあるショッピング・センター（図4－3B）とから成り立つ構想であった。ギルドホールを中核としたシヴィック・センターは前述の一九四一年一〇月案にもとづくものであり、また、ショッピング・センターは、コマーシャル・ロード南端のマーケット・スクエアとアランデル・ストリート沿いに展開するものとなっていた。[29]

住宅政策では、過密居住の解消を念頭に人口密度の上限を一エーカー（約四〇四六・八六平方メートル）当たり七〇人に設定し、この基準にしたがって市内島嶼部の人口を最大限一六万人に限定すること、また、その結果生じる推定余剰人口約六万人の吸収の一手段として、市域外のリー・パークとウォータールーヴィルの二カ所に衛星都市を建設することが提起された。島嶼部北端のポーツ・クリークから沿道五マイル（約八キロメートル）に位置する総面積約一三五〇エーカー（約五・五平方キロメートル）のリー・パークには、将来人口三万から三万五〇〇〇人で、新産業を誘致した独自の産業基盤をもつ自己充足的《セルフ・コンテインド》な共同体の建設が意図された。一方、ポーツ・クリークから約三マイル（約四・八キロメートル）に位置する総面積約九五〇エーカー（約三・八平方キロメートル）のウォータールーヴィルについては、字義どおりの衛星都市とすることが望まれたリー・パークの場合とは異なり、ポーツマス郊外のベッドタウンとして約二万五〇〇〇人の将来人口が見込まれていた。[30]

レクリエーション関連では、リゾート地サウスシーの再開発にかんする諸提案がとくに注目を集めた。すでに述べたように、サウスシーはイギリス国内でも有数のホリデー・リゾートであったが、その実状は、計画性を欠いた無秩序な観光開発のために、第一級のリゾート地にふさわしい宿泊施設やレクリエーション施設に事欠くありさまだった。そこで『中間報告』では、大聖堂（図４－３Ｅ）からカムバーランド・フォート（図４－３Ｆ）までを道路で結ぶ線以南の区域をレクリエーション区域に指定し、同区域内での車両交通の制限、海浜遊歩道の設置、宿泊施設の集中化、大聖堂付近一帯の緑地化といった、リゾート地としての機能強化をはかる諸策が提起された。また、リゾート地サウスシー成功の鍵として、地区センターがショッピングや娯楽の魅力的な提供基地となる必要性が強調され、そうした地区センターの中核として、パーマーストーン・ロードとヴィクトリア・ロードにはさまれたＵ字形のショッピング・スクエア（図４－３Ｇ）を建設することが提案された。そして、この場所に従来パーマーストーン・ロード沿道にあった店舗を移転させ、より整備・強化されたサウスシー地区のショッピング・センターにしていこうというのであった[31]。

このように、モンダーの『中間報告』と『商工会議所諮問討議会報告』とは、重要な点で類似していた。まず、両報告における道路網案は、図４－１、４－２、４－３の三つの図をくらべれば明らかなように、基本的に既存の街路網の改善案であって、それを根底から覆すような性格のものではけっしてなかった。同様に、用途別土地利用についても、両報告とも既存の利用パターンにもとづいた提案がなされており、一部の戦災都市でみられたような既存パターンの抜本的改変が示されることはなかった。その典型例が、リゾート地サウスシーの再開発に関連した、ショッピング・スクエアの建設にもとづくパーマーストーン・ロード地区の再開発にかんする提案だった。また、両者とも島嶼部での過密解消に重きをおいており、その結果生じることになる余剰人口吸収策として、市域外の周辺農村部での衛星都市建設を提起していた[32]。

ポーツマス市議会は、一九四三年三月に反対者わずか一名の圧倒的多数でモンダーの『中間報告』を採択し[33]、以後、この報告にもとづいた最終的な復興諸提案の作成が、モンダー自身の手によって進められていくのである。

二　みせかけの熱意

(1)　衛星都市建設提案の余波

『中間報告』の採択後まもない一九四三年七月、ポーツマス市当局は衛星都市の候補地であるリー・パークの土地二四七〇エーカー（約一〇平方キロメートル）の購入を決定し、都市農村計画省にその承認を求めた。ところが、リー・パークの土地購入にあたっては、計画省以外にもいくつかの関係省庁からの承認が必要であり、なかでも大蔵省は、戦時中において大規模な支出をともなうこの提案にたいし強硬に反対するものと予想されていた。しかし、計画省を中心とした「積極的な働きかけ」により、大蔵省からの同意がわずか一カ月で得られることになった。[34] これは、『中間報告』に示された復興諸提案を「適度に包括的で、一見したところ妥当な案である」と肯定的にみなしていた計画省が、そのなかでも、島嶼部における過密解消の手段として提起された衛星都市建造提案を、積極的に後押しした結果であった。[35]

その後、ポーツマス市当局と土地所有者たちとのあいだでの交渉の結果、前記二四七〇エーカーの土地のうち一六七一エーカー（約六・八平方キロメートル）の購入が一九四四年二月に確定し、残余分の約八〇〇エーカー（約三・二平方キロメートル）については、市当局から都市農村計画省に都市農村計画法にもとづく強制買収の適用を申請する運びとなった。ところが、この強制買収の申請を契機に、衛星都市建造提案とその背後にあった市域拡張の問題をめぐって、ポーツマス市と周辺地方当局とのあいだでの対立が顕在化し、両者の確執は計画省を巻き込む形で、復興政策の進展を妨げる大きな障害と化していった。そもそも、リー・パーク衛星都市予定地を行政区域内に有する、ハヴァント・ウォータールー準自治都市当局やピーターズフィールド地方自治区当局といったポーツマス近隣の地方当局は、「市当局がその再開発諸提案を市域拡張の根拠に使用するのではないかとの疑いを抱いて」いた。(36) たしかにポーツマス市当局は、一部の市会議員が市域拡張の必要性をことあるごとに公式の場で主張する一方で、(37) 計画省からの再三にわたる勧奨にもかかわらず、周辺地方当局との問題にかんする協議を「なんの明白な理由もなく極力これを回避する」態度をとりつづけていた。(38) 実際、市当局は、リー・パーク衛星都市予定地の購入に際して、方針が固まった一九四三年七月の段階から、土地所有者との交渉の結果一六七一エーカーの購入が確定した翌四四年二月にいたるまで、事実関係を一切公表しないという徹底した秘密主義をとっていたのである。(39)

このような事態を憂慮した都市農村計画省は、リー・パーク衛星都市予定地の未購入分約八〇〇エーカーにかんする強制買収申請の迅速な認可を求めるポーツマス市当局にたいし、申請云々の前に、まず復興諸提案にかんする近隣地方当局との話し合いを実施することが先決である、と強く主張した。その結果、市当局もついに重い腰を上げざるをえなくなり、一九四四年五月に周辺の地方当局代表者を招いて、リー・パーク衛星都市建造提案についての説明をおこなった。しかし、この席上でハヴァント・ウォータールー準自治都市当局代表者からなされた、「ポーツマスからの、周辺地域を吸収しようなどといういかなる不条理な主張にたいしても反対する」との発言に出鼻をくじかれたせいもあって、市当局はそれ以降、関係地方当局との協議をおこなおうとはしなかった。(40) こうした状況に業を煮やした計画省は、一九四四年一〇月、みずから発起してポーツマス市当局と近隣地方当局とのあいだでの再協議を実現させた。この再協議によって市当局と近隣地方当局との関係が一気に好転するようなことはなかったが、計画省の提言にもとづき、ポーツマス復興諸提案の問題点を、その作成者であるモンダーと近隣地方当局の代表者とが検討するための機関の設置について、両者はどうにか合意をみるにいたった。[41]

かくして、都市農村計画省事務次官補だったL・ニールが一九四五年二月付の省内での書簡で述べているように、ポーツマス市当局と周辺地方当局との関係改善にむけての「突破口が開かれた」かにみえた。同時にニールは、『中間報告』の公表以降、「市内の〔復興〕計画問題にかんする詰めがほとんど進捗していない」状況への懸念を表明し、なんらかの対策を講じる必要があることを強調した。[42]

具体的には、ポーツマス市当局は、戦災地再開発関連法として一九四四年一一月に制定された一九四四年都市農村計画法にもとづき、再開発目的での買収を意図する用地の確定を急がねばならなかった。一九四四年法の最重要規定は、戦災都市当局の復興計画にもとづいて抜本的な再開発が必要とみなされる戦災地およびその周辺土地を、当該当局が一九三九年三月三一日時点の地価で強制買収できる、とする点にあった。具体的な手続きは、以下のように想定されていた。すなわち、①まず、当該当局が買収用地を選定し、その承認を都市農村計画大臣に申請する（「買収予定用地の指定申請」の提出）。②ついで、都市農村計画大臣は、必要に応じてこの指定申請にかんする公聴会を召集し、そこでの異議申し立てなどを勘案したうえで、当該当局による指定申請を承認（部分的な修正を命じる場合もふくめて）あるいは却下する、という手順であった。[43]

しかし、他のいくつかの戦災都市当局が買収予定用地の確定作業を着々とすすめるなかで、ポーツマスは計画作成スタッフの不足を理由に、なかなかその作業に着手しようとしなかった。そこで都市農村計画省は市当局に書簡を送り、そのなかで、ポーツマスは復興政策の策定にむけて「非常に幸先のよいスタートを切ったにもかかわらず、現時点では、一九四四年〔都市農村計画〕法に関連してとられるべき施策の面で他の戦災都市とくらべて遅れをとっている」と指摘し、この問題にかんする協議の早期実施を提案した[44]。この協議は一九四五年三月にポーツマスでおこなわれ、その席上、計画省は市当局から、一九四四年法にもとづく買収予定用地を六カ月以内で確定する、との言質をとることに成功した[45]。

このようにみてくると、ポーツマスの復興政策策定を促進させようという都市農村計画省の働きかけは、かなりの成果をあげたとの印象が得られるかもしれない。事実、ニール事務次官補は、一九四五年三月のポーツマス市当局との協議の責任者だった部下を、「確かな進捗が記されたようだ」との言葉でねぎらった[46]。しかし、市当局側の人間と直接に接する機会が多かった計画省の官僚たちは、上司であるニールとは異なる感触を抱いていた。一九四五年三月の協議の責任者は、「残念ながら、〔ポーツマス〕訪問の結果が大成功であったと胸を張ることはとてもできない」と総括しているし[47]、前述の市当局・周辺地方当局間の一九四四年一〇月の協議でイニシアティヴをとった他の官僚も、事態が依然として進んでいない可能性のあることを憂慮していた[48]。

このような否定的な感触の根底にあるのは、都市農村計画省の官僚たちが市当局関係者にたいして抱いた不信感であった。すなわち、計画省の官僚たちは、「ポーツマス市当局に、自分たちの眼前にある課題の重大さを理解している者がいるようにはとても思えない」と感じていた。ことに彼らは、市助役のＦ・スパークス卿が「とかく諸悪の根源となる傾向にある」とみなしていた[49]。つまり、スパークス卿が、市域の拡張が最優先されるべきであるとの主張に固執したことが、衛星都市建造提案にかんするポーツマス市当局と周辺地方当局との対話の欠如を導いた背景にある、と考えられていた。実際、スパークス卿は、リー・パークとウォータールーヴィルの市域編入が衛星都市建造の大前提であると、計画省に明言していた。しかもその際、計画省から、なぜその見解に固執するのか理由を問われると、こんどは返答に窮してしまったのである[50]。

そのうえスパークス卿は、都市農村計画省と連絡をとることすら、前向きにおこなおうとしなかった節がある。一九四四年二月、ポーツマス市当局がリー・パークの土地約八〇〇エーカー（約三・二平方キロメートル）の強制買収の承認を計画省に求めたのにたいし、計画省はさっそく、同年四月四日付のスパークス卿宛の書簡で周辺地方当局との協議の必要性を指摘している。ところが、この書簡をうけたスパークス卿がその後の経過報告を計画省に送ったのは、およそ一年後の翌年三月になってからであった。[51] たとえこの間に、ポーツマス市当局と周辺地方当局との協議が実施された事実を考慮しても、スパークス卿の態度が積極的でないことは明らかだった。

以上みてきたように、『中間報告』での核心的な提案のひとつであった、衛星都市建造提案をめぐるポーツマス市当局と周辺地方当局との対立が顕在化するにつれて、都市農村計画省は市当局による復興政策策定への取り組み自体に大きな疑問を抱くようになっていた。こうして対計画省との関係が微妙になるなかで、ポーツマス市当局はようやく、『中間報告』を土台とする最終的な復興諸提案の作成と、一九四四年都市農村計画法にもとづく戦災地再開発を目的とした買収予定用地の確定に、着手しようとしていたのであった。

（2） 一九四四年都市農村計画法にもとづく市街地再開発政策の展開

ポーツマス市の復興政策策定の遅れにたいする懸念の声は、実は市当局内部からもあがっていた。とくに、戦災地の再開発関連法案である一九四四年都市農村計画法案の国会での審議の進展にともない、最終的な再開発計画のすみやかな作成がいよいよ緊急を要する課題になったとの認識は、ポーツマス市議会の一部にも強かった。同法案の骨子は、戦災をうけた既成市街地の抜本的な再開発のために、各市当局による大規模な用地買収を促進することにあった。すでに述べたように、手続き上は、まず戦災都市当局が用地買収の申請を都市農村計画省におこなうが、その際、買収の根拠となる復興計画の提出が義務づけられていた。[52] そこで、一九四四年六月のポーツマス市議会において、復興計画作成を促進するための対策の検討が、再計画特別委員会に委ねられた。[53]

これをうけた答申のなかで再計画特別委員会は、問題の核心が市当局の都市計画機能およびその権限の強化にあると指摘した。そもそもポーツマスにおいては、復興計画の作成機関として適当な、独立した都市計画課というものが存在しなかった。一方、復興計画の作成責任者であるモンダーの市建築課副課長という地位では、さまざまな権限を行使するにはいささか不十分だとみなされていた。くわえて、モンダーの計画作成を手助けする要員には、市土木課の職員を充当して急場をしのぐありさまで、その職員体制自体も、戦時の召集によって大幅な縮小を余儀なくされていた。とにかく、計画を作成するための職員の不足は、深刻化の一途をたどっていたのである。そこで再計画特別委員会は、復興計画の作成を専一的な機能とする都市計画・復興課の設置を提案し、その責任者たる課長にモンダーを据え、市土木課・建築課課員の一部配転に加えて、新たに専従スタッフを採用することによって計画作成機構の拡充をはかる、という案を市議会に提出した。[54]

この提案を討議した一九四四年七月のポーツマス市議会では、モンダーの都市計画・復興課課長への自動的な昇格にたいする疑問が一部の市会議員から表明され、かわりに公募を実施すべきであるとの修正動議が提出された。しかし、市議会での議論の大勢は、「市当局にとってモンダー氏にまさる人物はなく、〔彼の〕ポーツマス計画は全国の都市計画のなかでも最善のものである」との発言に集約されていた。結局、修正動議はこの発言の直後に撤回され、市議会は、モンダーを長とする都市計画・復興課の設立を満場一致で承認した。[55]

その後、復興計画作成の詰めの作業は、かならずしも順調に進んだわけではなかった。[56] だが、それでも一九四六年初頭までには、一九四四年都市農村計画法にもとづく土地買収の範囲の選定がいよいよ最終的な段階を迎え、あとはポーツマス市議会による審議と承認を残すのみとなっていた。この買収予定用地の指定申請提出の件が市議会での審議にかけられる直前に、市当局は、復興政策の進捗状況について都市農村計画大臣L・スィルキンと協議する機会を得た。

周知のように、一九四五年七月の総選挙に大勝してイギリス戦後再建の担い手となったのは、C・アトリー率いる労働党であった。そのアトリー労働党政府で都市農村計画大臣に就任したスィルキンは、戦災復興に積極的に取り組む意欲をみなぎらせていた。ところが、スィルキンは就任早々、一九四四年都市農村計画法にもとづく指定申請が、同法の制定後一年を経過しようという時点で、まだまったく提出されていないという事態に直面した(57)。そこでスィルキンは、一九四五年秋以降、指定申請のすみやかな提出を勧奨する目的で全国の戦災都市を歴訪し、その一環として四六年一月にポーツマスに来訪した。

ポーツマスでの協議の結果は、スィルキンにとって十分に満足のいくものだった。席上スィルキンが、「どの市当局が申請提出の先頭をきるかという競走がある」なかで、彼が訪問した市当局のうちのいくつかが、一九四六年三月中には「指定申請」を提出する旨、すでに言明している事実を明らかにした(58)。これにたいし、ポーツマス市当局側からは市長が代表して、「〔そうした戦災都市のひとつで、ポーツマスに近接する港市である〕サウサムプトンが〔一九四四年都市農村計画法〕第一項にもとづく正式な申請を三月に提出すると約束したというのなら、われわれは二月中に大臣のテーブルに申請をお届けすることを請け合おう」と応じ、指定申請の早期提出への意欲を示したのである(59)。

事実、この協議から二週間後の一九四六年二月には、買収予定用地の指定申請の提出と、その買収の根拠となる復興計画の採択とがセットになって、ポーツマス市議会での審議にかけられた。指定申請は、市当局が再開発の目的で買収すべき土地として選定した五つの地域（一九四四年都市農村計画法での用語で「復興地域」とよばれる）からなっており、その面積は五地域の総計で七八三エーカー（約三・二平方キロメートル）におよんだ。この復興地域では戦前から、「かつての馬車交通に適した」程度の狭く曲がりくねった道路網、「効率性や快適さを欠いた……雑然とした土地利用」、老朽化した建築物といったさまざまな都市計画上の問題が顕在化していた。しかもこれらの地域では、狭小な土地に多数の土地所有権が集中しており、こうした極端に小規模な土地所有形態が存続するかぎり、包括的な再開発はまず不可能であるとみなされていた。したがって、市当局自身による大規模な土地所有こそが、これらの地域での包括的・抜本的な再開発への道を開きうる唯一の方法だとされたのである。(60)

このような復興地域についての計画は、一九四三年の『中間報告』にもとづいて、やはりモンダーが作成した、ポーツマス市全体にかんする総合的な復興諸提案の一環として位置づけられていた。具体的には、すでに『中間報告』で提起されていた、ギルドホールを中核とするシヴィック・センターとコマーシャル・ロード周辺のショッピング・センターとから構成されるシティ・センターの確立、海軍工廠の拡張にともなうポートシー地区の整備、オールド・ポーツマス地区での大聖堂周辺の緑地公園化、人口稠密な住宅地での近隣住区の原則の導入やフラットの建造による過密居住の解消、サウスシー地区のリゾート地としての機能の強化を目的とするパーマーストーン・ロード周辺のショッピング・センター再開発といった諸提案が、ふたたび示されたのであった。(61)

一九四六年二月のポーツマス市議会では、「実質的に全発言者が都市計画・復興課課長〔モンダー〕の功績を讃えた」うえで、指定申請の提出と復興計画の採択が可決された。唯一表明された懸念は、こうした大規模な再開発事業が地方財政にもたらす影響についてだった。事業のコストは、依然として明示されないままだったのである。これにたいしダリー再計画特別委員会議長は、さきの都市農村計画大臣スィルキンとの協議の席上で、同大臣から、一九四四年都市農村計画法では、再開発事業の全経費を、政府が戦災都市当局にたいして最低一五年間無利子で貸し付けることが保障されているとの見解が示された、と述べたうえで、以下のようにつけ加えた。

率直に申し上げて、コストがどれほどになるのかについては、私自身推量の域をでません。あるいは、五〇〇〇万ポンド以上になるかもしれません。市当局が五〇〇〇万ポンドもの金額を負担することも、それを市民に負担するよう要請することも不可能であるのは明らかです。そうなったらわれわれは、政府に破産を宣告しさえすればよいのです。〔したがって〕財政問題にかんしては、いかなる困難も予測しておりません。(62)

地元新聞『ハンプシャー・テレグラフ』紙は、ダリーの発言を、戦災復興にかんする財政上の最終的な責任が政府にあることを言明したものととらえ、つぎのように論評した。

有能なビジネスマンであるサー・デニス〔・ダリー〕の言葉を信じないわけにはいくまい。ことに、われわれが望むようなポーツマスの復興のためには、〔財政上の〕不安を理由にしりごみして陳腐な計画にくらがえすることは許されないのだから。……都市計画〔・復興〕課課長モンダー氏は見事な仕事をしてくれた。彼は、将来の、より大きく、より素晴らしいポーツマスの詳細を提示してくれたのだ。戦争はわれわれに多大な困難を与えたが、同時に、輝かしい未来を築くための機会をもたらしたのである。(63)

かくしてポーツマス市議会は、「都市農村計画省はかってわれわれに『大規模な計画を作成せよ』と説いた。こんどはわれわれが都市農村計画省にたいして『存分に支払え』と語る番である[64]」との前提に立って、「わが国においてもっとも優秀な都市計画家のひとりである[65]」モンダーが作成した復興計画を採択した。ところが、次節において明らかにするように、市議会が示したモンダーへの信頼はまもなくもろくも崩れ、ポーツマス復興政策の展開に暗雲がたちこめることになるのであった。

三　あらわになったポーツマス市当局の変節

ポーツマス市議会がモンダーの復興計画を採択してわずか二カ月後の一九四六年四月に、モンダーはひそかにロンドンの都市農村計画省を訪れている。そこで彼は、都市計画・復興課課長の職を辞し、バッキンガム州当局の建築課課長に就任する心づもりであるという、計画省官僚を驚愕させる事実を明かした。モンダーの説明によれば、辞任を決意するにいたった直接の原因は、本来、都市計画・復興課課長に任命された時点で確定しているはずの彼の職務や権限を、市当局が未決のまま放置しつづけたことにあった。しかも彼は、当然みずからが最高責任を担うべき職務とみなしていた復興計画の策定に、市建築課課長が「必要以上に関与したがるようになった」ばかりか、再計画特別委員会からの「〔モンダーの〕復興諸提案そのものへの支持がみるみるうちに消失していき、全般に市建築課課長の行動が計画課課長をないがしろにする形で支持されるようになった」という事実まで暴露した。

それでもモンダーは、心情的にはむしろ、みずからが作成した復興計画が結実する姿をみるためポーツマスに留まることを望んでおり、再計画特別委員会をはじめとする関係者にもその意志を伝えたうえで、都市計画・復興課課長の権限の迅速な決定を迫っていた。その決定さえなされれば、みずからバッキンガム州当局を説得してでも辞任を翻意するというのである。ところが、再計画特別委員会は彼の申し入れを五週間にわたって棚上げしたばかりか、ようやくおこなわれた討議の場に、同委員会の正・副議長は姿をみせようとさえしなかった。しかもモンダーのみるところでは、「シティ・センターでの強制買収をできるかぎり回避するために、現行の復興計画を徹底的に修正するか、あるいはいっそのこと計画を完全に放棄してしまいたいという市当局の願望が、こうした事態を招いたそもそもの原因である」というのである。(66)

はたしてポーツマス市当局は、モンダーの復興計画を反故にする方向での提案をつぎつぎに打ちだしていった。まず、買収予定用地の指定申請の抜本的な見直しが検討され、その結果一九四六年六月の市議会で、当初七八三エーカー（約三・二平方キロメートル）が予定されていた買収用地を四五〇エーカー（約一・八平方キロメートル）に大幅に縮小するという再計画特別委員会の提案が、圧倒的多数で採択された。(67)さらに、指定申請を構成する復興地域の範囲外での再開発についても、モンダーの方針が根底から覆されることになった。この問題の発端は、復興地域にふくまれていなかった島嶼部北部のノース・エンド地区の目抜き商店街ロンドン・ロードで営業する、家具製造・販売会社ホワイト社が申請した店舗拡張計画の処遇にあった。そもそもモンダーは、一九四四年都市農村計画法の適用外となる地域での開発規制の強化なしには、復興地域にふくまれない市街地で従来のような無秩序な開発がくりかえされ、島嶼部の総合的な再開発が不可能になるとの懸念を抱いていた。そこでモンダーは、建ぺい率、建築物の高さ・容積、一区画当たり家屋数などにかんして、市域全域で一律に適用すべき建築規制基準を一九四五年四月に設定し、(68)市議会も同年六月にこれを承認していた。(69)

そうしたなかで、ホワイト社がポーツマス市当局に提出した店舗拡張の認可を求める申請は、その建築計画がモンダーの設定した基準を満たしていなかったことと、より一般的には、モンダーがロンドン・ロードでの商業活動の縮小を構想していたこととを理由に、いったんは却下された。これにたいしホワイト社は、市当局の申請却下の取り消しを都市農村計画省に上訴したが、同省は一九四六年一月にその申し立てを棄却し、市当局の判断を支持したのであった。(70) ところが市当局は、ひとたびモンダーが辞任するや、それから数カ月のうちに、「〔ホワイト社からの申し立て棄却の〕決定の白紙撤回と、同社の〔ロンドン・ロードでの〕再開発許可を〔都市農村計画〕大臣に求めてきた」ばかりか、「モンダー氏のもとでは認可などされなかったであろう同様の再開発申請を、すべて認可してしまった」のである。(71)

実際、モンダーの辞任は、都市農村計画省にとってまさに寝耳に水の「非常に深刻な」出来事であった。都市農村計画大臣スィルキンが一九四六年一月にポーツマスを訪問した際には、「彼〔モンダー〕は大臣に好印象を与え」ていた。また、そのおりに買収予定用地の指定申請の早期提出にむけて市当局が示した決意は、「まれにみる誠実なもの」とみなされていた。(72) 要するに、「市当局は買収予定用地の指定申請の提出に最善を尽くすとの印象を与えこそすれ、内部での人事交代の可能性など微塵も感じさせなかった」のである。(73) しかしいまや、「モンダー氏の戦線離脱でポーツマス計画が痛手を被るのは間違いない」(74) との懸念が計画省内で一気に強まり、「彼〔モンダー〕が去ってしまった以上……市の復興問題への対処が十分になされるとはとても思えない」(75) とさえみなされた。なぜなら、「市当局のスタッフには、建設的な復興政策の策定や調整ができるような確かな経験と能力を有する人物がいない」(76) からであった。

ポーツマス市当局はモンダーの辞任に際し、その後任として彼の部下だったＦ・Ｗ・プラットを都市計画・復興課課長に任命したが、[77]この昇格の背後には、「彼〔プラット〕ならば、〔再〕計画〔特別〕委員会にとっての助言者というよりはその使用人であってくれるだろうという〔再計画特別委員会の〕期待」があったと、政府官僚はみなしていた。はたしてプラットは、本心ではモンダーの復興政策の諸原則を遵守したかったにもかかわらず、実際に「〔再計画特別〕委員会にそうした原則をのませることも……そうした原則が反対によって反故にされてはならないと市助役を説得することもできず」、したがって、「代替案の策定において〔再〕計画〔特別〕委員会を教導できない」ありさまだった。[78]

それではポーツマス市当局は、なぜ一時はあれほど高い信頼を寄せていたモンダーと、彼の復興政策を見限ることになったのだろうか。問題の核心は、市当局が抱いた財政上の不安にあった。そもそもポーツマスでは、戦時体制下での空襲の可能性や疎開による地方税収の大幅な減少のために、すでに一九四〇年三月の時点で地方税の増税を余儀なくされており、翌四一年にも同様の必要に迫られた。その際、さらなる増税の危機を回避させたのが、政府が戦時特別措置として戦災都市当局を中心におこなった、貸付金の給付という形式での財政援助であった。[79]以後、大戦中を通じて実施されたこの特別措置は、地方税額の据え置きに大きく貢献した。[80]

しかし、終戦にともなう戦時特別措置の打ち切りが政府内で検討されるようになると、ポーツマス市当局はふたたび色めいた。戦災による地方税収の大幅な減収にみまわれたポーツマスにとって、政府による特別措置の打ち切りはまさに死活問題だったのである。そこで市当局は、いそいで特別措置打ち切りの再考を陳情すべく、市長、財政委員会正・副議長、助役、出納課課長、および市選出の国会議員三名からなる代表団を大蔵省に派遣した。それは、モンダーの復興計画が採択された直後の一九四六年二月のことであった。

二時間半におよぶ会談で、大蔵省はポーツマス市当局代表団に、むこう二年間にわたる総額三七万五〇〇〇ポンドの臨時の特別援助を約束した。しかし、政府による特別措置自体はこれをもって打ち切ることが明言され、「さらに、地方当局は〔財政的に〕できるだけ早く自立しなければならないと釘を刺された」。財政委員会議長は『ハンプシャー・テレグラフ』紙とのインタヴューで、会談での結論への不満をあらわにしつつも、ポーツマス市議会各委員会の支出計画を再検討する必要があることを認めざるをえなかった。すなわち、「たとえどれだけ望ましく重要であっても、現状では実施不可能な事業計画が多数あることが認識されねばならない」のであった。[81]

ポーツマス市当局はなかでも、一九四四年都市農村計画法にもとづく復興地域での再開発が市財政におよぼす影響に強い危惧を抱いた。さきの会談で大蔵省が、一九四六年一月に市当局が都市農村計画大臣スィルキンから得た再開発事業への財政援助延長の可能性にかんする言質を否定し、あくまでも同法が規定する貸付金の給付期間（二年間）に固執する姿勢を崩そうとはしなかったからである。要するに、「そもそもはリース卿が政府を代表してコストのいかんにかかわらず独創的な計画を作成せよと語り、その後、現大臣〔スィルキン〕からも当初一〇年間は地方税への負担はないと保証されたにもかかわらず、結局のところ現行法ではこうした見解が通用する見込みがまったくないのでは、財政的な影響にたいする懸念は増幅するばかりである」という状況だった。[82]

そこでポーツマス市当局は、短期間での財政的な自立を果たすために、「たとえ本市の都市計画にとってはもっとも重要な事柄であっても、それを差し置いてでも、まず早急に支出を抑える必要と地方税評価額の回復とを考慮せざるをえない」との結論に達した。[83]その結果、具体的には、一九四四年都市農村計画法にもとづく買収予定用地の大幅な縮小により「復興計画の財政的な脅威を格段に抑え」[84]ると同時に、地方税収の回復のためには「ロンドン・ロードでの商業開発の規制は不可能」であるとの認識に立って、「遺憾ながら、〔都市農村計画〕大臣が一度は支持したホワイト社からの申請の却下の再考を願い出ることを余儀なくされた」というのである。[85]

さらに追い打ちをかけるように、すでにみたリー・パークとウォータールーヴィルでの衛星都市建造とその背後にある市域拡張の問題をめぐる、ポーツマス市当局と周辺地方当局とのあいだの確執が、いっそう深まりつつあった。都市農村計画省の肝入りで一九四四年一〇月に設置された両者の協議機関は、実質的には機能しておらず、「関係する各当局は、この問題についての同意に達しようという努力を、まったくといっていいほど払おうとしない」状況がつづいていた。[86] そうしたなか、一九四六年一〇月に政府に提出された市当局の市域拡張案は、最初にモンダーが示した案での余剰人口六万人の二倍にあたる一二万人を前提に、ハヴァント・ウォータールーヴィル準自治都市当局の行政区域全域、ピーターズフィールド地方自治区当局およびドロックスフォード地方自治区当局の行政区域の一部をふくむ、総計四万九九四四エーカー（約二〇二・一平方キロメートル）の大ポーツマスを想定していた。[87] この市域拡張の申請によって、市当局と周辺地方当局とのあいだの緊張は一気に頂点に達した。

一方、都市農村計画省は、一時は積極的に後押ししたリー・パークでの衛星都市建造が、はたして妥当な提案かどうか疑問を抱くようになっていた。リー・パークは確固たる産業基盤をもつ可能性が低く、したがって「余剰人口対策として妥当とはいえない」というのである。しかし計画省としては、「いまさら後戻りはできない」のも事実だった。そこで計画省は、リー・パークについては現行計画での開発を認めつつ、同時に、それ以外の余剰人口対策を念頭においたポーツマスおよびその周辺地域についての総合的な計画の作成を、外部の都市計画専門家に委ねる決意を固めた。ポーツマス市当局と周辺地方当局間の対立が泥沼化するなかで、もはやそうした第三者の提言によってしかさらなる進展は望めない、と判断されたことは明らかだった。[88]

かくしてポーツマスの復興政策は、本来ならばその実施の第一歩が踏みだされるべき年の一九四六年にいたって、政策の柱である市街地再開発と市域外での余剰人口吸収策との両面において破綻をきたした。そして、市選出のある国会議員が「なんとも哀れな、情けない顚末」[89]と評したこの過程において、ポーツマス市当局は「かつてあった都市計画への情熱をすっかり喪失してしまった」[90]と、都市農村計画省からもみなされたのである。

おわりに

その後も、一九四〇年代を通じて、ポーツマス復興政策の展開は混迷の度を深めていった。

まず、都市農村計画省が計画作成のコンサルタントに指名した外部の都市計画専門家M・ロックは、当然「リー・パーク開発を勧めるだろう」[91]という計画省の予想を覆し、一九四八年末に同地の開発について否定的な結論を出した[92]。また、市街地再開発にかんしても、ポーツマス市当局は、一九四七年三月に市議会が採択したプラットの復興計画[93]を四九年九月になって「廃棄し、計画を一からやりなおすつもりである」ことが明らかになった[94]。具体的には、まず計画の目玉であった南北新路線の廃棄が提起された。そもそもこの路線の提案は、計画省および運輸省の反対にもかかわらず市当局が固執しつづけたもので、これら関係省庁も、市当局の主張に根負けし、提案を認める方向に傾きかけたところだった。ところが市当局は、この提案が「あまりに長期的で、隣接する建物の大がかりな新改築を必然化する」との理由で、突然、この提案の取り下げを関係省庁に伝えてきた。しかも市当局は、コマーシャル・ロード地区およびパーマーストーン・ロード地区での土地の強制買収をできるかぎり回避し、土地所有者自身による復興を奨励していく意向を明らかにした。要するに、市当局が主体となる再開発を実質的に放棄して、「商業地区の大部分を戦前のままの姿に復興」しようというのであった[95]。

一九五〇年五月付の都市農村計画省官僚間のある書簡は、「ポーツマス計画は完全な泥沼状態」にあり、「市当局の担当者たちはまったくの混乱状態で、きちんとできあがった提案を自分たちの市議会におこなう機会さえ与えられそうにない」と記している。[96]その後一九五三年に、計画省が発展的に改組された住宅・地方当局省に市当局が提出した計画は、「多くの望ましい特徴を放棄」した、「最低限の必要のためだけの」[97]ものだった。空襲がもたらした抜本的な市街地再開発の機会が、ついにとらえられずにおわったことは明らかであった。それでは、ポーツマスの復興政策がこのような末路をたどることになった要因は、いったい何に求められるのだろうか。

本章で明らかにしてきたように、ポーツマスにおける復興計画——とくに市街地再開発にかんする計画——の策定では、計画の独創性や抜本的な性格よりも、財政上の考慮がつねに最優先されてきた。そのために、既存のレイアウトを重視した計画でさえ、さらなる縮小の対象とされたのである。しかし、復興のコストや復興が地方税の増税を余儀なくする可能性を考慮しなければならないことは、他の戦災都市も同じように直面した問題であり、そうしたなかでコヴェントリーやプリマスといった戦災都市は、独創的・抜本的な都市計画を積極的に推進していった。

したがって、ポーツマス市当局が復興計画の策定に際して財政上の考慮を最優先させることになった要因を明らかにすることが、重要となろう。それは、同市の政治的・社会的な背景に求めることができる。ポーツマス市の労働党勢力は、市議会の保守派勢力や一部の利害関係者が市当局の復興政策の後退をもたらした、と糾弾した。[98]また都市農村計画省も、市当局が財政上の懸念を理由に計画主体としての責任を果たそうとしなかった原因として、市議会多数派である保守派勢力の影響力を指摘していた。すなわち、一九四四年都市農村計画法にもとづく復興が「すでに過重な重荷を背負わされている〔ポーツマス〕市財政にとってのさらなる負担にはならないと確信するまでは、……〔市議会の〕主要メンバーが〔都市計画家ではなくて〕市内の建築業者や商店関係者である市当局は、現在の恣意的な開発政策を変えそうにない[99]」というのであった。

実際、戦後再建期の地方選挙では、保守党が市議会の多数派の座を守りつづけたため、その主要メンバーの顔ぶれは変わることがなかった。しかもポーツマスでは、コヴェントリーやプリマスのように労働党が独自の復興政策を標榜し、それを積極的に展開して市民に浸透させていこうとした形跡さえ見当たらなかった[100]。こうした点を一九五二年一〇月の『アーキテクツ・ジャーナル』誌は、つぎのようにまとめている。

ポーツマスは本質的に保守的な気質の都市である。予想されるように、兵曹長程度で退職した多くの海軍出身者が、退職金で小さな家か店を買う。不動産の大部分は自分の持ち物である。市議会はそれゆえ、高額な地方税負担や〔都市計画にかんする〕過酷な補償条件を課さないというように、納税者にたいする義務に敏感である。この事実と、ポーツマスは他の都市にくらべて財政的に貧しいという認識とが、都市計画問題ではもっとも重要になるのである[101]。

すでにはじまっていたコマーシャル・ロード地区の復興も、「レイアウトや精神においてはかつてのものをそのまま戻してきただけのものだが、しかしおそらく、それが平均的なポーツマス市民の……好むところ」とみなされたのであった[102]。

ただしこれをもって、ポーツマス市当局が、復興政策が泥沼化したことについての責任を免れるものではけっしてないだろう。都市農村計画省は一九四〇年代を通じて、「いかにして、都市計画の作成にきちんと従事するように市当局を説得するか」[103]に全力を注いだが、その努力は水泡に帰した。計画省はその理由を、ポーツマスは計画主体としての責任感や都市計画への情熱を「喪失」してしまったからだとみていたが、そもそも市当局は、都市計画の重要性にたいする認識を当初から欠落させていた節がある。

その最たる例を、地元新聞『イヴニング・ニュース』紙上のあるインタヴュー記事にみいだすことができる。それは、一九四三年にモンダーの『中間報告』を市議会が採択したことを大々的に報じるページの片隅に、ベタ記事程度の扱いで掲載された。同紙記者の質問に答えたのは、一九四一年以降一九五〇年代前半までを通じて、ポーツマス市議会の都市計画関係委員会の議長として市当局を牽引した、ダリー市会議員である。

再開発計画作成者とは何者か？

ポーツマス市長で再計画委員会議長でもあるサー・デニス・ダリー市会議員は、この質問につぎのように答えた。

……「再開発計画作成者とは、取るに足らないことについてかなりの知識をもち、その後もさらにどうでもよいことについてますます学びつづける結果、ついには、実際には何の意味もないことに精通するまでになる人物である[104]」。

あつかいはベタ記事程度であっても、この発言が重大な問題をはらんでいたことは、見落としようがない。よりにもよって、ポーツマス市当局の都市計画の最高責任者が、同市の復興の骨格を示す計画を市議会が採択した日に、都市計画を愚弄するかのごとき発言を公におこなったのである。この発言が示唆するように、ポーツマスでは、前章にみたコヴェントリーの例とは対照的に、市当局が都市計画をおこなうことに積極的な意義をみいだしていたようすはない。

もしポーツマス市当局が都市計画になんらかの意義をみいだしていたとすれば、それは都市計画が、市域の拡張という政治的野心を実現するための手段となりうるということであった。市当局は、この野心を実現するべく、周辺地方当局との話し合いを無視してでも市域外での衛星都市の建造計画を遮二無二進めようとして、それが結局、これらの地方当局とのあいだに深刻な対立を生んでしまった。市当局に、十分な協議にもとづく合意の形成を模索する意志が希薄だったことは明白である。

さもなければ、保守派勢力が市議会で多数を占めるポーツマスでは、都市計画にかんする意思決定で財政上の考慮がなににもまして重視された。このことは、市内の戦災復興を進める過程で顕著に現れた。そもそも、第二次世界大戦中に策定された復興計画は、抜本的な市街地改造ではなく、その部分的な改良をめざしていた。しかしポーツマス市当局は、財政上の考慮からこの計画すらも放棄し、土地所有者や商業関係者が市街地を戦前のままの姿に復旧させていくにまかせたのである。

第１章の最後でみた、一九四三年になされた都市計画の行く手を阻む〝巨悪〟の指摘は、おそらく、戦災都市当局が対峙しなくてはならない相手をとくに想定したものだった。しかしポーツマスでは、市当局そのものが都市計画の行く手を阻んでしまった。このことは、市街地の再開発にあたって、部分改良的な提案とその作成者を犠牲にしたあげく、結局、復興計画自体が破綻をきたす経路にはまり込んでいく所以となったのである。

第II部　日本の戦災復興

第五章　なされなかったシステムの改革

――日本の戦災復興――

はじめに

第二次世界大戦の終結とともに開始された日本の戦災復興では、政府の政策や各都市の復興計画の策定が非常にすみやかにすすめられた。それを可能にした要因のひとつは、戦前・戦後における都市計画の基本的な理念や技術の連続性であった。とくに、戦時の都市計画が、「防空」という戦争目的と結びついたことが重要である。このために、都市計画は国防上の観点から重視され、さまざまな規模での計画がさかんに策定された。国土全体の産業・人口の配置にかんする国土計画に加えて、都市計画官僚が唱道した「大都市圏計画」論、すなわち緑地帯（グリーン・ベルト）や衛星都市の配備で都市の産業・人口を分散させ、その膨張を防止するという考えかたにもとづく地方計画が、広い範囲をカヴァーした。また既存の都市部については、広幅員の街路網や緑地・公園の潤沢な配置に重点をおく防空都市計画が立案された。これらが、戦後の復興計画の土台になったのである。(1) 次章でみるように、東京の戦災復興はこのような計画の連続性が明確にみてとれる例であり、近年の都市計画史研究でもこの点が強調されてきた。(2)

ただし、戦後の復興計画の中身が右にあげた戦時期のさまざまな計画と酷似していたとしても、その策定にあ

表5-1　指定された戦災都市

都道府県名	市　町　村　名
北海道	根室町，釧路市，函館市，本別町
青　森	青森市
岩　手	釜石市，宮古市，盛岡市，花巻町
宮　城	仙台市，塩竈市
福　島	郡山市，平市
東　京	区部，八王子市
神奈川	横浜市，川崎市，平塚市，小田原市
千　葉	千葉市，銚子市
埼　玉	熊谷市
茨　城	水戸市，日立市，高萩町，多賀町，豊浦町
栃　木	宇都宮市，鹿沼市
群　馬	前橋市，高崎市，伊勢崎市
新　潟	長岡市
山　梨	甲府市
愛　知	名古屋市，豊橋市，一宮市，岡崎市
静　岡	静岡市，浜松市，清水市，沼津市
岐　阜	岐阜市，大垣市
三　重	津市，四日市市，桑名市，宇治山田市
富　山	富山市
大　阪	大阪市，堺市，布施市
兵　庫	神戸市，西宮市，姫路市，明石市，尼崎市，芦屋市，御影町，魚崎町，鳴尾村，本山村，住吉村，本庄村
和歌山	和歌山市，海南市，田辺市，新宮市，勝浦町
福　井	福井市，敦賀市
広　島	広島市，呉市，福山市
岡　山	岡山市
山　口	下関市，宇部市，徳山市，岩国市
鳥　取	境町
香　川	高松市
徳　島	徳島市
愛　媛	松山市，宇和島市，今治市
高　知	高知市
福　岡	福岡市，門司市，八幡市，大牟田市，久留米市，若松市
長　崎	長崎市，佐世保市
熊　本	熊本市，荒尾市，水俣町，宇土町
大　分	大分市
宮　崎	宮崎市，延岡市，都城市，高鍋町，油津町，富島町
鹿児島	鹿児島市，川内市，串木野市，阿久根市，加治木町，枕崎町，山川町，垂水町，東市来町，西之表町

注）1946年10月9日内閣告示第30号をもって指定された115都市である。
出典）建設省編『戦災復興誌』第1巻，都市計画協会，1959年，25頁より作成。

たっての前提条件や社会的背景には重大な相違があった。だいいち、戦時期の防空都市計画では、空襲にたいする備えを目的として既存都市の大規模な改造がうたわれていたが、実際の空襲によってもたらされたほどの都市破壊が想定されていたようすはない。ましてや、敗戦国として戦災復興をおこなうことなど予想もされておらず、むしろ、次章で述べるように、戦勝国にふさわしい首都改造のための壮大な都市計画が夢想されたりした[3]。

表5-2　戦災都市での被害状況

都市名	罹災面積（坪）	罹災人口	罹災戸数	死　者
東京（区部）	48,700,000	2,940,000	711,940	91,444
大阪	15,300,000	1,135,140	310,955	10,388
前橋	3,592,173	93,131	20,871	566
名古屋	11,675,172	521,187	135,203	8,240
横浜	6,940,000	399,187	98,361	5,830
神戸	5,900,000	470,000	128,000	7,051
広島	3,630,000	306,545	67,860	78,150
指定された115戦災都市の総計	191,038,784	9,699,227	2,316,325	330,665

出典）建設省編『戦災復興誌』，16-7頁より作成。

しかし実際には、第二次世界大戦中のアメリカ軍による空襲は、日本の多くの都市に甚大な被害をおよぼした。後述のように、戦後、政府によって戦災都市と指定された都市は実に一一五（当初は一一九）にのぼり（表５－１を参照）、これらの都市だけでも、罹災面積約一億九一〇〇万坪（約六三一・四平方キロメートル）、罹災人口約九七〇万人、罹災戸数約二三〇万戸を数えた（表５－２を参照[4]）。農工業生産は激減し、食糧・物資の不足は深刻であり、インフレの進行も甚だしいというように、経済再建はもとより、まず今日生きていくことさえ困難な状況のなかで、戦災復興はすすめられたのである。

しかも、このような困窮のなかで、経済改革、農地改革、労働改革といった、さまざまな分野での抜本的なシステムの改革が着々とすすめられていった。当然、都市計画についても、同じように改革をおこなう必要があった。すなわち、都市計画の理論や方法については戦前からの蓄積があったにしても、それらを戦災復興にどのようにいかしていけるのか、あるいは、そもそも計画策定のシステムをどのように再構築すべきかといった、重大な課題の検討がなされなくてはならなかった。

戦前のシステムは、立案された都市計画を、各県におかれた都市計画地方委員会での議決を経て、内務大臣が「決定」（実施すべきものとオーソライズ）するという仕組みだったが、実質上は、同委員会が最終的な判断の場の役割を果たしていた。都市計画地方委員会は、知事を会長（議長）に、委員には官僚や学識経験者と、県・市会議員とがほぼ半数ずつを占めるという構成になっていた。また、同委員会への議案は、内務大臣が提出するという形をとり、しかも、議案を実際に作成するのは内務省の官僚である同委員会事務局職員だった[5]。こうしたきわめて中央集権的な計画策定のシステムは、他の分野で改革がすすめられたように、戦後再建期に改革されてしかるべきはずのものであった。事実、当時の関係者は、都市計画の新しい法制度や、それを前提にした復興計画の策定を大戦中からすすめていたイギリスを、羨望の眼差しでみていた[6]。

こうした状況のもとで、実際に確立され整備されていった戦災復興にかんする政策やそのための法制度、あるいは各地方当局が立案した復興計画については、建設省の編纂による公式記録『戦災復興誌』[7]に詳述されている。また、とくに政府による政策の、いわば裏事情については、当時の関係者の回顧をまとめた『戦災復興外誌』[8]などがある。しかし、残念ながら現時点では、政府の政策過程を一次資料でたどることは、資料的な制約のために困難であるといわざるをえない[9]。とはいえ、当時の二次文献を丹念に調べていくことで、戦災復興をすすめるうえで政府や地方当局が直面した課題がどのように検討されたのかは、かなりの程度判明するのである。はたして、戦災都市の復興計画は、新しい都市計画制度のもとで策定され、実施されたのであろうか。

本章ではまた、戦災復興にかんする政府や各都市の政策・計画と市民との関わりについても、まだ解明されるべき点が多く残されていることに注目したい。そもそも各都市の復興計画が、日々の生き残りに必死だった人びとの目にどのように映ったのかについてさえ、いまだ十分に検討されているとは言いがたい。

この点について、一九六〇年に書かれた戦災復興にかんする論文は、「われわれは、世界、中央公論、展望、日本評論、エコノミストの各雑誌を、……一九五〇年末に至るまで全部調べてみた。その中には都市政策、都市問題、都市計画、都市建設など、およそ都市の現状および将来について触れた論文は一つも見出されなかった」としている。[10] しかし、同論文の筆者のひとりである石田頼房氏がその後、「当時〔終戦後〕の新聞（私達は新聞を殆ど調べなかった）、雑誌、特に民主化運動の一環として出た様な、小新聞・小雑誌にまで範囲をひろげるならば、より多くの資料が集まるだろう」[11] と述べている。実際、戦災復興にかんする記事は、とくに終戦直後の新聞紙上で頻繁に登場しており、専門誌以外の雑誌類でもまったくとりあげられなかったわけではない。要するに、公式記録に記された政策や復興計画だけが、当時の人びとが戦災復興について知りえたすべてではなかったし、そもそも、それらが当時どのように一般に伝えられたかということ自体が、解明されるべき重要な検討課題として残されているのである。

はたして、中央・地方レヴェルでの公式な政策や計画の策定に加えて、どのような人びとがいかなる構想や意見を表明していたのだろうか。そして、そうした官民双方での政策や構想はどのような形で市民に示され、市民らの反応が公式な政策や計画にいかにフィードバックしていったのだろうか。これらの課題を念頭におきながら、まず、戦災復興にかんする政府の政策の策定過程を検討することからはじめよう。

一　急ピッチで進む政策と計画の策定

(1) 戦災地復興計画基本方針と戦災復興院

戦災復興にあたっての政府の中心的な課題は、最初に基本方針を確立することであった。そのための準備は、すでに大戦中の本土空襲が本格化するころから内務省国土局計画課を中心に徐々にすすめられ、はやくも一九四五年九月には原案がまとまり、同月七日に主要都府県の都市計画主任官に内示された。[12] そして、翌一〇月一二日には、内務省において全国九五都市から都市計画関係官約一〇〇名を招集した「都市計画の打ち合わせ会」が開催され、個々の都市における復興計画作成の際の街路、緑地、土地区画整理、建築などのとりあつかいについて、具体的な検討がおこなわれている。そこで決定された内容はつぎのとおりであった。

一、主要幹線街路の幅員は、中小都市は三六メートル以上、大都市では五〇メートル以上、その他の幹線街路は、中小都市は二五メートル以上、大都市では三六メートル以上、補助幹線街路は一五メートル以上、やむをえない場合でも八メートルを下らず、区画街路は六メートル以上を標準とする。

二、公園その他の公共緑地の総面積は、市街地面積の一割程度とする。

三、土地区画整理にかんしては、①四割程度におよぶと予想される民有地の減歩をできるかぎり少なくするために、従来の区画整理では編入されなかった軍用地などの国有地、墳墓地、寺社境内地などもこれに編入し、その宅地化をはかる。②堅牢建築物の建築を促進するため、五〇坪(約一六五・三平方メートル)以下の過小画地を整理する。③市内に残存する焼失墳墓地は極力郊外に移転する。

四、建築にかんしては、今後の都市においてはコンクリート建の堅牢建築物・耐火建築物を原則とし、都心部、幹線街路沿いでの木造建築を絶対に禁止するほか、焼失区域の木造家屋については七割以上の空地帯をとる。
五、事業の執行は原則として地方長官がおこなうものとするが、大都市においては公共団体にも委託する。
六、事業費は原則として国庫負担とし、また、公共団体の負担する費用についても政府で低利資金の融通をおこなう。(13)

以上の内容は、一九四五年一二月三〇日に閣議決定される「戦災地復興計画基本方針」(以下、「基本方針」と記す)に酷似するものだが、この「基本方針」の閣議決定をもって、各都市の復興計画策定の方向性は完全に決定づけられた。「基本方針」はまず、前文において、戦災による焼失区域にかんする復興計画の目標が、「過大都市の抑制並に地方中小都市の振興」にあると述べ、上記の同年一〇月に定められたその原型での内容に加えて、土地利用計画における精密な指定や専用制の高度化、幅員五〇メートルないし一〇〇メートルの広路または広場の配置、市街外周における緑地帯の指定とその市街地への楔入、土地整理の一方法としての地券の発行による土地買収の考慮、建物疎開跡地(防空上の理由で建物などを強制的に撤去した跡地)の積極的な買収などの提案がなされていた。(14)これらは現在の水準からみても、非常に先進的なものとして高く評価されている。(15)

また、内務省国土局は一九四五年九月には、全国的な視野に立った人口配分や産業配分にかんする国土計画についての基本方針の試案を作成している。そこでの基調も、山崎巖内務大臣が語っているように、「今後は能う限り都市の過大膨張を抑止し、能率と保健と防災とを兼備した平和都市建設を目途とせねばならぬ」というものであった。(16)その一年後に発表された、一九五〇年度における推計人口八〇〇〇万人の人口配分計画と産業配分計画を主眼とする復興国土五カ年計画では、「人口の局地的過度集中を緩和する」ため、具体的に「特に京浜、名古屋、京阪神、並に関門の四大都市地区ならびに各周辺部都市の目標人口を千二百四十万人に限定し、地方都市人口を千七百六十万人とする」とされた。これにより、大都市地域の都市人口に占める割合は五八・一パーセントから四一・三パーセントに減少すると推計された。また工業の再配置についても、「大都市地域の工業集団は大都市の環境整備に即応せしめ縮小するとともに、その施設を地方中小都市に移動する」と明言された。[17]

さて、政府におけるもうひとつの重要な課題が、戦災復興を管掌する組織を決定することであった。戦災復興は当初内務省が主管するとされたが、政府は別の強力な一元的組織の設置を早くから検討していた。その具体的な機構としては、単独の「復興省」[18]または総裁を親任官とする「復興院」が考えられていた。[19]この単独省の設置はいったんは取り止めとなり、それに替わる機構として、会長に首相を、また委員には民間有識者も登用した「戦災復興審議会」が設置されたが、[20]同審議会はすぐに、戦後処理にかんする経済問題全般をあつかう「戦後対策審議会」に拡大された。[21]しかし、戦後対策審議会での戦災復興政策は、「政治力の貧困と機動性の欠如のため見るべき施策の展開もなかった」ため、結局、一九四五年一〇月三〇日の定例閣議で、当初構想されていた復興院を内閣に設置することが決定された。その初代総裁には「実践力ある民間人という標準で詮衡の結果」、阪急グループの総帥で、近衛文麿政権では商工大臣をつとめたこともあった小林一三に白羽の矢が立ち、[22]総裁の政治的な地位を十分に高いものにするため、小林を国務大臣として入閣させることになった。[23]

こうして設置された戦災復興院（以下、「復興院」と略す）は、①戦災地における市街地計画、②戦災地における住宅の建設および供給、③戦災地の土地物件の処理にかんする事務の三項目を主管し、「行きなやんでいる住宅問題を迅速機動的に解決し、各省と緊密な連携をとって民生安定に万全を期せんとするものである」とされた。新聞は、「ここに注目されるのは同院の機構、人事などは総裁自身の構想に重点をおいて決定する建前をとったことで、……これは従来新機構設置の際、機構も陣容も一応ととのったのち首脳者がきまり、実際の運営にあたって首脳者は自己の抱懐する意見を充分に生かし得ない弊があった点にかんがみ新機軸を開いたもので、その成果は期待されている」と報道した。小林自身、総裁親任式後の会見で、「民間の出来る人に相当入ってもらうつもりで人選を考えている」との意向を明らかにし、さらに、麹町区内幸町の幸ビルの一階を借り受け、そこに全職員を収容し、従来の役所仕事の弊害を打破するようなスリムで能率的な「商事会社式の役所をつくってみたいと思う」と、その抱負を語った。[24]

復興院は一一月一三日に全国一一九（のちに一一五）都市を戦災都市に指定しているが、その発表に際しても小林は、各都市の復興計画の作成について、つぎのように語っている。

政府が指導して〔計画を〕具体化して行くということはもちろん大切なことであるが、私は政府や官庁の指導や実行より以上に民間の力に多くを期待したいと存ずる。これがためには他の地方の有力者が一団となって、例えば各市に仮りに戦災復興会というような復興に対する都市民の積極的意欲と熱意を結集した組織が生まれ、その組織を通じて皆様の意図せらるるところが実現され新都市の建設を計っていただきたいと念願するものである。[25]

(2)　新聞・雑誌での注目の高まり

こうしたなか、包括的・抜本的な国土計画や戦災都市の復興計画を求めるための世論を形成しようとする動きが、随所でみられた。たとえば『毎日新聞』は、「大都市の再建と国土計画」と題する社説で、「ややもすれば軍

高い注目（「焦都再建」シリーズ）

事的目的のために立案されがちであった」それまでの国土計画にたいして、「官民の権威者を網羅し、真に理想的な国土計画の樹立を急ぐことが何よりも肝要」であり、「われら国民に課せられた急務だと考える」と述べ、具体的には、大都市の抑制と、その手段としての衛星都市の建設とを提起した。(26)
また『読売報知』は、終戦より一〇日後の「本土空襲による被害」と題した社説で、被害の甚大さを憂いつつも、その再建についてつぎのように論じている。

……大小都市を再建する事業は、問題が如何に焦眉のことであるとはいえ、また諸般の資材に著しい不足があるとはいえ、苟くも一時逃れの間に合わせに終始すべきではなく、必ず新しい時代に相応しい大規模の計画に従って遂行すべきである。今回の被害の想像を絶する大きさは、また各都市が全く無計画に膨張拡大し来った結果であり、更に資材の不足に藉口して、戦争の破壊力が日を逐って増大する時に、益々脆弱な建築物を増加せしめつつあった結果とも見るべきである。かかる戦災の経験と、

図5-1　新聞に示された戦災復興への

出典）『朝日新聞』（大阪）1945年8月27日

従来望んで果たし得なかった保健、風致、利便その他の見地をも活用して、新しい理想と意匠の下に都市及び住宅の再建を進めることが急務である。[27]

新聞紙上ではまた、復興計画の作成に直接関与する地方当局関係者や在野の有識者・専門家が、戦災復興に臨む抱負や見解をつぎつぎと表明していた。たとえば『朝日新聞』では、厚生省体育課課長や医学博士が、従来の都市に欠如していた、大小の運動競技場をはじめとする市民のための体育施設や、緑地帯の散歩道を建設する必要性を強く訴えた。[28] また、大阪本社発行の『朝日新聞』（以下、『朝日新聞』（大阪）と略す）に、戦後まもない一九四五年八月から一〇月にかけて二二回にわたり掲載された「焦都再建」シリーズでは、大阪をはじめとする西日本の復興計画の構想が、市長や関係公官によって語られている。[29]

大阪本社発行の『毎日新聞』（以下、『毎日新聞』（大阪）と略す）紙上で、同じく終戦直後に掲載が開始された「復興随想」シリーズでは、当時、復興院総裁就任前の閑居の身ではあったが、「普通の御隠居さんの閑居とはアタマが違う」と敬せられた小林一三が、土地問題の重要性や大阪復興の構想について熱っぽく語った[30]。また、東京工業大学の田邊平学教授が、コンクリートによる不燃都市を建造する必要性を訴えるとともに、「後藤新平氏に輪をかけた理想と科学性を持つ政治家が科学専門家の意見を十分にきそのために……十年、廿年を要してもよい」から、総合的な復興計画を確立しなくてはならないと力説した[31]。

さらに、『読売報知』紙上では、これもやはり敗戦直後の一九四五年八月に、建築学会員の石井桂による空地を十分にとった新しい住設計の提唱[32]や、のちに幣原内閣で内務大臣をつとめることになる、元震災復興局長官で元東京市長の貴族院議員堀切善次郎による、東京を念頭においた戦災復興の構想が掲載された。堀切が描いた復興後の東京は、人口は一〇〇万からせいぜい二〇〇万人に抑えた政治都市であった。そして、教育、工業といった機能は東京から地方に分散されるべきものとされ、町並みは、幅員一〇〇メートルの幹線をふくむ広々とした街路網や交差点の空地化によって整備され、保健・衛生・防火・能率といった要素の抜本的な改善がはかられていた[33]。

実際、東京の戦災復興にはとりわけ高い関心が寄せられたが、それは、「東京の姿勢はひとり東京の姿であるばかりでなく新生日本全体の姿勢として」内外に映じるからであった[34]。次章で述べるように、東京の復興計画の構想は、東京都計画局都市計画課の石川栄耀課長らを中心として着々と練られ、はやくも一九四六年一月にはその概要である「帝都復興計画要綱案」が、「今後意見を各方面から聴き、十分に民意をとり入れて〔最終計画を〕確定する」ために公表され、以降、幹線街路網計画や緑地計画の詳細がつぎつぎと新聞紙上をにぎわせていった[35]。

東京の復興計画の壮大な構想は、一般雑誌を通じても世に示された。一九四六年七月七日付『日本週報』は、

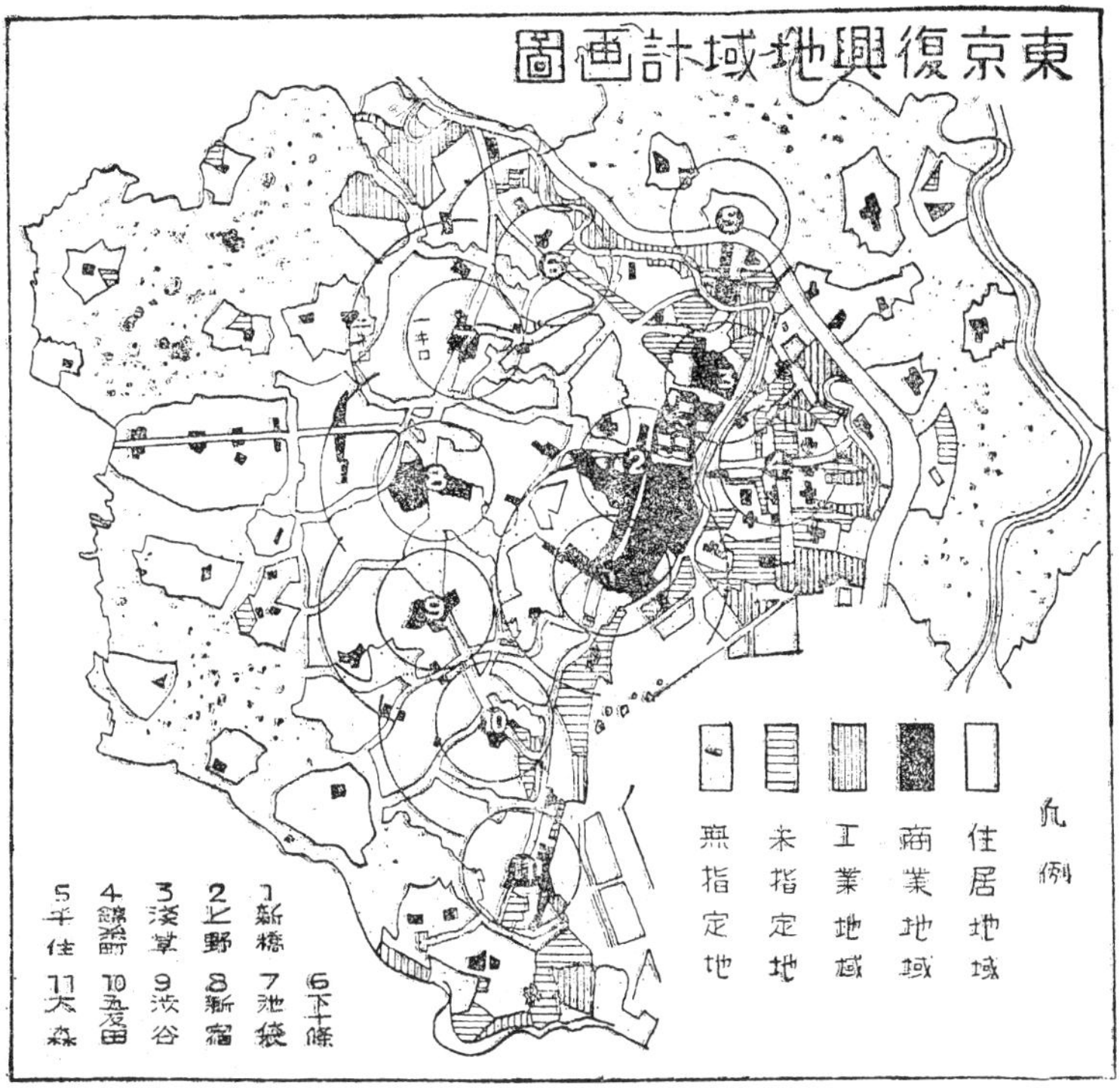

図5-2　雑誌に示された東京復興計画（地域計画）

出典）　石川榮耀「理想の首都」『日本週報』30・31合併号，1946年7月7日，7頁

「東京の復興」特集号だった。その巻頭では、復興院次長の重田忠保が「千載一遇の好機」と題した小文を寄せ、つぎのように述べていた。

> 今回の戦争の結果は〔関東〕大震災の時に比べて〔東京で〕約四倍半の地域が荒廃に帰した。まことに不幸なことではあるが、一面から考えれば、千載一遇の好機を与えられたともいい得る。従来の非衛生的な、能率の悪い、そして災害に対しては全く脆弱な東京は、戦争のおかげでなくなった。今こそ、思いきった理想の都市を建設する絶好の機会である。少くとも、この機会を失ったら、永久に東京は立派な都市とならないのだ。(36)

同号ではつづいて石川栄耀が、「理想の首都」と題した一文で、東京の復興計画の基本理念・目標を敷衍している。そのなかで石川は、計画作成の基本理念が「豪華よりは平明」――すなわち、「金ピカな豪華な計画はさけ」て、「極力、人生の本質にふれた、純一無雑な、文化それ自体と云う」都市、「傾国の美姫の如き都市よりは健康そのものと云う」都市の建設――にあると述べた。そして、このような基本理念を具現するうえでの諸目標を「太陽の都市」、「友愛の都市」、「たのしい都市」、「無交通の都市」、「蔬菜の都市」、「文化の都市」などという言葉で表現し、それらの具体的なイメージを、さまざまな提案で肉づけした。(37)

一方、建築家をはじめとする在野の専門家たちも、それぞれの復興構想を積極的に提起した。(38) とくに、関西の建築家たちのあいだでは、東京の復興計画に示されたような大都市否定型・田園都市創造型の見解とはある意味で一線を画した、大都市肯定型・近未来都市追求型の復興構想がひとつの大きな潮流をなしていたといわれる。(39) いずれにせよ建築家たちの多くは、都心部の中・高層化や独創的な建築構成様式の導入により、その抜本的な再生をはかることに重きをおいた。

たとえば、神戸工専教授の瀧澤眞弓は、世界的建築家ル・コルビュジエの影響をうけた、「空中に楼閣をえがく」あるいは「空中に廊下を架ける」とのアイディアを打ちだした。それは、「市街ならば歩道を二階に上げ、地面と一階とは車馬専用路乃至は在来の地下室に相当せしめ」るとともに、住居利用をふくめた多目的機能を有するビル同士をブリッジで連絡することにより、市街地全体を立体化し、そのキャパシティの増大をはかるこころみだった。そこでは、商店のショウ・ウィンドウの役割といった細かい側面にも注意が払われていた。「ショウ・ウィンドウを「素透しとして商店を文字通りの『見せ』に還元」し、「今迄家々の中にあった床・棚・書院の如き趣を……公共化」することにより、「歩道（空中の廊下）を、あたかも座敷前の縁側を通る如き気持ちで、見物しつつ往復」できるような繁華街をつくっていこうというのである。瀧澤は、このアイディアを応用した心斎橋筋の復興案を、専門誌や新聞紙上で精力的にアピールしていった。[40]

その瀧澤をして、近未来的な都心部の創造という理念への同調者が多いと驚嘆せしめたのが、大阪を本拠とする日本建築協会の機関誌『建築と社会』に発表された、大阪市内の公館地区復興設計案コンペでの応募作や入選作であった。たとえば、京都大学助教授の西山卯三による「天王寺区公館地区復興設計入選図案」をとりあげてみよう。それは、西山がかねてから主張していた「都市連合組織論」（人口一〇〜二〇万のいくつかの単能中都市がその中心部——「都心都市」——を中心に緊密な連合を形成し、それが地方圏を形づくっていくという議論）にもとづき、京都・神戸・大阪からなる近畿地方圏の一単能都市としての天王寺区の「都心都市」部を、商業・住居機能もふくめて抜本的に再開発しようというこころみであった。この西山案にせよ、やはりコンペの入選作となった石原正雄の「南区公館地区復興設計案」（図5－4）にせよ、高層建築（西山案は八階、石原案は

図5-3　瀧澤眞弓の心斎橋復興構想

出典）『朝日新聞』（大阪），1946年2月4日

一五階建て）により都市を立体的に発展させ、それによってできる地上のスペースを市民の憩いの場として利用しようとする、建築家たちのモダニズム志向の側面を色濃く反映した復興構想だったといえよう。[41]

このような東京や大阪の復興計画の構想は、官民の都市計画家が、みずからの決意や希望を広く世に知らしめようとするあらわれであった。一方、地方各都市の復興計画の策定も急ピッチで進んだ。[42] しかし、その背後では、戦災復興の順調な進展を阻むような、さまざまな問題がもちあがっていた。

二　希望のはてのむなしい現実

(1)　ことごとく潰えた改革志向の試み

一部にみられた戦災復興にたいする積極性やオプティミズムとは対照的に、かなり早い時期から、ある種の危機感が表明されてもいた。だいいち、小林復興院総裁がめざした行政改革は、実質的にはほとんど進展しなかった。そもそも小林の政治的な手腕には、「企業家としては、独自の天分を有する人だったが、政治家として商工大臣としては落第だった」との疑問符が、新聞紙上でも付せられていた。[43] とくに官僚層は、少数精鋭主義による事務組織の簡素化、地方の自力復興重視にもとづく低予算主義といった、小林のやりかたに否定的であった。彼らは、「官庁の仕事の幅広い面に対しては、単一目的的な企業の能率主義、効率主義だけでは対処し切れない」のであり、[44] また、「地方の都市に自力で立ち上がれと云っても、それは到底無理な注文」で、「その復興は当然国費を以て賄うべきである」――したがって相当な予算要求をすべきである――と主張した。[45] 一方、民間人の登用も有名無実化していった。[46]

かくして、「関西の仕事師」小林の総裁就任にむけられた「何かやるかも知れないぞという一縷の期待」[47]はもろくも崩れ、さまざまな公約が「少しも実行されないのは、甚だ遺憾である」との不満や、「かくするうちに、時は遠慮なく経過して行く。その時の経過中に於て、又しても官僚の独善が着々行われて行く」との懸念が高まった。[48]

官僚にたいする不信は、著名な建築家前川国男による東京の復興計画批判のなかでもあらわにされた。前川は、「百米道路の愚」と題した『朝日新聞』への投書で、東京の幹線道路計画を「杜撰な御都合主義的な計画案で黙視するに忍びない」と断じ、返す刀で、「東京都市計画が全都民の知らないどこかの隅でコソコソ決められて、建築や土木の何たるかも解しない御役人の間で要領よく決められデッチ上げられる現状は憤懣に堪えない」と述べている。[49]これにたいし重田復興院次長は、前川の憤懣こそ「甚しい誤解」であり、東京の復興計画は「決して官僚がデッチ上げたものとは思えない」と反論した。他方で重田は、前川の主張の一端である計画策定過程における建築の軽視については、「ただ我々としては、従来都市計画のことが多く土木方面の関係者によって扱われる結果、兎角道路計画が中心となって建築方面との調和ということが忘れられるかの如き感があったことはきいている」[50]と、ある程度その傾向を認めていた。

実際、建築家たちは、計画策定の過程における建築の重要性をさかんに強調していた。たとえば、『毎日新聞』紙上で「都市計画のことを単に街路とそれに伴う上下水の計画だけと考えるのは、短見も実に甚しい」と喝破した東京大学建築科教授の岸田日出刀[51]は、雑誌『朝日評論』においてもつぎのように語った。

都市計画といえば、人はすぐ道路の計画というように考えてしまいがちであり、従って都市計画は土木的な

復興設計当選図案（石原正雄案）

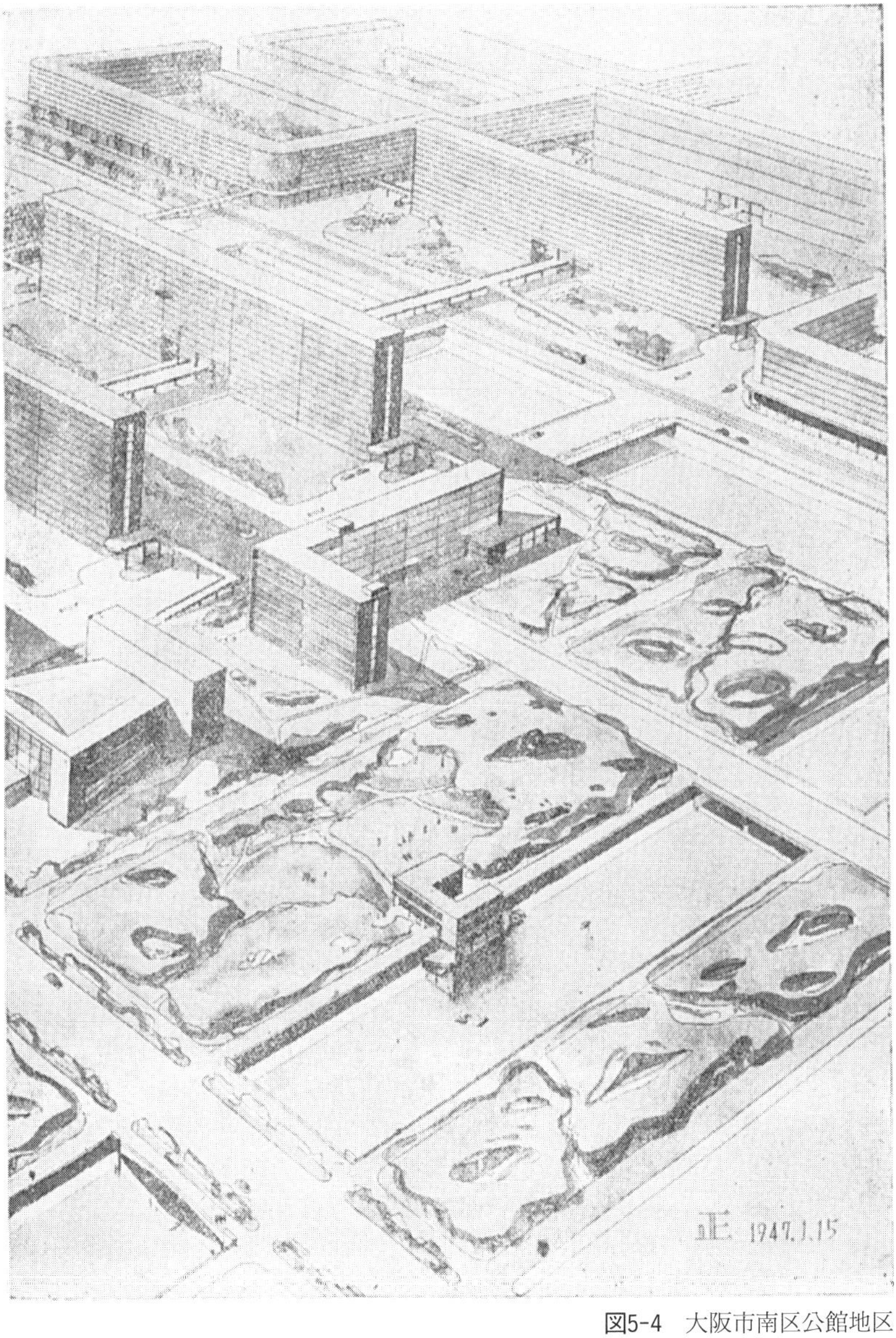

図5-4　大阪市南区公館地区

出典）『建築と社会』28巻3・4・5号，1947年7月，6－7頁

ものだと思ってしまったりする。都市に於ける交通の重要性という上からみて、道路というものが過当に重視されるというのも或は無理からぬことかもしれない。だが都市計画は、そうした道路の計画というような平面的なものを越して、更に立体的なものにまで飛躍しなければ、真に血の通った都市の計画にまで昂められることは望めないであろう。すなわち土木的な段階から建築的なものにまで高められることが必要である。(52)

復興院は、右のようなことを建築家同様に痛感していた。復興院が編集発行した『復興情報』(一九四五年一二月創刊の月刊誌で、四七年一月より『都市公論』と合併し『新都市』となる。なお、『新都市』は都市計画協会が発行)は一九四六年三月号の巻頭言において、「東京都をはじめ、各戦災都市の都市計画案が、相次いで発表されるが、どれを見ても従来の都会の規模をそのままにして、ただ道路を拡げ緑地を設けるといった程度の平面的考案が見られるに過ぎない。更に一歩を進めて、都市構成に立体的構想は盛込めないものであろうか」と嘆じていたのである。(53)そうしたなか、復興院は、地方都市における復興計画の作成を、「建築専門家に御委嘱して大に都市計画の面に協力していただく」という趣旨の「戦災復興院嘱託制度」の実施を決意した。(54)この制度による復興計画の作成は、全国十数の地方都市を対象に一九四六年五月より着手された。しかし、近年の研究や関係者の回想に明らかなように、一九四五年末に閣議決定された「基本方針」にもとづく復興計画の作成が各都市地方当局の手ですすめられるなか、この任にあたった建築家たちの努力は「いわゆる官庁系都市計画になじまない計画行為」(55)に終始し、その策定過程で実質的な影響を与えることはほとんどなかった。(56)

いずれにせよ、すでに小林は、公職追放令の適用に該当することを理由に、復興院総裁就任後わずか三カ月で辞意を表明していた。(57)後任には、やはり民間出身で日本セメント社長の阿部美樹志が抜擢されたが、同時に総裁の地位は、内閣の更迭に無関係に業務に専念させるとの理由で、国務大臣から切り離された。[58] しかも、公職追放により復興院を去ったのは小林だけではなかった。初代復興院次長の松村光磨も、同様の運命をたどった。松村は官僚出身ではあったが、内務省計画局長をつとめ、都市計画に知悉した能吏であった。[59]

次章で述べるように、松村はその後、都市計画東京地方委員会の委員として活躍したようである。[60] しかし、このときの松村の追放は、小林も重視した[61]戦災復興に際しての抜本的な土地問題対策を模索するうえで、多大な影響をおよぼした。そもそも、土地公有化（とくに使用権の公有化）をも射程に入れた土地制度改革は官民を問わず議論され、その実行は喫緊の課題とみなされていた。[62] そうしたなかで松村は、それまでの日本の都市計画における一般的な土地整理の手法であった土地区画整理にかわり、地券（土地買収金の代わりに発行する債券。土地整理後、その価格にみあう土地を引き渡すことを前提にしていた）[63]制度による戦災地買収の熱心な主唱者だった。[64]「基本方針」に、土地整理の一手法として地券の発行などによる土地買収が示唆されたのも、松村の影響が大きかったものと思われる。[65]

地券制度については、復興院官僚の回顧にあるように、「大蔵省等の反対もあり、殊に松村次長がマッカーサー追放令により、僅か三ヶ月足らずで退任されたので、遂に日の目を見ずに終った」とされてきたが、[66] 実際には、復興院内部では、松村の退任後も地券発行の可能性を検討したようだ。しかしほどなく、「地券制度論の発散する雰囲気には捨て難い幾多の長所があり……之を別な角度から凝視、分析して之に生命力を与え現実的制度たらしめる必要があるであろう」としながらも、「土地整理方式としての地券制度は労多くして功寡いものと謂わざるを得ない」との結論に達し、実施されなかった。[67]

表5-3　戦災復興土地区画整理にかんする当初計画と再検討計画

都市名	当初計画（坪）	再検討計画（坪）
東京（区部）	61,000,000	4,950,000
大阪	18,474,600	10,000,000
前橋	1,035,000	550,000
名古屋	13,330,000	9,500,000
横浜	6,260,000	1,720,000
神戸	6,500,000	5,000,000
広島	4,600,000	3,102,000
指定された戦災都市の総計	180,000,000	85,000,000*

注）＊当初の115都市から，事業が完了した都市などを除いた86都市の総計。
出典）建設省編『戦災復興誌』，180-87頁より作成。

（2）隘路としての財政問題と住宅問題

こうして戦災復興は、土地区画整理という従来どおりの手法にもとづいてすすめられた。しかも、一九四六年の復興院の全体計画では一億八〇〇〇万坪（約五九五・一平方キロメートル）におよんだ区画整理事業の範囲が、一九四九年六月に閣議決定された「戦災復興都市計画の再検討に関する基本方針」（以下、「再検討」と記す）の結果、八五〇〇万坪（約二八一・〇平方キロメートル）にまで縮小されてしまった（表5—3を参照）。その背景には、インフレ抑制のための超緊縮財政政策を提言した、ドッジ・ラインによる影響があった。すなわち、公共事業の大幅な削減が必要となり、いわば戦災復興事業が、その矢面に立たされたのである。この「再検討」で、事業予算五四六億円は三三二億円に（さらにその後、財政当局の査定の結果二〇一億円にまで）圧縮された。とくに東京は、それ以降もたびたび計画の下方修正を余儀なくされ、最終的には一九五九年に事業区域が三九五万坪（約一三・一平方キロメートル）にまで縮小された(68)。

区画整理事業については、実は、一九四九年六月の「再検討」にいたるまでにも、数度にわたって当初計画の下方修正がおこなわれ、数値のうえでは四九年一月に、四六年の全体計画が一億坪（約三三〇・六平方キロメートル）に縮小されていた。しかし、それまでの修正には、一九四六年の全体計画のうちで事業の早期完成をはかる部分と後にまわす部分とを分け、前者についての計画をたてなおすという趣旨がみてとれる。これにたいし

「再検討」は、東京や大阪の章でも述べるように、政府の戦災復興にかんする「基本方針」そのものを根本から変更するものであり、それにもとづく事業規模の縮小は、覆しようのない決定的なものとみなされたのである。[69]

このような財政上の制約という問題に加えて、復興計画の長期のヴィジョンと住宅不足の現実とをいかに整合させるか、という問題がもちあがった。具体的には、急場の住宅復旧と長期的な復興計画とを両立することの難しさ、換言すれば、そのどちらを優先すべきか甲乙がつけがたいという問題である。とくに大都市ほど、多くは違法建築である応急の仮設住宅がつぎつぎと建てられ、復興計画にとって障害となっていた。この点について、岸田日出刀はすでに、右にふれた一九四六年七月の『朝日評論』に寄せた一文で、つぎのように述べていた。

省線と都電とにとりまかれたあまり大きくない三角地帯で、ここだけは何とかして緑の空地としたいなーと思うような焼跡に、以前にも増して猥小な家が建てられ出した。建築常識からみて、それらの家は優に三十年以上もちそうである。今のはホンの応急用仮設建設物で、都市建設がきまり都市復興が本格化せば、いづれは取壊すんだということになっても、おいそれとこの一郭が緑の空地に甦生するとは思えない。応急が結構恒久になってしまうのではないか。東京と横浜とだけが焼けたにすぎぬ大震火災のときですらそうだったのである。まして日本中のこれはと思う都市がみんな焼けてしまった今の日本のことである。立派な都市計画ができ上がったころには、街区という街区はスラム同然の応急家屋で塡めつくされていて、にっちもさっちも行かぬということにならなければよいがと思われて、暗い気持ちにならざるをえない。[70]

住宅問題が長期の復興計画と比較してより切実な問題であると認識されていたことは、当時の新聞報道ひとつみてもよくわかる。[71] 復興院にとっても、住宅の供給は設立時から重要な課題であったが、[72] その展望についてはかなり悲観的な見解が示されていた。[73] ましてや、長期的な復興計画の展望は、なおさら暗いと考えられていた。たとえば『朝日新聞』は、復興院の設立に際し、住宅問題に加えて「食糧政策、インフレ防止等喫緊の諸案件がある」なかで、「復興計画は、これら諸案件に比べると、やや第二次的の感がある。もちろん今後の更生日本の設計は今日の日本人に課せられた重要課題には違いないが、現在の日本は、それを考えるには余りにも打ちひしがれている」との見解を示していた。[74] この記事から一年後の一九四六年秋には、東京の復興計画が「区画整理もやっとはじまったばかりなのに、早くもさし迫った住宅対策との調整で行悩んでいる」ようすを、同じく『朝日新聞』が「くずれる都市計画」と題してつぎのようにレポートしている。ここでとくに問題なのは、いわゆる違法建築ばかりでなく、労働者向け住宅の大量供給を目的に一九四一年に設立された特殊法人である住宅営団など公的な組織の活動が、復興計画の目的と対立したことである。

集団住宅を建てるとなるときっとうるさい土地問題にひっかかるのではじめは学校の焼跡や、その他の公有地に敷地をえらんだがそれも手一杯になってくるとボツボツ建築ご法度の緑地に白羽の矢がたち都市計画は片隅からくずれかけてきた。

〔住宅〕営団で牛込戸山学校の焼跡に菜園づきの集団住宅を建てようとした際、都では緑地に指定したところだから困ると難をいったが、家はいつの間にか建ち、しぶしぶ認めるほかなくなった。上野の山や三田の御料地も応急住宅の敷地に申請したが、これも頭をひねっているうちに三田ではすでに工事がはじまっている。霞ヶ関の離宮跡には農林省が庁舎をこしらえだした。みんな緑地指定地の一部である。農地と同じに都市にも土地改革が行われないかぎり、この傾向はだんだんひどくなるのは当然で、都市計画がまたも机上計画に終るのではないかとあやぶまれている。[75]

(3) なされなかったシステムの改革

その後も、「焼野原は忽ちバラックの街となり然かも之が移転は事業遂行の癌となり[76]」という懸念や、市街地の公有化のような、土地にかんする法制度で「もっと強力なものがほしい[77]」との要求は、各地で高まっていった。しかし、地券制度の実施すらままならぬ状況では、市街地の公有化など望むべくもなかった。一九四六年末に、ある国会議員を介してなされた市街地および宅地の国家管理を求める請願にたいし、時の総理大臣吉田茂は、宅地については「目下慎重な態度で、あらゆる方面から検討中」としながらも、結局、「市街地の土地利用関係は農地のように簡単ではなく、又その収益及び価格もなかなか評価計算が困難なので、今直ちに国家管理に移す考えはない」と返答するのみであった。[78]

他方、専門家のなかには、土地問題に関連した「何か強力な社会的立法が必要である」ことは認めながらも、「都市計画家は青い鳥を追うと同時に、その走っている足は大地についていなければならないことを、反省すべきである」と苦言を呈する者もいた。

実際に於て、市街地の形成は計画家のデスク・ワークからどんどん離れて行く傾向にある。逞しい現実の生長力に押されて、計画家は幾度か地図の塗り変えを余儀なくされる。駅前に発生する闇市、緑地をサン食するバラック群――これらは一時的現象だからといって、恒久性を誇る都市計画家は敢てこれを問題としないのであろうか。しかし、これこそ都市計画家が腕を振うべき現実の対象ではないのか。……木造バラックはいかに秩序づけたらよいのか、自由市場の配置と形態はいかになるべきか――それはわびしい課題であるが、その中で我々の毎日の生活が営まれているのだとすれば、やむを得ない。復興の夢を追って、こういうきびしい現実から面をそむけてはならない。……五十年後にコンクリートの高層建築が立並ぶ筈だということによって、それまでの五十年間はそこに家を建てさせない――遠距離通勤も壕舎生活もやむを得ないというような、愚かしい理想主義は捨てねばならぬ。[79]

右の引用が示唆するように、戦災復興をすすめるうえでのもうひとつの問題が、「何も知らない市民に上からの計画を押付けるのではなくて、市民の関心と興味を以て作られた拙い計画を修正し、総合して行くこと」[80]ができなかったことである。すでに多くの中小地方都市では、復興計画にたいする地元住民からの反対運動が起こっており、そうした事態を招いた責任の一端は、その計画を作成する地方当局にあるとされた。本書では、この点を第八章の前橋の事例でくわしく検討するが、前橋以外でも、たとえば戦災復興院嘱託制度の対象のひとつだった長岡市では、一九四八年末から街路幅員の縮小を求める市民運動が高まった。この問題について地元新聞は、つぎのようにコメントしている。

都市計画が決定してから、まる三年を経過したこんにちに至って思い出したように、なぜ都〔市〕計〔画〕変更が唱えられ出したのであろうか。もし、住民において不満や意見があったなら、計画決定当時に表明されるべきであったと思う。……しかしながら、こんにちこのような事態を現出しているということは、都計の決定にさいし地元住民の意志が、完全に反映したか否かを疑わせるに充分である。すなわち、戦災直後の混乱時にまぎれて、住民の総意をくむことが出来ず、一方的に都計のデスク・プランが「決定」の線へ持ってゆかれたのではなかろうか。それが、日時の経過により住民が落ちつきを取りもどし、批判的になり、かつまた経済的事情に影響され、都計への不満が内積、ついに露呈したと推定して当らないだろうか。[81]

しかし、復興計画に民意が反映されなかった根本的な原因は、地方当局のせいというよりも、それを策定する仕組みそのものにあるとされた。うえにみた戦前期の都市計画システムにおいてと同様に、各都市の復興計画は、主管大臣の諮問機関として県単位に設置された都市計画地方委員会の議決を経て、同大臣によりオーソライズされる仕組みになっていた。そして、計画のオーソライズについての実質的な最終判断を下す場が、この都市計画地方委員会だった。ところが、同委員会が「サッパリ民意を代表していな」かった。同委員会は、知事をその長として、県・市当局の公吏、県・市会議員、商工会議所会頭、学識経験者などから構成されるもので、「この顔振れから見れば都市の百年の大計をたてるのには一応ソウソウたる人々で誠に立派」だった。「しかしこの顔振れを仔細にみると官僚臭芬々たるもの」があり、「この中で民意を反映させねばならぬ人には先ず市県（府）会議員だけ」であった。少数の学識経験者は、しょせん「之亦大学教授か、官吏の古手がなり同じ穴のむじな」だった。[82]

要するに、たとえ各都市の復興計画案が県または市当局によって立案されても、それを実施すべきものとして正式に決定する権限が中央政府にあるかぎり、地方の役人は上をみることしか考えない、という構図ができあがってしまったのである。これでは、さきに述べた戦前の都市計画システムが変わらないまま残ったも同然で、専門家たちは、その是正策として権限の地方移譲を声高に叫んだ(83)。同時に、地方議会の議員にたいしても、「この連中は……真に都市の産業の又は都市住民の声を代表しない」との不信感が高まっていた。すなわち、

彼等はこの様な民意を民意とは考えない。彼等は彼等の政治的な地盤と関連するもののみを民意と考える。この様な政治的な地盤は地元の有力者又はボスによって握られている。地元の有力者又はボスは多く保守的、封建的、地主的の色彩濃く、産業や住民の声とはおよそちがったものとなる。民意を代表すべきこの連中が真に民意を代表せぬとなれば、他には民意を代表するものはいない(84)。

したがって、都市計画の民主化のためには、それを決定する権限を地方に移譲することに加え、「ボス勢力を排除して下から盛り上る市民大衆」の意見をいかに反映させるかが問題とされた(85)。これらは、ようやく一九五〇年代初頭に、土地利用の規制を強化することとあわせ、都市計画法改正の検討に際して重要な課題となった。ところが、都市計画の関係者によって、権限の地方移譲という間接的な住民参加や、その啓蒙・宣伝活動の促進以外に、住民の関与を拡大するための具体的な方法が世に示されることはまれであった(86)。

とくに、中央政府の官僚には、権限の地方移譲や住民の直接参加を主眼とした法の改正にたいして、「もっとも慎重を期する必要がある」との見方が強かった。「何となれば日本の民度文化性は極めて低いから」というのが、その理由である。このような、地方当局の計画能力にたいする不信(87)や、「市民の民主的教育の不足」にたいする懸念(88)が官僚のあいだに根強く残るなかで、都市計画の民主化と土地利用の規制を強化することとをもりこん

だ都市計画法改正のこころみは、「結局流産に終って」しまう。法改正が実現し、新しい都市計画法が公布されるのは、実に一九六八年のことであり、一九五〇年代初頭までに「しっかりした都市計画の基本法を確立し得なかったことは、その後の高度経済成長・都市開発の時代に乱開発を防げなくなる要因の一つ」となった(89)。

一方、地方当局と市民との双方にたいする不信感は、政府官僚だけでなく、在野の専門家のなかにも広まっていった。たとえば、戦災復興院嘱託制度で岡山市の土地利用計画を立案した建築家は、「終戦五年、デパートの屋上より見た岡山市内は凡そ空地が見えなくなって瓦や柿板の乱脈な重なりが見えるのみとなった」姿に、「空費した五年とこの間の努力の不経済ぶり」を実感して、つぎのように述べている。

終戦後の仮建築が都市道路網計画の立案まで待ちきれなくてどんどん建ち並んだことは、県市当局と市民双方の無責任そのものであった。それに都市計画立案が、その根本である立地計画に無関係且つ市民の不理解の内に進められると共に、市民は社会性を軽視した利己に走ったのであって、結局正直者が高い費用で遅れた工事をする状態となって、都市計画の信を落したことは否定出来ない。……その根本には現行方法の不備があり、全体としての施工者の人格的不備と大人物を得なかったから〔かかる事態を招いたの〕ではなかろうか。即ち換地の方法と概念的道路設定の方法のみをもってかかる都市計画を至急にしようという点に最大の矛盾を内蔵していたことは筆者のつとに指摘した所であったが、これを救済すべきプランナー的仕事がぬきにされ、而もこれを導くべき人格の欠如があった為直ちに土木技術的狭義の技術に全てが投ぜられたのであった。従って市民もなかなか承知しがたく各種の反対運動なども起きて、これを説得し又は善導する力も学び取り得ないままに、都市計画は一歩一歩乱れ後退するのみであった(90)。

おわりに

本章では、戦災復興にかんする政府の政策や各都市の復興計画の策定過程と、それ以外に示されたさまざまな復興の構想がどのようにして世に問われたのか、また、これらに市民がどのようにかかわったのか、という視点から戦災復興の展開をみてきた。終戦直後にみられた「戦禍は極めて惨めであったが、この禍いを転じて福となし、文化日本建設のために理想的都市計画を樹立し、実現せねばならない」という「意気込」は、ほどなく、急速に萎えつつあるといわれるようになった。その理由は、復興計画の策定にかんする「理論と云うか、指導原理が明かでないのが第一であり、又その事業執行の方法即ち実際が現実とマッチしていないのが大なる原因である」とされた[91]。

しかし、政府は、一九四五年一二月に閣議決定した「基本方針」をはじめとして、復興計画策定の理論や手法を、早い時期から打ちだしていたはずである。「基本方針」では、まず復興の理論として、大都市圏計画論に依拠した過大都市の抑制・中小都市の振興がうたわれた。それは、戦前期から都市計画の専門家のあいだで優勢を占めた思想であり、とくに都市計画官僚が強く推した思想だった。また、復興の手法として、広い範囲にわたって区画整理をおこない、戦時の防空都市計画でめざしたような広幅員街路や緑地をふんだんに配置することが明記された。この「基本方針」に後押しされて、各戦災都市の復興計画の策定は急ピッチですすめられていった。

問題は、こうした政府が示したもの以外の理論や手法が、戦災復興にかんする政策や復興計画の策定の過程で、ほとんど検討されなかったことである。すでに述べたように、建築家は、大都市から離れた中小都市への人口の分散という、「基本方針」に示された理論にたいして、都市の高層化に力点をおいた復興構想を展開した。それは、都市の巨大化を前提とした議論だった。

経済人は、より直截的に過大都市抑制論を批判した。いわく、「我々のように大都市の発生成長を経済的原因から観る者の見地からすれば都市の発達条件をあまりにも軽視した計画で、現実の都市改造では到底不可能事であって、今日の東京や大阪を一種の田園都市的な夢をとり入れたような改造をしようと云う理想家は居るまいし、又その必要もない」[92]。復興院総裁時代の小林一三も、大阪の復興計画を槍玉にあげ、「是非今後の都市設計は従来の五分の一位の面積とし、今まで横にばかり広がったものを、縦に高くする様構想」し、「市民に市内居住を奨励」すべきだと述べていた[93]。彼ら経済人にとっては、大都市からの人口の分散は、たんに既存都市の膨張を助長するだけのものと映った。

しかし、右のような議論が政府によって検討されたようすはない。そして、大都市からの人口の分散は、一九五八年の第一次首都圏整備基本計画にあらわれたように、その後も政府が推進をめざした都市計画の基本的な理論でありつづけた[94]。

一方、復興の手法にかんしては、政府、とくに復興院の官僚の考えにブレがみられた。たしかに復興院は、区画整理にもとづいて、広幅員街路や緑地をふんだんに配置することを無定見にすすめようとしたわけではない。だからこそ政府は、「基本方針」が閣議決定された後にも地券制度の導入を検討し、戦災復興院嘱託制度を実施したし、各都市の復興計画が従来の市域を残して、たんに道路の拡幅や緑地帯の設置に重点をおくものであることに批判的だった[95]。しかし、区画整理にせよ、広幅員街路や緑地にせよ、そもそも「基本方針」がうたっているものの妥当性に地方当局が疑いをはさむ余地はなく、地方当局はそれに忠実にしたがって、競うように復興計画を策定した。実際、復興院の官僚も、地方当局が、たとえば控えめな道路幅員を提案するようなことは許さなかった。本書の第七章で述べるように、大阪の復興計画では復興院の官僚が、大阪市当局の抵抗をおさえつけて、一〇〇メートル道路を計画に入れさせたのである。

さらに奇妙なことに、復興院は、「基本方針」に示された敗戦国らしからぬ理想的な戦災復興を追求する一方で、それを戦後の経済状況下で実現することの難しさを痛感し、実はかなり早い時期からある種の警告を発していた。復興院の機関誌『復興情報』一九四六年二月号の巻頭言に、以下のような記述がみられる。

物を殖やせ！——それが我々の急務である。セメント一つにしても、現在は過去生産量の十分の一に達しない情けない現状である。これでは戦災復興も、不燃都市の建設もあったものではない。畢竟、書いた餅に過ぎなくなる。

我々は戦敗者だ。戦勝国家の復興を夢みてはいけない。その意味で、究極に於ては生産に寄与するにしろ、差当っては尨大な「消費」を伴うハデな復興計画は、我々の採らざる所である。

「生産する」復興、「生産の為」の復興こそ急務だ。「消費する」復興、「消費の為」の復興は国家の為にも当分御遠慮願い度い。(96)

まさにこれは、復興院自体が打ちだした「基本方針」がめざす抜本的な都市復興という構想と、齟齬をきたす主張だった。

このように、戦災復興にかんする政府の政策とそれにもとづく各都市の復興計画の策定は、事がすみやかにすすめられる背後で、重大な問題をはらんでいく過程だったといえる。つまり、都市計画行政のトップを担う官僚層が、満たされなかった戦前期の都市計画の理論や手法を、その一部に検討の余地が残されており、しかもその実現が困難であると知りつつも、あえて追求していったのである。

都市計画官僚のこのような独走が可能だったのは、上意下達式の都市計画のシステムが戦後再建期に改革されないままだったことの反映であった。そして、このシステムの埒外に置かれた市民が、つねに自分の家のことばかりを考え、「将来の都市を如何に導いて行くか、又都市の諸施設を如何に配置し構成すれば能率的な都市が出来るか等に就ては大した関心を持ち得ない」のも、いたしかたないことだった。[97]バラックという仮設応急建築の叢生は、この無関心をよく示していた。他方、復興計画にたいする市民の強い関心が示されるのは、たとえば住居の移転など、ほとんどが個人の権利や利害に影響がおよんでくる場合だった。

たしかに、市民のこれらの行動には利己的な側面があった。しかし、市民がこの点を自覚し、長期的な復興計画の恩恵を理解するためには、公共の利益を優先させるような市民意識の改革が必要であり、同時に、民意を反映させるような都市計画システムの改革も必要であった。しかし、都市計画官僚は、いたずらに「民度」の低さを指摘して、都市計画にかんする権限の地方委譲にさえ、一九五〇年代初頭になっても否定的なままだった。まして や、復興計画の策定が急ピッチですすめられていたころに、都市計画システムが変わる見込みはなかった。[98]そのため、地方当局が復興計画の策定に際して民意の反映を軽視しがちとなるのも、無理からぬところであった。

以上が、戦災復興にかんする政府の政策と各都市の復興計画が策定された、敗戦後数年間の実情であった。政策や計画の策定は、政府と地方当局とのあいだの、上意下達式の都市計画システムにおいてすすめられ、在野の専門家や、経済人、そして市民が、そのシステムに関与する余地は実質的にほとんどなかった。都市計画システムの外に取り残された者たちは、復興計画の策定のされかたにたいして強い不信や不満を抱くか、さもなければいたって無関心であった。計画された区画整理区域の規模や街路幅員を縮小しなくてはならなかったという事実以上に、都市計画にたいする不信や、都市計画への無理解・無関心がさまざまなレヴェルで決定的となった点に、戦災復興の最大の問題が存在するのである。

第六章　幻におわった理想
——東京の戦災復興都市計画——

はじめに

明治期以降、第二次世界大戦までの東京の都市計画は、日本における都市計画の発展を具現していたといっても過言ではない。なかでも、東京を近代国家の首都にふさわしい都市に改造しようというこころみであった市区改正（一八八八～一九一八年）や、未曾有の都市災害である関東大震災（一九二三年）後の復興事業は、日本における都市計画の制度や技術の進展にも多大な影響をおよぼした。そしてまた、これらの事業は、実質的に国家事業としておこなわれたがゆえに可能となったが、同時に、国家による予算削減のため所期の目的を果たすにはいたらない側面も多く残っていた。[1] そうした東京大改造をこころみる機会が、こんどは第二次世界大戦によってもたらされることになった。東京への空襲による大規模な都市破壊が、その復興の検討を必然化したのである。

東京への空襲は一九四五年に入って激化し、その被害もイギリスの戦災都市とは比較にならないほど大規模なものであった。三月一〇日の東京大空襲は、わずか二時間二二分のあいだに約三〇〇機が来襲し、約二〇〇〇トンの焼夷弾が投下された。これによって、下町を中心に、少なくとも不明者七〇〇〇人をふくむ一〇万人以上の死者がでて、負傷者は二三万人を超えた。東京への空襲はその後もつづき、四月中旬から五月末までに、東京南部と山の手の大規模な空襲もふくめ九十数回を数えた。その結果、東京の物的被害の総額は一二億円に達し、二六万戸の建物が焼失し、罹災面積は四八〇〇万坪（約一五八・七平方キロメートル）にのぼった。この東京の罹災面積は全国罹災面積の四分の一を超える二六・八パーセントで、二番目に被害の大きかった大阪の一二・一パーセントの二倍強にあたり、災害規模は全国第一位であった。また、罹災人口は合計三一五万人を数え、東京の総人口の四七・〇パーセントを占めるにいたった。(2)

いま、東京の戦災を一九二三年の関東大震災の被害とくらべると、その罹災面積は震災の四・八倍、罹災人口は二・三倍、罹災戸数は二・〇倍にあたる。東京はいかに震災復興の経験をもつとはいえ、戦災復興はそれをはるかに超える規模でなされなければならなかったのである。(3)

同時に、空襲による破壊は、都市計画家に理想的な都市再建の可能性を与えたかにみえた。焼け野原になった東京の復興計画を作成した中心人物は、当時、東京都計画局都市計画課課長だった石川栄耀（一八九三〜一九五五年）である。彼は、たんに都市計画テクノクラートのひとりだったとして片づけられる人物ではない。石川は日本の都市計画史に燦然と輝く都市計画家であり、このことは、日本都市計画学会が都市計画に多大な貢献を果たしたものに毎年授与する賞を、彼にちなんで「石川賞」と名づけていることに端的に示されているといえよう。そして、石川による復興計画は、当時の都市計画の理想を表したものであった。

石川は、敗戦翌年の一九四六年一〇月に出版された『都市復興の原理と実際』という著書のなかで、つぎのように書いている。

戦災で焼かれた土地の面積は全国で一億五千万坪（約四九五・九平方キロメートル）である。その中五千万坪〔約一六五・三平方キロメートル〕が帝都である。今、日本の都市計画技術者の責任は、いかにしてこの焼土の上に都市を再興するかにある。かつて英国の衛生大臣が「都市は紙で出来ていたら好かった。そうすればその都市がその時代に合わなくなれば、スグ焼いて建て直せる。石造や鉄筋の都市程厄介なものはない」と嘆じた相であるが、我々は正にその焼いて建て直す時に面したワケであるが、それ丈に又、今造り損なえば永久に責任を負わねばならぬことになる。責任の重さが痛切に感ぜられる。……今、我々の当面してる運命も考えようによっては、「どの家のどの部屋にも太陽の光線」をあて、「どの家のどの庭にも生鮮蔬菜を栽培」せしめんとする、都市計画百年の要望を一足飛びに実行し得る機会を与えることにもなる。此は百年の理想をもちながら都市全焼の機会のないものには望んだとて得られない機会なのである。……後世幾百年の子孫は戦敗をせめる事を忘れ「焼けて好かった」をくりかへしてくれることになろう。(4)

そして、東京の復興計画の目標として石川は、「主目標　都市能率高き都市、とりわけ生産能率高き都市、観光価値のある都市、文化創造に適応せる都市、生鮮食糧の自給度高き都市、心身の保健化に適応せる都市、特別目標　政治の総中心なる都市、副目標　人口問題なき都市、交通問題なき都市」をあげたが、「本計画が焼跡に樹立し得る大いなる自由性を有すると同時に、逆に敗戦による弱き国力と乏しき資材によらなければならぬ事を条件とする事は忘れてはならぬ事である」(5)とも書いていた。廃墟に都市計画をたてる「自由性」と財政の逼迫による非実現性という復興計画の矛盾が、はやくもここに指摘されている。後述するように、こうした矛盾をかかえたまま開始された東京の復興計画は、結局、挫折していくことになる。

では、石川が描いた理想的な復興計画は、具体的にはどのようなものだったのだろうか。それは、石川の都市計画の集大成であり、また、日本の近代都市計画の発展を、戦時の都市計画という負の部分もふくめて色濃く反映するものであった。この点を明らかにするために、都市計画家石川の経歴を追っていくことからはじめよう。

一　戦時防空都市計画との連続性

(1)　計画作成者・石川栄耀

石川栄耀は、東京帝国大学土木工学科を一九一八年に卒業すると、二〇年に内務省に入り、都市計画愛知地方委員会に技師として赴任した(6)。一九二三年には八月から一年間、アメリカ、イギリスなどをまわり都市計画を視察する機会を得るが、この経験が石川に多大な影響を与えることになる。とくに二つの出来事が重要であった。ひとつは、一九二四年にアムステルダムで開催された、国際住宅・都市計画連盟(ＩＦＨＰ)の第八回会議に出席したことである。

ＩＦＨＰの前身は、田園都市構想の生みの親であるイギリスのエベネザー・ハワードが一九一三年に設立した国際田園都市・都市計画連盟であったが、アムステルダム会議については、大都市の無秩序な膨張の抑制を目的とした「大都市圏計画」にかんする七原則の宣言が、とくによく知られている。その主要な論点は、第一に、大都市の市街地を緑地帯(グリーン・ベルト)で取り囲み、その外側に衛星都市を配置することによって市街地の無秩序な膨張を抑制する、第二に、そうした都市計画をすすめる手だてのひとつとして、大都市の行政区域を大きく越えてその周辺地域をふくんだ「地方計画」を策定する、ということであった。アムステルダム会議には、石川のほかにも、やはり欧米を視察中だった内務省官僚が出席し、ほどなく伝えられた七原則は、広く日本の都

市計画界に多大な影響をおよぼすことになった。(7)

もうひとつは、石川が、田園都市構想の重要な推進者のひとりで、当時イギリス政府の都市計画技監をつとめていたレイモンド・アンウィンに、名古屋の都市計画図をみてもらう機会を得たことである。そのさい石川はアンウィンから、「君のプランにはライフが無い。水際は市民のライフのリソースだ。そこを全部工業にする様では工業も解ってないと云って好い」と「さとされ」、これを「大きなカツ」と心に刻んだ。(8) これ以後、水辺をいかに計画するかは石川にとって重要な課題となり、後述のように、東京の復興計画にもそれが生かされていくことになった。

この欧米視察をはさみ、石川は、四〇路線の街路網計画の作成や土地区画整理の推進をはじめ「名古屋の都市基盤の整備に大きく貢献(9)」し、充実した日々を送った。ところが、一九三三年九月に名古屋を離れ都市計画東京地方委員会に赴任した石川には、失意の日々が待っていた。これには、そもそも石川が、当時都市計画の実験場となっていた「満州国」の都市計画課長の席を実父の反対で断ったため、代わって近藤謙三郎が満州へ赴任することになり、その後釜に石川が就いたという経緯があった。石川は都市計画東京地方委員会で主任技師として土木の責任者となったが、仕事は近藤から引き継いだものにすぎず、計画案を作成してはつぎつぎと採用された名古屋時代と異なり、「満州国へ行かなかった事をクイる日が多かった」と、のちに述懐している。(10)

だが、日本の軍事化がいよいよすすみ、全面的な戦争も間近に迫るなかで、石川に活躍の機会がふたたび訪れた。それは、とかく机上の計画とみなされがちだった都市計画に、戦争の可能性ゆえに現実的な重要性がみいだされていく過程においてのことであった。つまり、きたるべき空襲から都市を防衛することが都市計画の主要な課題となり、産業や人口の分散を主眼とした国土計画や都市の防空計画の策定が、急務とみなされるようになったのである。こうした都市計画の再認識は、日中戦争勃発直前の一九三七年四月に公布された「防空法」にすでに示されていた。そして、三年後の一九四〇年四月には都市計画法が改正され、その第一条で「防空」が基本目的に追加されるにいたった[11]。

(2) 石川栄耀による戦時都市計画の特徴

都市計画法が改正されるころまでには、防空的視点にたった東京の都市計画の検討が開始されており、その成果は一九四〇年九月に、内務省、都市計画東京地方委員会、東京市による「東京防空都市計画案大綱」としてまとめられた。越沢明はこの計画を「戦後の戦災復興計画の原型（プロトタイプ）」と評したうえで、計画立案は共同でおこなわれたが、石川は「その中心的位置におり、事実上は石川プランと言ってよい」と指摘している[12]。

さらに、一九四四年から四五年にかけて、東京都計画局計画課によって「帝都改造計画要綱（案）」の作成がすすめられた。それは、東京地方（半径三〇～四〇キロメートル）、関東地方の地方計画までを念頭におきつつ、まず旧東京市市域（帝都区域）を対象とした、空地、緑地による防空的な都市改造計画であった。具体的には、空地地区を全域に指定し、また、緑地（グリーン・ベルト）六〇〇〇万坪（約一九八・四平方キロメートル）を市街地に幅一キロメートル、郊外部に幅二キロメートル間隔で配置し、さらに、防空帯（幅一〇〇～三〇〇メートル）、防空広路（幅五〇～一〇〇メートル）、防空広場を設けるとしていた。この帝都改造計画要綱（案）では、近隣住区理論を導入し、町会を基礎の区画と定め、そのなかに公園・広場・公共施設を配置するという提案もあった。ふたたび越沢によれば、それは「その構成、文章表現の細部にいたるまで戦後の東京戦災復興計画と共通しているところが多く、まさしく石川栄耀プランと呼べるもの」であった[13]。

ところで石川は、著作活動においても生涯で著書が一八冊、論稿をふくむと二五六点と非凡の才を示した。[14] そして、戦時都市計画を作成する合間にも石川の旺盛な執筆活動はつづいていたが、そのなかに、彼の思想的背景や特徴をみてとることができる。それをひとことで表せば、戦時都市計画は防空を媒介にして、欧米の都市計画理論と皇国思想との融合をめざしたものといえよう。

まず、海外の都市計画理論についてみれば、一方ではナチス・ドイツの都市計画家だったG・フェーダーの国土計画論の影響がみられるが、[15] 同時に、防空計画の理念に緑地帯（グリーン・ベルト）と衛星都市による大都市膨張の抑制という考えを前面に出したように、イギリス流の都市計画を強く意識してもいた。[16]

そもそも石川は、防空計画の進展が本来の都市計画にとって有益であると、無条件にはいえないと考えていた。この点について石川は、のちに以下のように述べている。「防空計画が始まりそれと同時に都市計画は特に内地の都市計画は下火になり出した。都市計画どころのサワギではないと云うのである。そこで、一つは都市計画陣営をマモる必要もあり二つには戦火に見まわる可き生命財産を防護する為、都市計画も亦動員さる可きであると云うので都市計画防空の研究を始めた。結局此れが奇しくも英国式都市計画の都市空地化及び疎開〔産業や人口の分散のこと〕の技術と合致するのを見出し名乗りを上げたのである」。[17] そして、「此の防空計画は不思議にも都市計画における二〇世紀の解決法にそのまま合致し、又日本の都市特有の防空対策にもなる。だからやるのだ」ということで防空計画作成に邁進し、その成果として「結局都市計画は此れで大なり小なり一飛躍した」[18] と述べた。

こうして石川は、防空を媒介にして、イギリス流の都市計画の摂取をさらにすすめようとした。ただし、彼の戦時都市計画における皇国思想も、やはり看過することはできない。一九四四年に刊行された『皇国都市の建設』が、それをよく表している。同書は佐藤通次の『皇道哲学』（朝倉書店、一九四一年）にもとづき、郷土化（郷土の形成）、農本化（農本主義の思想の導入）、神本化（神社の扱い）を都市建設の「三技法」とした、多分に国粋主義的なものである。[19] 石川の都市計画思想や理念におけるこのような混交ぶりは、やはり一九四四年に刊行された『国防と都市計画』に明らかである。石川はそこで、東京の「十年後を仮想して見る」として、緑地への強い思いをつぎのように表している。

先ず我々は飛行機で、東京に近づくものとしよう。驚かされるのは東京が昔の円形の都市である事を止めて、いつの間にかあたかも旭光の如く放射形の都市になっている事である。中心から十五六粁の所に二粁程の幅の緑地地帯が環状にめぐらされており、それから市の中心に向って放射形に幅太き、緑地地帯が打ちこまれている。それは勿論山の手線の中に迄入り、外濠に及んでいる。市街は（特に山の手から外の）その緑地地帯の間に細々と帯状に伸びているに過ぎない。

更に、驚異に値するのは都心部の変化である。昔の摩天閣地帯であった丸の内、霞ヶ関はいつの間にか緑の多い地帯になってしまっている。恐らくこの辺は三菱村といった地帯であらう。昔は煉瓦の建築がならんでいたのであるが今は何もない、美しい緑の公園であるため、確かこの辺に企画院だとか、厚生省だとかあったと思ったあたりも、一面に公園らしい緑地になっている。東京駅の裏は京橋の大通り迄の間が、これもいつの間にか緑地になっている。東京駅は緑地の中の珊瑚礁の様に一つさみしく放置される。[20]

ただし、以下のような叙述もたしかに目につく。たとえば、神社周辺での緑地化がすすんだと想定して、「緑の多い、清々しい境内であって初めて我々は心の底から神を見る事が出来る。きたならしい民家にぎっしりかこまれた境内で落ちついた敬神の心を起せといっても無理である」(21)とか、あるいは、戦争での勝利を前提に、「目立つのは中央都心部から月島に向って真っ直ぐに太い緑地帯がある事である。これが有名な凱旋道路なのであろう。幅は一〇〇米もあらうか。……大東亜戦争の空前の戦果をおさめた凱旋としては成程美事な、また思ひ切った仕事であった」(22)とさえ夢想していた。

事実、石川は、日本の敗戦を予想だにしていなかった。彼は後年、この点について、「勝つと思ってた。勝った場合の記念都市計画もやらなければなるまいと思ってた。都市計画が四、五百年は遅れてる日本である。あらゆる機会を通して前進しなければならない。勝ったなら、凱旋道路、凱旋広場の一つや二つは造らなければなるまい」(23)と考えていたことを明言している。もっとも石川は、戦争末期には、空襲の激化によって都市計画については無為に過ごす日々を送るようになり、そのようすを以下のように回想している。「此の頃になると防空も何もなく、私は道路課長兼都市計画課長であったが、ドチラも何の積極的な仕事があり様なかった。道路課長として初め六号環状線の実現をこころがけたが、問題にならなかった。……専ら副業としての、空襲後の道路の穴埋め、橋梁の補修、戦災地の後片づけであった」(24)。

そこへ、こんどは敗戦が、石川にふたたび活動の場を与えることになる。敗戦の数日前の一九四五年八月一〇日、石川は上司から、「君、戦時住区は止めだ。スグ復興計画にかかり給え」といわれた。「ドウしたんです戦争は」ときくと、「負けたよ」ということだった。「全く脚下の大地崩るる思いであった」石川だが、「とまれ部屋に帰り『復興計画だよ』と下命した」(25)。

こうして、復興計画の作成が石川を中心に開始され、「夜に日をついで」(26)おこなわれた。もっとも、前述のように、その準備は戦時中に十分なされていた。したがって、以下にみるように、復興計画の概要が世に示されるのも驚くほど早かったのである。

二　夢のような復興計画

(1) 計画の策定

東京都は、敗戦後二週間もたたない一九四五年八月二七日、はやくも復興計画の概要である「帝都再建方策」を発表した。これは、石川栄耀が中心になって作成した案であり、計画の主要な目標として、

一、都内の住宅は敷地七五坪(約二四八・〇平方メートル)に一戸建設し、その周囲に自給農園をつくる
二、道路は五〇～一〇〇メートルのものを数十本つくる
三、大緑地を数カ所つくる
四、学園街を緑地帯の周辺に三五カ所つくる
五、消費だけの都市から生産都市に変える

などの提案をおこなっていた。これらは、戦時の防空都市計画での農本主義や田園都市構想への志向を色濃く反映したものといえるが、同時に、当時の食糧窮乏という事情も少なからず影響してか、多分に牧歌的ともいえる性質の提案であった。「帝都再建方策」の内容を伝える『朝日新聞』の記事の見出しも、まず、「七十五坪に一戸宛　周囲は自給農園　人口三百万緑の健康都」という点を強調していた[27]。

とはいえ、この「帝都再建方策」は、「とりあへず戦後処理の意味で応急手当を施し、ある程度の見通しがつ

いたところで恒久的な計画にとりかかろう」という考えかたと、「最初から国家百年の大計のもとに根本的な計画を樹てるべきだ」との考えかたがあるなかで、石川らが後者の考えかたをとった結果であった[28]。計画を紙上で説明する東京都の林計画局長は、つぎのように述べている。

当分の間都民の住宅は畑の中にある一軒屋を想像してもらえばいい。建築資材もなるたけ燃えないものを研究中であるが、時局柄雨露を凌ぐ程度のものしか出来ないと思ふ。大体かなめの道路や河川の配置を将来の見通しのもとに考慮して都市計画を実施すれば住宅などは少々お粗末でも差し支へないと思ふ。要するに保健都市の建設といふことに重点をおいて都市計画を進めて行く。……総じて空地率が高く、これまでのやうな消費だけの都市から生産都市に移行してゆく。これが帝都復興都市計画の大体の方向だ。従って帝都の人口も三百万内外で抑へられることにならう[29]。

ここで注目すべき点は、将来の東京の人口を三〇〇万に想定していたことである。実際、一九四五年九月には、堀田健男内務省国土局長が、都市への転入を禁止し、地方から六大都市への転出証明は発行しないことを言明し[30]、東京都への人口流入の制限が開始された。しかし現実には、都の人口はその後も急増をつづけ、人口三〇〇万という目標は根本から崩れていくことになる。東京への人口流入を抑制することの難しさにたいする認識が、当初から甘すぎたのであった。

だが、復興計画作成の詰めの作業は着々とすすんでいった。とくに石川は、一九四五年一一月に創設された戦災復興院（以下、「復興院」と略す）総裁に小林一三が就任したことを歓迎していた。じつは石川は、「帝都改造

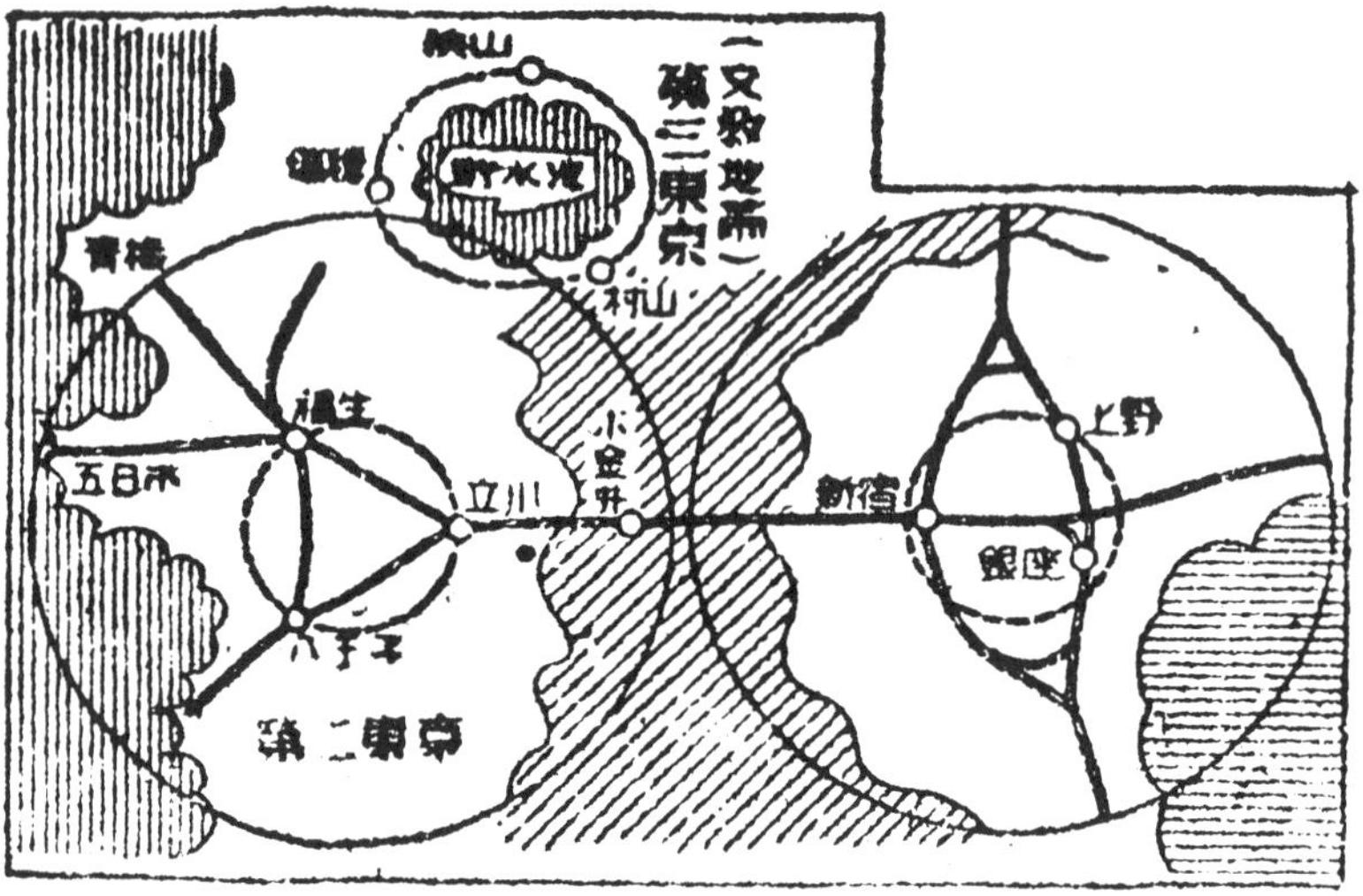

図6-1　新聞に示された東京復興計画（第二・第三の東京構想）
出典）『朝日新聞』1948年1月6日

計画要綱（案）」の作成をすすめているさなかの一九四四年一一月に、すでに小林の前でそれを報告していた。「そこへ復興院が出来、何と小林一三さんが総裁というヒット人事であった。これはユカイな事になったぞとよろこんでるある日、呼び出された。復興計画が出来ているなら、皆に説明してほしいというのである[31]」。

こうして、「帝都再建方針」の発表から四カ月しかたっていない一九四六年一月初めに、「帝都復興計画要綱案」がまとめられ、新聞紙上に発表された。これは小林復興院総裁、財界、知識人からの意見も聴取して作成されたもので、その基本方針には「一、住みよい東京をつくる。焼け跡の空地を利用して〝太陽のある街〟にする……二、生鮮食料品の自給化を行い飢えない東京にする。三、友情に結ばれた街にする……四、交通地獄を解決する。五、文化創造の中心とする」の五点が掲げられていた。そして、東京の人口を三〇〇万に抑えるため、周辺の衛星都市に人口を吸収し、第一次計画としては、半径四〇キロメートル圏内にある諸都市に諸施設を分散収容することとし、第二次計画では、それを半径一〇〇キロメートル圏内にまで拡大するとした。これらの都市に合計四〇〇万人を収容することによって東京の膨張を防げる、としたのである[32]。

また、この帝都復興計画要綱案の特徴とされる提案に、東京を用途別の「地域」に分割し、さらにそのなかで特別の用途をもつ「地区」を指定したことがあげられる。まず、地域には、工業地域、「丸ノ内、日本橋、京橋一帯、新宿、上野一帯」の「大集団」から一キロメートルごとに分散配置される「小集団」よりなる商業地域、住居地域の三種類が指定された。とくに住居地域については、「郊外は充分空地を利用する低層住居地域とし、都心は高層建築を許可する。特に都心では共同住宅建設を考慮」するとされ、同時に、隅田川、中川、荒川放水路等の河岸沿いに指定された「工業地域の直ぐ傍には勤労者住宅を按配して、さきの商業地域の分散配置とともに、交通地獄の出現を防止する」とされていた[33]。

また、地区には、文教地区、行政地区、消費地区、医療地区、交通運輸地区の五種類があった。文教地区としては、東京大学、上野公園を包含する地域、早稲田、戸山が原の地域、慶應大学付近を指定し、行政地区は、中央行政機関は宮城[34]周辺に、都庁および警視庁は駿河台方面に置き、均衡をとるものとされた。消費地区としては、銀座、築地を国際的な盛り場、新宿一帯を山の手方面の盛り場、浅草一帯を下町や地方人の盛り場として、渋谷、池袋、五反田はそれより小さい盛り場にするとされていた。さらに、東京の行政区画を三五区から一七区にして、それぞれの区が独立した都市としての機能をもち、東京都はそれらの連合都市となることや、各区の周囲を緑地で区画することが提案された。そして隅田川流域、日本橋、京橋、新橋付近には散歩道路ができ、飛鳥山などの丘陵には住宅を禁止し、緑地帯を兼ねた休息所ができるはずであった[35]。

この帝都復興計画要綱案に沿って、都市計画東京地方委員会が街路網、緑地、区画整理などにかんする提案をつぎつぎと決定していった。同委員会については、東京都公文書館に所蔵されている内田祥三資料に収められている関連資料や当時の新聞報道などから、委員会で検討・決定された内容を垣間見ることができる。

いうまでもなく、この都市計画東京地方委員会は東京都の委員会であるが、当初から政府の関与がきわめて大きく、その実体はとても地方分権とはいえないものだった。そのかぎりで戦後の都市計画東京地方委員会は、名称自体が戦前にあったものとまったく同じであるだけでなく、内務省の直轄下にあった戦前とほとんど差異はなかったともいえる。このことは、同委員会の構成メンバーをみても明らかである。

まず、一九四六年三月の都市計画東京地方委員会は、そのトップをつとめる東京都長官藤沼庄平のほかに、常任委員一〇名と臨時委員二四名および幹事二名から構成されていたが、そのうち、国からは復興院計画局長大橋武夫、内務省国土局長岩沢忠恭が常任委員となり、東京都からは建設局長、都議会議員など数名が常任になっていた。また、臨時委員としては、藤山愛一郎、渡辺鉄蔵、内田祥三、松村光磨、東京都民生局長、交通局長、教育局長、財務局長などがいた。石川栄耀は東京都建設局都市計画課長として、幹事になっている[36]。そして、一九四六年六月の都市計画東京地方委員会では、国側から大蔵省国有財産部長が臨時委員として加わり[37]、さらに委員が四〇名に増員された四七年一月の委員会では、運輸省の陸運監理局長が常任委員に、同省鉄道総局施設局長が臨時委員にそれぞれ任じられている[38]。まさに都市計画東京地方委員会は、国と東京都が一体となった構成だったといえよう。

くわえて、当初は政府が戦災復興事業にたいして全国一律に八割といった高率の国庫補助をおこなう、という方針を打ちだしたことで[39]、かえって、都市計画東京地方委員会は政府の方針に従属せざるをえない構造になっていたのである。この財政上の国庫依存は、人口の急増とならんで、東京の戦災復興を崩壊させていく要因となるが、ここではまず、都市計画東京地方委員会で検討・決定された主要な計画の内容を順次みていくことにしよう。

(2) 道路計画

東京の復興計画は、まず道路からはじまった。一九四六年三月二日の都市計画東京地方委員会において幹線街路網(放射街路三四本、環状街路九本)を中心とする道路計画が検討されたが[40]、その「理由書」には、「……健全ナル帝都復興ノ一規範タラシメムトス。即チ通過交通ノ徒ニ都心及副都心ニ集中セシメムトスルノ傾向アリタル既往街路ノ構成ニ検討ヲ加ヘ之ガ分散ヲ図リ以テ交通能率ノ増進ニ資スルト共ニ幅員ヲ拡張シ将来交通量ノ増大ニ備ヘ緑地帯ト併セ都市ノ防災ニ寄与セシメムトスルモノナリ[41]」とうたわれていた。

これをうけ、都市計画東京地方委員会において検討された道路計画は五カ年計画で、工事は一九四六年四月一日開始とされたが、この計画を失業救済事業としておこない、そのための所要整地人夫は年平均延べ六〇万人としていた点が注目されよう[42]。道路計画案についてはすでに同委員会開催の前日付の『朝日新聞』が、「第二の都心『四谷区』　道路の幅員四〇米―百米　復興都市の構想決る」という見出しで、つぎのように報じている。

東京都の復興はまづ幹線街路網の設定によって発足するが二日の都委員会〔都市計画東京地方委員会〕によって正式決定をみる新興東京の環状放射路線の構想は次の通り。なほ東京の幹線の沿道にはアメリカ式の路線番号が掲示せられ、地図を手に番号さへ辿ってゆけば都内どこへでもゆけるやうに考慮されている。新計画によると都の中心は東京駅、丸之内、銀座におかれることは従前通りだが第二の都心として新たに四谷、新宿を中心とする一帯が考へられている。街路網の形式は既定計画を踏襲、宮城を含む一帯を中心とする環

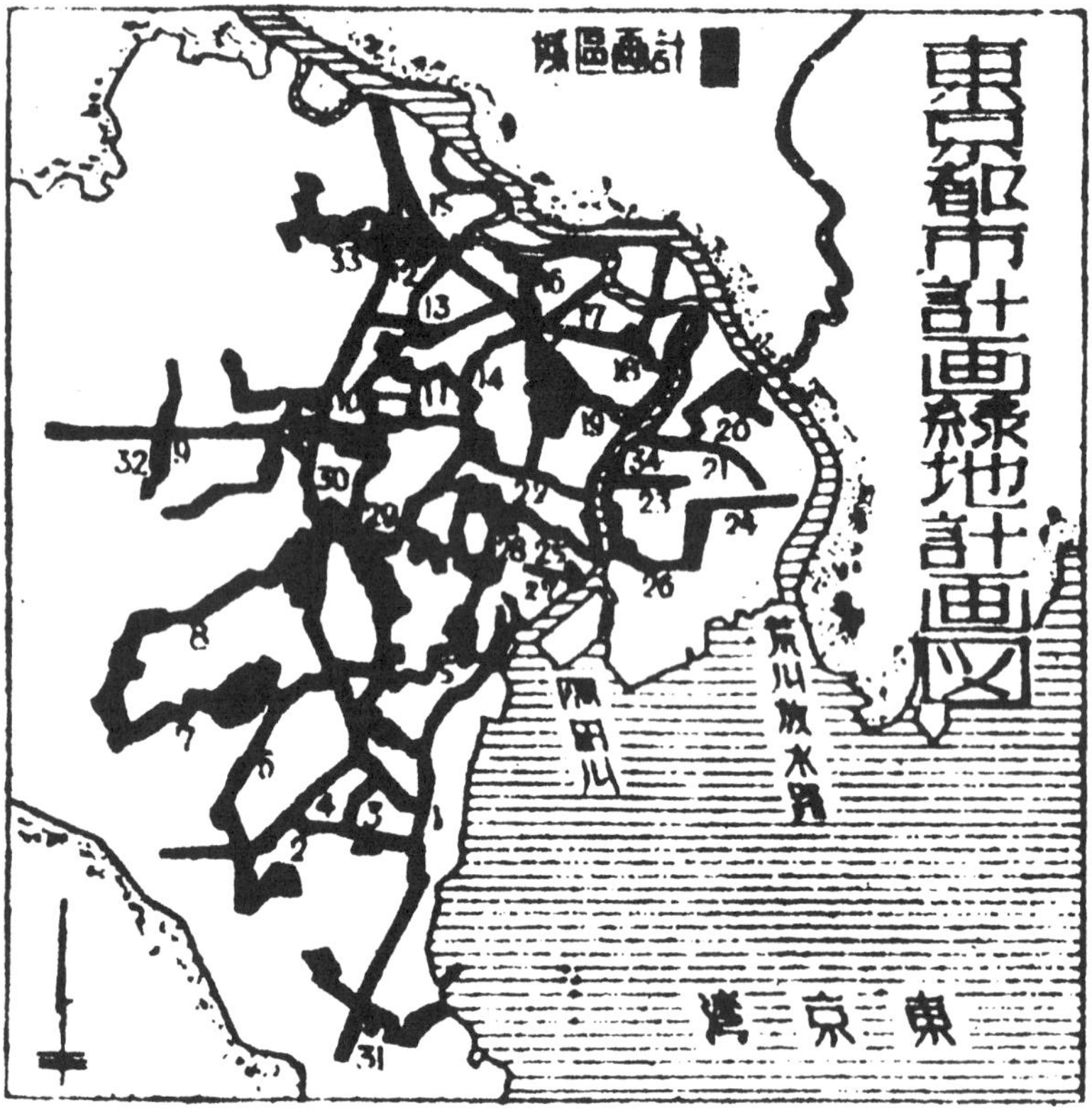

図6-2　新聞に示された東京復興計画（緑地計画）
出典）『朝日新聞』1946年３月30日

状放射線を採るが、その内環の役割りはこの計画では外濠線が演ずることになっている。特に個々の線に副路方式を採用、交通混乱の緩和を狙っているのが特徴である。道路の幅員は四〇米から百米までと大幅に増大され……広い植樹帯を設けて保健、美観、防災を計る考慮も払はれている。……新計画による放射線は三十四路線、総延長約三〇〇キロ、環状線八路線、総延長約五〇キロである。(43)

この都市計画東京地方委員会が開かれた数日後の一九四六年

三月六日付の『朝日新聞』には、決定された路線がさらにくわしく報じられた。すなわち、「設計に当った都の石川都市計画課長の構想は幹線街路の幅員を四十米、五十米、八十米、百米の四種類とし延長五百二十キロで、また神田と江戸城中心になっていたものをこんどは経済の中心を宮城と隅田川の間に配置、そのため昭和通りを現在の四十米から百米に」拡幅するというもので、このほかにも、品川から川崎に抜ける幅員五〇メートルの海岸道路を設け、また、四谷、半蔵門、塩町間にも幅員一〇〇メートルの道路を設置し「第二官庁街」にするとした。さらに、東京駅は八重洲口を正面とし、昭和通りと交差する地点までを幅員一〇〇メートルに広げるとした。(44)

（3）緑地計画

一九四六年三月二八日の都市計画東京地方委員会では、街路（補助線街路）一二四本の追加と緑地三四カ所の設定が検討された。緑地計画は「保健、防災、美観ニ寄与セシムルト共ニ帝都ノ健全ナル復興建設ニ資セムトス」(45)という目的で提案された、東京復興計画の目玉のひとつであり、その決定を伝える新聞報道でも大いに注目された。たとえば三月三〇日付の『朝日新聞』は、「緑地の設定は復興する帝都を最も特色づけ江戸時代から受けついで来た東京の街の性格は一変する。緑地は都会生活者に新鮮な空気と手軽な休息の地を贈り、防火地帯ともなるが、同時に都内をぐるぐると廻った系統式にして、緑地を規準にした将来の行政区画の整理改正をも狙っている。これは公園緑地と緑地帯からなる三十四ケ所で、公園緑地には従来の各公園も活用」するとし、緑地帯は「幅員百乃至三百米二キロ平方ぐらいの小公園を作りながら全市をめぐるやうになる」と報じた。(46)

また、緑地帯の特殊なものに、石川にとっては戦前にアンウィンから指摘されて以来の懸案だった水辺公園《リヴァー・サイド・パーク》があり、たとえば隅田川両沿岸には、五〇〜一五〇メートルの幅で延長一五キロメートルの水辺公園が計画されていた。[47] 新聞では、「これら緑地帯を一めぐり歩くと丸二日はかかるといふから相当な延長である。また緑地の総面積は九百六十万坪〔約三一・七平方キロメートル〕、人口三百余万として一人当三坪〔約九・九平方メートル〕、ロンドンの一人当六坪〔約一九・八平方メートル〕やニューヨークの一人当り十坪〔約三三・一平方メートル〕に比べればまだまだ少ないが、戦災前の帝都は一人当一坪〔約三・三平方メートル〕にもならなかった。緑地内は当分果樹園と野菜畑に利用し都民の食料補給に役立てて行く」[48]と報じられている。これが計画どおり実施されれば、人口比でロンドンの半分の緑地を確保できるはずであった。

（4） 土地区画整理と地域指定

一九四六年三月二八日の都市計画東京地方委員会のもうひとつ重要な決定は、「土地区画整理」である。道路網と緑地の整備が成功するか否かは、もっぱら区画整理の成否に依存していた。区画整理は、空襲で焼失した四八〇〇万坪〔約一五八・七平方キロメートル〕をふくむ六一〇〇万坪〔約二〇一・七平方キロメートル〕におよぶ計画であった。「理由書」には幹線街路に加え、「宅地ノ利用ヲシテ合理的ナラシムル為土地区画整理ヲ施行スル要アルヲ以テ　今回戦災地及之ニ関連シテ施行ヲ必要トスル区域約六一〇〇万坪ヲ都市計画土地区画整理トシテ決定シ、財政関係ヲ考慮シ至急ヲ要スル区域ヨリ逐次事業ヲ実施セシメントスルモノナリ」[49]とある。石川は、関東大震災により整備された地区もふくめた東京の再建を主張し、その結果、区画整理事業は広範囲のものとなった。道路は「総テ六『メートル』以上トス」とされ、「公園、緑地ハ総地積ノ約一〇％以上ヲ保留スルモノトシ」、さらに「画地ハ……商店、住宅及工場ノ建築ニ適応スル様決定」するという「設計方針」がたてられたので、当然そのための広大な土地の確保が必要になったのである。[50]

一九四六年五月二三日には都市計画東京地方委員会は、「再び過大都市とならないことに目標をおき」[51]、同年一月の帝都復興計画要綱案にも示されていた地域指定の構想を公表した。その最終的な決定は、松村光磨を委員長に都市計画東京地方委員会の委員九名から構成された特別委員会の報告にもとづいてなされる、ということになっていたが[52]、実質的にはそれも「最後の仕上げ」[53]ということで、公表にふみきったようである。

新聞での報道によれば、この構想は、住宅地域六九〇〇万坪（約二二八・一平方キロメートル）、商業地域九四五万坪（約三一・二平方キロメートル）、工業地域二一六〇万坪（約七一・四平方キロメートル）を指定し、東京の都市構造を明確にしたもので、これによって「混沌とした現状は逐次整理され……帝都の表情は一変する」ものと期待された。また、東京の目標人口は三〇〇万人から三五〇万人へと増えていたが、それでもこれは、工業人口と商業人口をそれぞれ戦前の半分に削減したものであった。しかも同時に、東京の周辺地域に、グリーン・ベルトにあたる六七〇〇万坪（約二二一・五平方キロメートル）の農地を「野菜自給圏」として設定したので、「この人口を養ふだけの野菜は十分自給できる」というのであった[54]。

（5）駅前広場、文教地区など

このほかにも、都市計画東京地方委員会ではいくつかの興味深い提案が検討され、決定されていった。まず、「駅附近広場」、いわゆる駅前広場については、一九四六年六月二〇日の都市計画東京地方委員会で「省線各主要駅附近はそれぞれ相当急速に復興して居る状況であるから至急その基準となる広場及び連絡街路計画を決定する必要がある」[55]とされた。これを理由に、渋谷、池袋、目黒、大森、ほか一一カ所の駅前広場造成が決定された[56]のを皮切りに逐次検討がすすめられ、結局、翌一九四七年二月一日までには、東京、新宿、渋谷など主要な駅にか

んする広場の造成がすべて決定した。(57)

また、一九四六年八月には「特別地区」の検討が開始された。特別地区とは、同年一月の帝都復興計画要綱案で示されたような「公館、文教、消費歓興、港湾等の特別な用途を有つ区域又は其の周囲の区域」をさし、「土地利用の能率化及び環境の整備について特別な考慮を払う必要がある」とされた。ところが、「これが区域内における建築物及び其の敷地等に対する特別な制限をすることが出来る制度がない。然し其の侭放置することは適当でない」ということから、「特別地区を決定し制度の確立を見る迄指導によって遺憾のないやうにする」ことがめざされたのであった。(58)

具体的には、公館地区六二五・五ヘクタール（六・二五五平方キロメートル）、文教地区二四二七・三ヘクタール（二四・二七三平方キロメートル）、消費歓興地区九四七・五ヘクタール（九・四七五平方キロメートル）、港湾地区七二三・五ヘクタール（七・二三五平方キロメートル）が対象とされ、文教地区は本郷（東京大学）、早稲田大学）、三田（慶應大学）、大岡山（東京工業大学）から、消費歓興地区は銀座、上野、浅草、王子、池袋、新宿、渋谷、五反田、大森、錦糸町からなっていた。(59)石川は復興計画コンペを企画し、一流の建築家たちに文教地区の計画をつくらせた。国が道路整備など土木中心であるのにたいし、都市デザインの観点からの計画は東京都で、と考えたようだが、のちに石田頼房が評したように、結局は「当時の社会情勢ではとても実現しそうもない(60)」計画であった。

最後に、一九四六年一一月二七日に都市計画東京地方委員会が公表した「東京復興都市計画街路上工作物及地下埋設物整理方針」を紹介しておこう。その主な提案は、「第一　幅員三六米以上の街路における架空線は原則として全部地下に埋設するものとし、その埋設の場所は幹線を除いて極力歩道を選ぶものとする。第二　地下埋設物は極力共同溝を用ふるものとし、これがために必要なる場合は共同溝を都市計画施設として設置するものとする。……第六　交番、地下鉄出入口、共同便所、公衆電話、郵便ポスト及び変圧塔等は出来る限り街路の敷地外に設けるものとし、已むを得ない場合は特にこれがために都市計画としてその施設地を設置するものとする。第七　広告塔等は前号によって設置する路上設置地又は植樹帯等交通上支障のない場所に設置する」[61]というものであった。そして、その目的には、「これらの施設物を統制して交通上、美観上遺憾のないやうにせんとする」[62]とうたわれていた。一一月二八日付の『朝日新聞』は、これで「道路上の電柱や邪魔ものはみんな姿を消す」[63]と報じたが、今日からみると、まさに夢のような計画であったといえよう。

三　理想の実現を阻んだもの

(1)　立ちはだかる諸困難

前述したように、復興計画は東京都の人口を三〇〇～三五〇万人とすることを想定して作成されたものだったが、人口の抑制が困難なことはほどなく明白となった。もしこのまま人口の急増がつづけば、石川の作成した復興計画は破綻する。もちろん、この問題に都市計画東京地方委員会がただ手を拱いていたわけではなかった。すでに述べたように、都市計画東京地方委員会は一九四六年五月、特別委員会をつくって地域指定案の検討をすすめさせたが、そこでの審議にもとづいた人口抑制にかんする提言を、総理大臣に加え内務、文部、商工、農林の各大臣に建議した。それはつぎのような内容であった。

帝都ノ過大化ヲ防止シ此ヲ適正ナル都市タラシメンガ為ニハ帝都ニ必ズシモ存在スルヲ要セザル施設ノ地方分散ヲ為ス等人口ヲ抑制スル必要アルモ之ガ措置ハ単リ東京都自体ニ於テ解決シ得ルモノニ非ザルヲ以テ此ノ際速ニ国土計画、地方計画ヲ樹立シ国土ニ於ケル人口、産業等ノ適正ナル配分ヲ計画シ特ニ専門学校以上ノ諸学校ノ分散ニ付テハ至急実現方策ヲ講ジ之ガ実施ニ当ツテハ関係各官庁ヲシテ率先強力セシメラレンコトヲ望ム右及建議候也(64)

しかし、人口抑制のとりくみには詰めを欠くきらいがあった。一九四六年六月二七日、貴族院特別都市計画委員会において、復興院の大橋武夫計画局長は、「帝都復興の心棒ともなる幅員百米と八十米の道路を考へている」と述べ、一〇〇メートル道路七本の具体的なルートを示しつつ、「この計画によってできあがった道路ないし街路が焼失地域に対して占める面積の率は約二割八分で、ワシントンの道路の四割三分と較べてなほおよばないが、それでもこの計画にはこんどの戦災による貴重な体験がかなり織り込まれている」と自信をもって説明した。(65)

ところが、この計画にかんして、ある委員から出された「特別都〔市〕計〔画〕法案には過剰人口を抑へるための法的措置が規定されてないが、これでは折角の法案も無意味と思ふが如何」という核心をついた質問にたいして大橋計画局長は、「都市計画の実施に当っては、〝人口の過剰〟といふことがいつも問題になるが、これが原因となっている学校、工場などの撤去についてはこの特別都計法案のうちに法的措置を講ぜずに現行の工場法や市街地建築物法ないし各種の学校令による」と答弁していた。(66) つまり、人口過剰にたいする特別立法は講じないとしたのである。かりに特別立法が講じられたところで、東京都への人の流入は避けられなかったかもしれないが、いずれにせよ、人口の急増が復興計画の実現を遠のけてしまうことになるのは時間の問題であった。

また、人口の急増に加えて、財政難が復興計画を破綻させるもうひとつの原因となった。理想的な都市計画がたてられ、それを都市計画東京地方委員会も承認したものの、約束された国からの補助がなかなか得られないことから、計画実施にあたってさまざまな困難が生じたのである。すでに、一九四五・四六年度の東京都追加予算が一九四六年三月二八日に都議会に上程されたさい、大森健治建設局長は戦災復興にかんして、「其の〔都市計画の〕実現の時期を今日なお明確に発表し得られない事情のある事を諒解されたい。というのは都市計画による街路・広場・公園緑地等、これ等莫大なる施設を実現せしむるには実に莫大なる経費を必要とする。然るに現在の国家財政並に都の財政関係上、此の事業に対し何年計画で、何億円と明確に財政計画を立て得ないのである」[67]と説明していた。計画実施にあたっての財政的裏づけがないために、予算措置は当初からきわめて不安定だったのである。

この財政上の不確実性が、必然的に道路網、緑地などの計画実施を遅らせただけでなく、それが遅滞する間に、つぎつぎと都市計画の遂行を困難にする条件が加速していった。そもそも、新道路網や緑地のための土地を確保すること自体が容易ではなかった。一九四六年の自作農創設特別措置法の対象となった公園や緑地（戦前は農地であった）は約四六五ヘクタール（四・六五平方キロメートル）におよび、その解放により失った面積は買収していた緑地の六三パーセントも占め、壮大な計画がまず崩れはじめた。一九四六年一一月二四日付の『朝日新聞』は、「くずれる都市計画」との見出しをつけ、つぎのように報じている。

農地と同じに都市にも土地改革が行われないかぎり、この傾向〔緑地に建物がたっていく傾向〕はだんだんひどくなるのは当然で、都市計画がまたも机上計画に終るのではないかとあやぶまれている。問題はまだある。駅前広場のマーケットがそれだ。早く指定したところでは建築を手びかえたり、とりこわしを覚悟で建てているからまだ処理しやすいとしても、有楽町などのように指定のおくれているところでは、当局の手おくれにつけこんでどんどん本建築に近いものが建ちはじめた。防空法も廃止された今となってはどれもいちおう合法建築で、せっかくの広場もたちまちふさがってしまった。[68]

また、住宅建築との関連については「都でも頭をなやまし、すでに建ったものについては仕方がないとして、今後の対策」として「都市計画の修正〔を求める〕意見がつよい。これは早急にたてられた緑地計画を再検討し、緑地のうち住宅に適する地帯は住宅用に開放しようといふ考えで、いくら資材を世話してもふつうの都民にはとても家の建たない現状では、この方法もやむをえまいとされている。さし迫った問題のためにこうして都市計画はかたはしからくずれていく現状である」とも報じられた。[69] ここにみられるように、緑地よりも住宅建築を優先させるべきだ、という見解が広まっていたことがわかる。

駅前広場についても、計画作成者の石川自身が確信をもてなかった。すなわち、「資材からも情勢からも五ヶ年でせいぜい工事の見通しがつく程度。完全に仕上がるのは子の代、孫の代でもよいではないかと石川都市計画課長もまた夢のようなことをいっている」[70]と報じられたように、その実現は危惧されていたのである。

さらには、区画整理も予定したようには進展しなかった。人材の不足、財源の不足、バラックの急増などの困難が山積し、もはや東京都が区画整理を一斉に実施することは不可能であった。そこで、復興院と東京都は、土地所有者や借地権者による組合施行での区画整理を支援するために日本都市建設株式会社を設立し、組合からこの会社に事業を委託させる方法をとった。実際には、四組合が日本都市建設会社に事業を委託したが、一九五〇年までに同社の経営が行き詰まり、計画は失敗におわった。そのようななかで、当初から自力で「道義的繁華街」をつくろうと町会長の鈴木喜兵衛がよびかけ、一九四五年一〇月に「復興協力会」ができた新宿歌舞伎町の組合施行が、例外的に成功した事例としてあげられる。石川は、鈴木からの相談に応じ、「芸能広場」を中心に子どもからおとなまで楽しめる劇場や映画館などを配した大規模な「理想的文化地域」建設、というアイディアを出して協力した。また、劇場街の中心に歌舞伎劇場建設が計画されたことから、この地域を歌舞伎町と命名した。(71)

しかし全般的には、復興計画の行く末は暗かった。そもそも都政のトップからして、その後ろ盾となるにはほど遠い人物であった。一九四六年七月、東京都長官が厚生次官だった安井誠一郎に代わり、自動的に都市計画東京地方委員会のトップも安井に代わった。翌年には初の公選知事となる安井だが、抜本的な都市復興にはおよそ消極的であった。御厨貴は、東京の再建に臨む安井都政の基調を「一言で言えばストリートレベルのパッチワークに徹するということだった(72)」と評している。若いころの欧米視察が石川に重要な影響をおよぼしたように、安井にとっても、若き内務官僚時代のドイツ留学が自身の政治哲学の形成に決定的であった。第一次世界大戦直後のドイツで二年半を過ごした安井に強い印象を与えたのが、パンの配給が一切れ増えただけで人びとの活気が格段に増すという光景だった。そこから、「たった一切れのパンにこそ政治の妙味があるという安井の政治哲学」が生まれた。(73)

そして、この哲学にもとづく「ドブ板行政の最も面目躍如たるケース」が、放置されたままの戦災による瓦礫を用いて文字どおりドブと化していた不要河川や堀を埋め立て、最終的に七万坪（約二三万一四二〇平方メートル）ほどの造成地を新たに生みだした事業であった。(74)後世の都市計画史家は、この事業を安井都政の都市計画軽視の証左として批判的にみる傾向にあるが、事業が実施されてしばらくのあいだは、むしろ戦災復興の数少ない成果として評価する者もいた。東京都建設局長を最後に東京都を退職し、早稲田大学教授となった石川が晩年の一九五五年におこなった『週刊朝日』での誌上対談でも、対談のホストがつぎのように述べている。[75]

あんたのやった仕事では、ドブを埋めたことが目立つな。……銀座の三十間堀を埋めたのが一番だよ。堀切善兵衛、善次郎という兄弟がいてね、あの人の家は、先祖が堀を切ったんで堀切という名前をもらったというけども、あんたは堀埋という名前をもらうかも知れないよ。（笑）[76]

この対談部分の小見出しは「堀埋め局長」となっている。対談自体は石川得意の落語の話で盛り上がっておわるような、終始なごやかな雰囲気のもとでおこなわれたものだったが、右の引用は、石川の理想的な復興計画が安井の「一切れのパン」方式の都政において後景に追いやられることを余儀なくされたことの反映でもあった。以下では、そのようすをもう少しくわしくみておこう。

（2）　復興計画の行く末にたいする不安

復興計画実施の進捗がはかばかしくないなか、一九四八年には、都議会で区画整理の遅滞が問題となるまでに事態は悪化した。同年九月一〇日の東京都議会第五定例会では、窪寺伝吉建設委員が区画整理についてつぎのように発言している。

本都区画整理は一昨年〔一九四六年〕の五月戦災地周辺六一〇〇万坪〔約二〇一・七平方キロメートル〕の計画を発表いたしまして、次いで十月の一日には十一区の指定を告示して華々しくスタートをいたしたのでありま す。しかるに二箇年を経過いたしました今日、その進行の程度を見ますると きに、まことに嘆かわしい次第であるのでございます。御承知の通り駅前の広場となるべき場所には、未だに俗悪なるマーケットが除去されておりません。むしろその数が日ましに増して行くような状態であります。一方一般住宅は仮換地が指定されましても移転の計画が進行しないために、一向に建築は進行されず、従って広場、道路、公園等の築造などは行うこともできないような状態でございます。[77]

つづけて、「現在の復興すなわち区画整理は、大体国庫の補助に頼り過ぎている」、「大半の費用は都費をもって行うというぐらいの意思がなければ、本都の復興というものは困難ではないか」と述べ、四億五〇〇〇万円の予算のうち八割は国庫補助に依存し、九〇〇〇万円の都費の負担しかされていないと指摘し、「それで復興するということは余りにも理事者の方々は虫がよすぎるのではないか」[78]と批判した。さらに窪寺委員は、道路、広場、緑地計画についても、計画は理想的すぎるので縮小するよう、つぎのような提言をおこなった。

その計画はご承知の通り百メートル道路をはじめ広場あるいは緑地地域、いずれも理想的であります。しかし敗戦国の現在の本都の計画といたしましては、あの戦災の傷痕が未だいえない今日、都民の区画整理に伴う減歩によってこれを生み出すということは、あまりにも過酷であって、現在の国情を十分に認識をしないところの夢を見るがごとき膨大なる計画は、この区画整理の進行に非常なる障害になると思うのであります。

……ただ計画だけをしておいて、何年経っても実行ができないという計画ならば、私はむしろ実行ができる範囲の計画に縮小清算していただいた方がよろしいのではないかと考えるのであります。(79)

これにたいし住田正一東京都副知事は、「国家予算が大削減せられたために、区画整理の経費も非常に少なくなった」(80)と答えており、つづいて答弁に立った石川建設局長はつぎのように述べている。

都市計画を修正するかということでございますが、都市計画は全面的にその状況に応じまして、必要あれば修正してまいります。特に街路網につきましては区画整理後これを実施するという建前になっておりますので、区画整理組合を設定いたしまして、組合の意向等が十分練れてまいりますれば、それに応じて極端な修正はできませんが、その道路本来の機能に差支えない限りにおいては、たとえば中に含まれております緑地の幅を多少狭める。しかしながら線数は減らさないというような程度には直してまいりたいと思っておりま す。最近に委員会にかけましてそれを基礎としまして、全面的な変更につきましての試案をつくっております。(81)

さらに半年後の一九四九年三月九日、窪寺委員はふたたび都議会で、「現在の区画整理の進行状態を私が調べて見ますと、終戦後すでに大体三年であります。この間区画整理の状態を見ますときに、まことに嘆かわしい」と述べ、「幸いにして現在の〔石川〕建設局長は都市計画の泰斗であり、非常に区画整理は熱心にやっておられます。……しかしいかに局長や一課長が熱心に努力いたしましても、肝腎の〔安井〕知事が……ただ当面の苦しい財政を辻つまを合わして行くだけでは、現在の知事として後世に申訳ないのではないか[82]」と追求している。他方、翌日三月一〇日には別の議員が、復興計画が「官僚の机上プランに過ぎず、しかも一種の夢物語に過ぎざる感を世間に与えておることは、争うべからざる事実であると思う[83]」と指摘している。いずれにせよ、このように都議会でも区画整理が、したがって東京の復興計画全体が行き詰まっているとして問題にされたのである。

だが、事態はさらに悪化しようとしていた。東京都はこのころすでに、復興事業の実質的な後退を決意し、道路計画の修正案をまとめていた。さらに、その三カ月後には、第五章でみたように、全国的な規模での戦災復興の縮小指令が政府から出され、これが東京の復興計画の崩壊を決定づけることになる。

（3）決定的となった復興計画の後退

東京都が復興事業の実質的な縮小というか、後退を決意するきっかけとなったのは、一九四八年一一月にGHQ／SCAP（連合国最高司令官総司令部）が日本政府にたいして示した道路政策にかんする覚書であった。これにもとづき、東京都総務局調査課は道路計画を練りなおし、一九四九年三月に「東京都復興計画――道路」を策定した。そこには、「建設局当局においては都の復興計画の一環として、さきに道路復興五ヶ年計画を策定したが、昨〔昭和〕二三年一一月、総司令部より日本政府にたいする覚書『日本の道路及び街路網の維持修繕五ヶ年計画』に基く政府当局の措置によって、既定計画の内容の修正を余儀なくされた」と明記されている。たしかに、「覚書によれば、補修計画に主眼をおき新設・改修は除かれることになったのであるが、交通確保の上より必要止むを得ないもの、復興都市計画街路については、特に考慮しうることになって」いたが、結局その方針に沿って出された道路計画の基本方針とは、「現存道路及び街路網の普通期待される命数を保つに必要な施策を樹立す

る」というものであった。(84)

この方針にもとづき、一九四九〜六四年までの一五カ年計画がたてられた。それは、戦災復興土地区画整理区域内の街路については、さしあたり「路面に砂利道を舗設し、側溝、横断暗渠等の簡易排水設備をなし、必要に応じて最少限度に新木橋を架設する程度」の「暫定工事」を施工する、というものだった。大がかりな工事は「現在の国庫補助の程度では、実施することは不可能なので、将来計画において本工事実施の場合支障のないように最小限度の施設をなす」とされた。(85)また、駅前広場についても同様に、対象地区を建物疎開跡地（防空上の理由で建物などを強制的に撤去した跡地）にしぼったうえで、そこで「最小限の砂利道築造及び簡単なる植栽工事を施工する」とした。(86)要は、当初の復興計画にもとづく事業実施は実質的にほぼ棚上げし、既存の道路の補修程度に集中したのである。

たしかに、こうした措置は「あくまでも一時的のものにして、資金・資材が充足可能の時期に到って本工事に移行することを考慮している」とされ、移行開始の目標として一五カ年計画の中間あたりがあげられていた。(87)つまり、当初の復興計画を放棄すると明言したわけではなかったが、当時の経済状況や不法建築があいつぐ社会状況を勘案すれば、本工事の先延ばしが事実上、当初の道路計画からの大幅縮小につながることは明白だったといっても過言ではない。しかも、この「東京都復興計画――道路」が策定されたころに、戦災復興の抜本的な縮小を求める圧力がGHQから日本政府にかかり、政府は東京都を、その最大の犠牲者へと追い詰めていった。

GHQは、一九四八年一二月に「経済安定九原則」を発表した。これはインフレ収束を目的とした超緊縮財政方針を示したもので、政府支出の極端な切り詰めを必然化するものであった。公共支出のなかでも、とりわけ戦災復興にかんする予算が槍玉にあがり、政府は一九四九年六月二四日に「戦災復興都市計画の再検討に関する基本方針」（以下、「再検討」と略す）を閣議決定し、その審議機関として建設大臣を委員長とする戦災復興対策協議会を設置した。そして、一九四九年九月二八日の同協議会の答申により、全国の戦災都市の区画整理事業区域一億坪（約三三〇・六平方キロメートル）は八五〇〇万坪（約二八一・〇平方キロメートル）に縮小され、予算総額五四六億円は三三二億円に（さらに、その後の財政当局による査定の結果二〇一億円に）圧縮された。[88]また、予算の削減は、全国的にみて復興事業に着手していないところをねらうのがよいということになり、東京都が標的にされた。東京都では焼跡整理の一九四五・四六年度は別として、それ以外は補助金も少なく、復興事業が遅れていたからである。[89]

この「再検討」が決定的な一撃となり、東京都の復興計画に当初示された理想は崩壊していった。具体的には、街路をみると、一〇〇メートル道路をふくめ幅員六〇メートル以上の道路はなくなり、公園緑地についても、計画面積は六割弱へと大幅に縮小された。また、区画整理地区についても再検討がなされ、当初計画の約八パーセントへと大幅に縮小された。しかも、実際に事業化されたのは、結局、当初の計画六一〇〇万坪（約二〇一・七平方キロメートル）のわずか六・八パーセントにすぎなかった。[90]その背後では、懸念されていた人口の急増が計画の破綻に拍車をかけていた。一九四五年八月に三五〇万人だった東京都の人口は、四八年八月に五四〇万人を超え、四九年一二月には六〇〇万人（二三区では五一三万人）を超えて、世界で四番目の人口をかかえる大都市となった。さらに、一九五〇年一月に東京都への転入制限が解除されると、人口増加のテンポはいっそう速まるようになった。[91]

（4）最後のあがきとなった「首都建設法」

こうして、東京の復興計画の縮小が決定的となるなかで、復興事業を東京都が実行することの限界は、だれの目にも明らかだった。ではどうするか、ということでもちあがってきたのが、首都建設法である。これはひとくちにいって、東京の都市計画事業を国におこなわせよう（より直接には国に金を出させよう）とするもくろみで、安井都知事が率先して推進したものだった。その背後には、地方自治法によって東京が特別扱いされなくなり、むしろ富裕地方とされて地方交付税は配分されず、逆に、国に金を吸い上げられてしまうという事情があった。[92]同法にたいしては、当時も今も地方自治の放棄に等しいとの批判があるが、[93]そうした批判は当時、都民にかなり訴えるところがあったようである。

一九五〇年四月二二日、首都建設法は参議院において可決されたが、このあと都民による住民投票で過半数を得ることが必要であった。住民投票は六月六日の参議院選挙と同時におこなわれ、有効投票一七二万のうち、賛成が一〇二万（六〇・三パーセント）、反対が六七万（三九・七パーセント）で、首都建設法は正式に可決した。こうして首都建設委員会が建設省の外局として新たに設立されたが、反対票が多かったことはかなりの影響を残した。いまや都建設局長になっていた石川は新聞紙上で、「今度の首都建設法の住民投票位面くらった事はない。……ハッキリ反対という明確な意見がこれまでホウハイと行きわたったのには驚いた。同じ様な性格の法律を方々の都市で同じ形式でやって、かつて二割以上の反対にあったタメシがないのに……東京は四割もあった。……今度だけは衷心の怒りを感ぜしめられた」[94]と語っている。

その後も、首都建設法にもとづく都市計画の行く手は茨の道であった。一九五〇年九月八日付の『朝日新聞』は、「宙に迷う首都建設法」との見出しをつけ、住民投票で本決まりになったにもかかわらず、三カ月たっても九名の首都建設委員は任命されず、投票の棄権防止宣伝費に二七〇〇万円を投じた東京都は、補正予算も棚上げで困惑している、[95]と報じた。また、翌一〇月一三日付の『朝日新聞』は、一九四六年の東京都の計画を紹介したあと、「東京の『都市計画』。完了までに何十年。心細い道路網の建設」との見出しで、以下のように報じた。「だが廿三区の人口はすでに五百四十万人を越えた。一望の焼け野原の上に描いた『夢』と激しい時の流れにたつ『現実』との食い違いはどうなるのか。首都建設委員会は当然まず右の〔一九四六年の〕基本構想を議題にとりあげねばなるまい。法にもとづく都市計画東京地方審議会は右の目標によって現在の計画を決定した」[96]。そして、道路については、

最高幅員が百メートルのものまであったが、京浜国道や昭和通りなど計画上の道路敷地に多くの鉄筋コンクリート建物がある路線は、とても予定通り撤去することは不可能なので、本年三月最高幅員を五十メートルに大修正した。それでも幹線は千三百億円、補助百四十三路線は八百億円かかるという。……環状線は皇居を中心に八つの輪を描いたもので、拡幅工事が多いが、1、2、8号は未着手、その他も部分的に施行された所はあっても、広くなったり、細くなったり、あちこちで行止りも多い。……都市計画道路建設の実績は現在まだ百分比でいえないほどの心細さだと当局はいう。[97]

また、駅前広場についても、「広場建設は完成するとアッと驚くほど面目を一新するだけに、都市計画でも一番派手な事業の一つだが、悩みの種は建物撤去で、池袋と新宿では強制執行のバラック取壊し事件まで起した。有楽町駅南側などガッチリと商店街を作らしてしまった所は、ちょっと手のつけようがないと当局も嘆いてい

る」と報じた。さらに、緑地計画については、一九系統五五〇万坪（約一八・二平方キロメートル）、予算三〇〇億円の規模ではあるが、「千五百坪（約四九五九平方メートル）が完成しただけで、あとは全然手がついていない」と報じている。[98]

その後、首都建設委員会によって最低限必要な事業として「首都建設緊急五カ年計画」がつくられたが、その実施さえ、予定の半分にも達しないという惨憺たる結果におわってしまった。国に金を出させるという東京都の思惑は、あまりにも甘かったといえよう。[99] かくして、東京の戦災復興の失敗は、もはやだれの目にも明白となった。

（5）都市計画家・石川栄耀の慨嘆

このようにみてくると、石川の復興計画はなんらの成果ももたらすことがなかったようにさえ思えてくる。しかし、たとえば石田頼房は、そこにわずかでも評価できる部分をみいだそうと努めている。すなわち、石田は、最終的に区画整理事業が当初計画の約六パーセントしか実現しなかったことを認めながらも、「しかし、実現した地区は、新宿、渋谷、池袋、錦糸町、五反田などの、現在副都心になっている地区をはじめ、ほとんどが山手線などの主要駅周辺地区である。……もし、これらの地区がまったく整備されていなかったら、都心への一極集中がもっと強まっていたかもしれない。……副都心地区の戦災復興事業に果たした役割は大きい」と指摘する。[100]

たしかに、駅周辺地区の整備は、石川にとってもささやかな誇りではあったようだ。[101] なにより、これらの事業や歌舞伎町の区画整理事業で示された石川の復興にかかわるさいの姿勢は、彼につづく都市計画家たちの尊敬の的となった。たとえば、東京都で長く都市計画にかかわった東郷尚武は石川についての評伝のなかで、石川の弟子ともいえる東大名誉教授だった高山英華の「石川さんは、いまでいう住民参加というか、本当に地域の人たちと一緒になってまちづくりをする人で、法令条文重視でなく生活優先の人だった」とのことばを紹介している。[102]石川がユーモアとあたたかみに溢れ、人を愛し、また人から愛される人物だったことに異論をはさむ余地はない。しかし、石川自身が戦災復興の成果全般に満足していたとも、とうてい思われない。いや、むしろ都市とのかかわりのなかで、彼が日本の文化や社会への不信を深めていった感が強くうかがわれるのである。戦災復興の縮小が決定的となった一九四九年にある雑誌に寄せた小論を、石川はつぎのように書きはじめている。

外国の旅から帰った日本人が久しぶりに神戸に上陸して先ず考えさせられるのは日本の都市が余りにも乾燥無味な事である。こうした所で送らなければならない人生の惨〔め〕さ。それを考えると、真底から憂鬱になる。しかも問題なのは生活、環境の基盤になる人心。此れが全然出来て居ない。……皆お互にソッポを向いている。総て此れ路傍の人である。[103]

これにたいして欧米の都市に住む人びとは社会的であり、そこでは都市のつくりそのものが社会的であると考えた石川は、外国の例を引きながら、都市を「人心和〔や〕か」にするために、広場、車輌交通の統制、調和のとれた建築、整然とした街路網、緑地の配備といった要因の重要性を力説する。しかし、彼の筆致の端々ににじみ出ていたのは、日本の状況をかえりみての慨嘆である。いわく、「我々の為す可き事は先ず先進国に追いつく、それが精一杯の今日ではあるまいか。（それに対してさえも意欲を有たない日本人の今日の心をどうしたら好いか）」。[104]そして石川は、みずからの主張が「鹿鳴館的」であることを自覚しながらも、「都市丈は『余りにも余りだ』と思う」がゆえに、「社会に対する愛情。此を都市計画と云う」との「自分の机上戒語をいろいろな意味において、日本の市民達に贈り度いと思うのである」と述べて、この小論をおえている。(105)

また、石川は、右の小論発表から二年後におこなわれた丹下健三との雑誌対談では、集合住宅の是非をめぐる議論のなかで、つぎのように述べている。

都市計画の上ばかりでなく、人間の基本生活という点からみて理論的にはアパート生活がいいということになるが、さて現実には簡単にはゆかないんだ。いま、輿論調査をやればアパートより一軒家に住みたいという人が多いだろうね。こないだ小学校の子供にこの問題を聞いたら「アパートがいい」という。訳を聞いたら「アパートは民主主義だ」というんだ。「では民主主義とは」というと「しらない」。一寸がっかりしたが、しかし、まだ、いまの段階ではアパートという共同生活をするのに必要な、エチケットが確立されていない。集団的、つまり社会的な道徳心がもっと高くならなければ、まだ、駄目だね。(106)

そして、さきの『週刊朝日』誌上で晩年におこなった対談では、「東京も随分チャチな木造建築が建て込んでるね。ほんとにいやになっちゃうね」とか、数寄屋橋そばの川沿いの「あの不潔な飲み屋の固まりは首都の都心風景とは思えんね」と述べたあとで、新橋から山下町付近で進行中の埋め立ての目的をたずねる対談相手に、以下のように答えた。「高速道路のためさ。横浜から千葉までの高速道路を造れば、横浜、東京、千葉の港が一つになる、という構想でやってるんだよ。ところが、中々できないんだよ。日本の民主主義も本当の民主主義になるには十年、二十年かかるね。皆目標を忘れてるんだ(107)」。

石川は、住民とのかかわりが直接にあったいくつかの地区レヴェルでの復興からは、それなりの満足感をもったのかもしれない。しかし、彼の復興計画そのものに広範な支持が得られていると感じたことは、およそなさそうである。

おわりに

最後に、東京の戦災復興が挫折した原因をまとめておこう。まず、その原因の一端が復興計画そのものにあったことは否めないであろう。東京の都市人口を戦前期から半減させることを目標にした計画は、やはり非現実的だった。いいかえれば、戦時の防空都市計画や国土計画および、そこでの農本主義的な性格を色濃く継承していた復興計画では、戦後の急速な工業化や、首都ゆえになおさら顕著な管理中枢機能の集中化に、対応できなかったのである。

とはいえ、政府や都民による計画への後押しがあれば、事態は違っていたのかもしれない。人口三〇〇万人の東京はなるほど非現実的だったかもしれないが、東京の復興計画自体は、当初の政府方針に照らしてみても模範的なものであった。それにもかかわらず、そして東京の戦災復興の成功には政府の後押しが不可欠だったにもかかわらず、政府は、人口抑制の方策にせよ財政面でにせよ、東京にとって強力な後ろ盾となることはおよそなかった。むしろ、一九四九年の「再検討」に顕著にみられるように、かなり冷淡とさえいえる。そうした後ろ盾なしに復興計画の策定のみが先行し、その間に、復興事業の実施にあたっての条件は、悪化の一途をたどっていった。しかも首都である東京は、ＧＨＱからの圧力にも敏感に反応せざるをえなかった。

このようにみてくると、東京の戦災復興を失敗にみちびいたもっとも根源的な要因は、都市計画の成否は政府しだいという戦前からの都市計画システムが、戦後再建期においても改革されず、そのまま残っていたことに求められよう。復興計画の実施を国にたよらざるをえない東京都にとっては、その活路を首都建設法に求めるしか手だてはなかったのかもしれない。しかし、その目がつねに国を向いていた以上、都民による都市計画への広範な支持を得ることはできず、不法建築の叢生といった、むしろ長期的な都市計画の崩壊を促進するような状況が展開したことも、うなずけるのである。

東京の戦災復興において中心的な役割を担った石川栄耀は、一九五五年九月、六二歳でその生涯を閉じた。亡くなったときのようすは、のちに以下のように述べられている。「彼の告別式では、大学総長、都知事等の弔辞がつぎつぎと読みあげられたほか、ユーモア・クラブ会長徳川夢声氏の彼を語るエピソードの紹介、そして、最後は、落語家小さんが彼の霊前に捧げる〝そこつ長屋〟の一席でしめくくられている。いかにも石川らしい幕引きであったが、彼の、地域に溶けこんで市民と一緒になって考える都市づくりの姿勢は、このような彼の人間味あふれる人柄から醸成されたものといえよう(108)」。

しかし、くりかえしになるが、石川自身は、地域を超えた広い世論にたいする不信や不満を払拭することが、最期までできなかったようである。敗戦後に変わらなかったのは、都市計画の理論やシステムだけではない。都市計画システムの欠陥が大きな要因だったとはいえ、都民の側も、不法建築の叢生に象徴されるように、自発的に公益を追求していくといった意識の改革ができずにいた。そうしたなかで、石川は都民全般には失望し、その結果、都市計画を通して築くべき新しい社会の姿をみいだしようにも、彼にはそれができなかったとの感が強い。

晩年におこなった『週刊朝日』での対談においても、石川は、行政区域の境界変更にかんする話をきっかけに、

「世論という奴が不精で、いいほうへ味方してくれないんだ。知恵のある人は憎まれそうな事は皆黙っちゃうんだ」とか、「世論の弱い国だね。弱いというより今度のセンキョなどでは世論の軽薄な国だという気がした。だから、ヘンな民主主義が強くなっちゃうんだよ。アンパイアが、日本にはいないんだ」といった発言をくりかえしている。石川にとって戦後とそれ以前の違いは、この「民主主義」が、かつては軍国主義でおきかえられていただけにすぎない、といっても過言ではないだろう。あげくに石川は、対談相手の「昔ならお上の御用という一声でやれたけどな」という発言に、「あれにも半分はいい所があったような気がするね」とさえ応じているのである。(109)

たしかに、石川自身も、みずからのいう「知恵のある人」のひとりであったとの批判は免れないかもしれない。しかし、石川栄耀という稀代の都市計画家が、戦後の一大改革期に東京の戦災復興をめぐる顚末を通して、右のような不信や不満をもたざるをえなかったとすれば、それは幻におわった理想の、悲しい遺産であるといえよう。

第七章　拒まれた現実路線
――大阪の事例――

はじめに

大阪市の戦災復興にあたり、どのような計画がたてられ実施されたかについては、すでにさまざまな研究のなかで論及されている。そして、これらの研究においては、何年何月にどのような街路計画、公園計画、あるいは区画整理区域が決定されたかなど、具体的な事柄が詳細に述べられている。(1) しかし、計画策定の担い手となった大阪市当局以外に、どのような人びとが復興構想をもっていたのか、あるいは市当局の計画が市民にどのように伝えられ反応をよんだのか、さらには、市民が計画の策定に多少なりとも関与したのかどうか、といった諸点について、これまで十分に解明されてきたとは言いがたい。そこで、新聞をはじめとする当時の出版物や市当局の一次資料の検討を中心に、これらの疑問を解き明かすことが、本章の主な目的である。

そもそも、一八八九（明治二二）年にはじめて市制が施行されたときの大阪は、現在の都心部の一角をなす船場、天満、島之内からなる、いわゆる三郷とよばれる一帯を中心とした、面積四五三万七二〇〇坪（約一五平方キロメートル）、人口四七万強の規模であった。そして、このころから激化する工業化・都市化の波は、この旧市域周辺を瞬く間にのみこんでいき、一八九七（明治三〇）年および一九二五（大正一四）年の二度の市域拡張を経た大阪は、一九四〇（昭和一五）年には面積五六五万三八二三坪（約一八七平方キロメートル）、人口三二〇万あまりを擁するまでになっていた。しかしその時点でも、三郷を中心とする旧市域は、比較的整然とした街並みが残る市街地だった。なぜなら、ひとつには、一部にスラム地区が点在していたものの、基本的には天正年間の豊臣秀吉による町づくりを出発点とした、グリッド型の街区パターンがすでに存在したからである。ただし、その道路幅員は、近代都市としてはいささか不十分という重大な問題をかかえていた。もうひとつの理由として、一九一九年都市計画法にもとづいて策定され実施された第一次大阪都市計画事業の主要な目的が、旧市域を中心とする都心部の改良諸事業にあったことがあげられる。

これにたいし、新たに市域に編入された地域では、無秩序な市街地化とその弊害がより顕著であった。それは、急激な工業化・都市化対策としての包括的な都市計画が十分に機能しなかったからである。第一次都市計画事業以前に大阪市当局が立案した、未開発地を視野に入れたさまざまな都市計画のこころみは、法的・財政的裏づけが欠如していたために結局中央から認められず、市街地の膨張に歯止めがかけられなかった。とくに、第一次市域拡張で市域に編入された地域が深刻な状況を呈していた。第二次市域拡張で編入された地域は、組合施行による土地区画整理が積極的におこなわれた分ましだったのにたいし、第一次市域拡張で編入された地域では、そういった局所的・部分改良的な施策すらなかったからである。

たしかに、新市域を視野に入れた包括的な都市計画のこころみとして、一〇一路線の街路新設・拡張をもりこんだ総合大阪市計画が一九二八（昭和三）年に立案された。しかし、そのうち戦前期に事業として実現したのは、街路二八路線等にかんする第二次都市計画事業の六割、街路一二路線等にかんする第三次都市計画事業の一割にすぎなかった。しかも、工業地帯として急速に発展した市西南部の港湾地帯では、工業用水汲み上げなどによる地盤沈下が甚だしく、頻発する浸水対策を主眼とした都市整備が重大な課題として残されたままであった。

要するに、戦前期の大阪では、明治期以来の懸案だった無秩序な市街地化の防止や、すでに開発されてしまった市街地の再開発にかんする抜本的かつ有効な施策が、いまだ不十分だったのである。したがって、第二次世界大戦後の戦災復興は、未完の都市計画にふたたび取り組む好機でもあった。(2)

一　一九四五年『基本構想』

(1)　新聞・雑誌での注目の高まり

大阪市の市街地は、一九四五年一月三日にはじまるアメリカ軍の大空襲により甚大な被害を被った。敗戦の前日までに三〇回近くにおよんだ空襲による被害は、焼失・倒壊戸数約三一万戸、罹災者総数約一一三万五〇〇〇人（うち死者約一万人、重軽傷者約三万五〇〇〇人）を数え、戦災地域は全市域の約二七パーセントにあたる一五一二万四〇〇〇坪（約五〇平方キロメートル）に達した。戦災および人員疎開により、市の人口は一〇五万弱に激減し、また、大阪工業の終戦時の生産力は戦前の二割程度にまで落ち込んだといわれる。(3)しかし、焦土と化した大阪の再建にむけての構想は、はやくも終戦直後に開始されていた。それらの構想は、とくに新聞がイニシアティヴをとり、官・政界や民間の有識者からの意見が積極的に紹介される形ですすめられ、ひとり大阪市当局だけが検討していたわけではなかった。

たとえば、第五章でも述べたように、大阪本社発行の『朝日新聞』（以下、『朝日新聞』〈大阪〉と略す）は、敗戦後まもない八月二七日から約二カ月にわたり、大阪を中心とした西日本各地における戦災復興の構想を紹介する、「焦都再建」シリーズを掲載した。その第一回は、大阪市内焼失図と市中心部焼跡の写真とを掲げ、「この焼失図を前にみなさんの新大阪の構想は?」と問いかけている[4](図5―1参照)。翌日のシリーズ第二回ではさっそく、元大阪市企画部長で、当時大阪府商経会理事長であり衆議院議員もつとめていた菅野和太郎が、彼自身による復興大阪市の未来像を披露した。その構想は、人口の上限を一〇〇万人とし、市内を緑地帯で区切り、最重要幹線の幅員は一〇〇~二〇〇間をとる(一間は約一・八メートル。ちなみに、当時大阪最大の広幅員道路御堂筋の幅員は二四間あまり)といった、非常に大胆で独創的なものであった。とくに広幅員道路は、将来路面電車が廃止され自動車社会が到来するという予想からだけではなく、不燃都市建設の必要や美観上からも、「都市の道路はどれだけ広くとも、広ければ広いだけよい」という信念にもとづいて提案されていた[5]。

このほか、「焦都再建」シリーズには、松竹会長による娯楽地区建設提案[6]、天王寺動物園長による動物園の未来像[7]、近畿海運局港湾部長による市の戦災復興と歩調をあわせての大阪港近代化の提言[8]、天王寺関係者による同寺再建構想[9]などが、あいついで紹介された。さらに、大阪本社発行の『毎日新聞』(以下、『毎日新聞』〈大阪〉と略す)に同時期に掲載された「復興随想」シリーズの第一回では、戦災復興院(以下、「復興院」と略す)総裁に就任前の「閑居」の身だった小林一三が、省電の環状線化や京阪線、阪急線と地下鉄との連結などを特色とした新交通網を打ちだし[10]、つづいて第二回では、前記の菅野和太郎による大阪市復興構想がとりあげられた[11]。

また、大阪市の諮問機関として設置された文教審議会が一九四六年八月にまとめた一〇項目からなる提言も、そのうち六項目までが、都市計画的な側面に直接関与ないし言及するものであった。すなわち、第一に、「優雅な環境を設け、市民文化を開発、体位の向上に資するとともに、市民の心の憩いの場所」となるような「文化地区」を各区ごとに設定し、そこに、緑地帯、運動場、動植物園、公民館、図書館、展覧会場といった諸施設を備えること。第二に、「従来象牙の塔にこもって、市民との接触を欠く点が多かった」大学、専門学校と「社会との連繋を密にするため都市計画的に学園地区を設定」すること。第三に、「とかく不健全な環境を生みやすい」道頓堀、千日前といった従来の歓楽街を抜本的に改変し、「市民の健全な娯楽を与えるため」に、新構想の「娯楽地区」を設計し、設計図の懸賞募集をおこなうこと。第四に、「都市美、公衆衛生、交通産業などの諸方面から多角的な考慮」をはらった環状自動車路を、東西横堀川、道頓堀川、新淀川の河畔に敷設し、それを観光道路としても機能させること。第五に、「都市の建設設計には、十分に科学技術を採用し、上下水道、住宅、公衆衛生、道路、交通通信、暖冷房、教育施設などにはとくに高度の科学性をとり入れる」こと。第六に、「新興大阪市に対する市民の関心を昂める上にも」、大阪復興計画の設計図を公募すること、といった諸提言がなされたのである。[12]

さらに、第五章でみたように、建築家たちも、それぞれの大阪復興構想を積極的に提起した。そのなかには、中・高層建築や、独創的な建築構成様式の導入による近未来的な都心部の再生をめざすものさえあった。[13] 実際、そのような未来都市への憧憬は、専門家のあいだに限ってみられる現象ではなかった。それを端的に示すのが、『大阪日日新聞』が主催した、「二十年後の大阪」と題する学童自由画の展覧会だった。全市国民学校の児童より募集された作品のなかから、三越百貨店で開催される展覧会での出展用に選ばれた作品では、高速道路や高架の高速鉄道が縦横に走る「スピード時代」の到来、一五階建て高層建築の一角でテレビを囲み団欒する一家、地下街や地下鉄のさらなる発展などが予見されていたばかりでなく、ビルの屋上を発着場とする小型飛行機が主要な交通手段になるという、現在にいたっても実現されていないような独創的な未来の都市像までが、生きいきと描かれていた。[14]

(2) 復興計画の主要提案

こうした世論の高まりにたいして大阪市当局は、当初、慎重な態度を示した。とくに、『朝日新聞』(大阪)「焦都再建」シリーズ第二回では、市防衛局施設部長が、「都市設計の計画は現実的経済状態と睨みあわせて建てなければすべて机上の空論であって無益である。……都市再建の計画といった根本的なものは到底今日考えられるものではない。今後の大阪市がどんな形態になるかは戦後の大阪経済の見通しがたったときにはじめて考えられることである」と述べて、同じ紙面に掲載された菅野和太郎の構想と対照的な見解を提示していた。[15] しかし、もとより市当局は、ただ手を拱いていたわけではなく、復興計画策定の準備を徐々にすすめようとしていた。就任まもない中井光次市長は、「大阪復興の構想」と題した『朝日新聞』(大阪)でのインタヴュー記事のなかで、つぎのように語っている。

〔計画は〕飽まで健康的な緑地帯圏を目標としたものにして行きたい。然し米国の方針、政府の国土計画の方針と睨合わせて進まねばならないから急がずに衆智を集めて理想的な大阪市再建計画を樹てて行く、学識経験者や市内有力者のお智恵を拝借する復興に関する適当な機関を設けたい考えであり、近く市の機構改革をも断行して口より実際の上で現わしたい。[16]

まず、中井市長の発言のうち、機構改革が一九四五年九月に実施され、土木局から改組された復興局に復興計画策定のための復興部（その下に、さらに計画課と整地課）が設置された。[17] また、翌一〇月には、関係局部課長のほか学識経験者や市民代表などからなる復興計画にかんする専門委員会が組織され、その第一回会合が開かれた。[18] しかし、中井市長自身がこのころ公の場で述べているように、復興計画の原案は、実はすでに大阪市当局の手によってできあがっており、それをこの専門委員会に諮ったうえで決定するというものであった。[19]

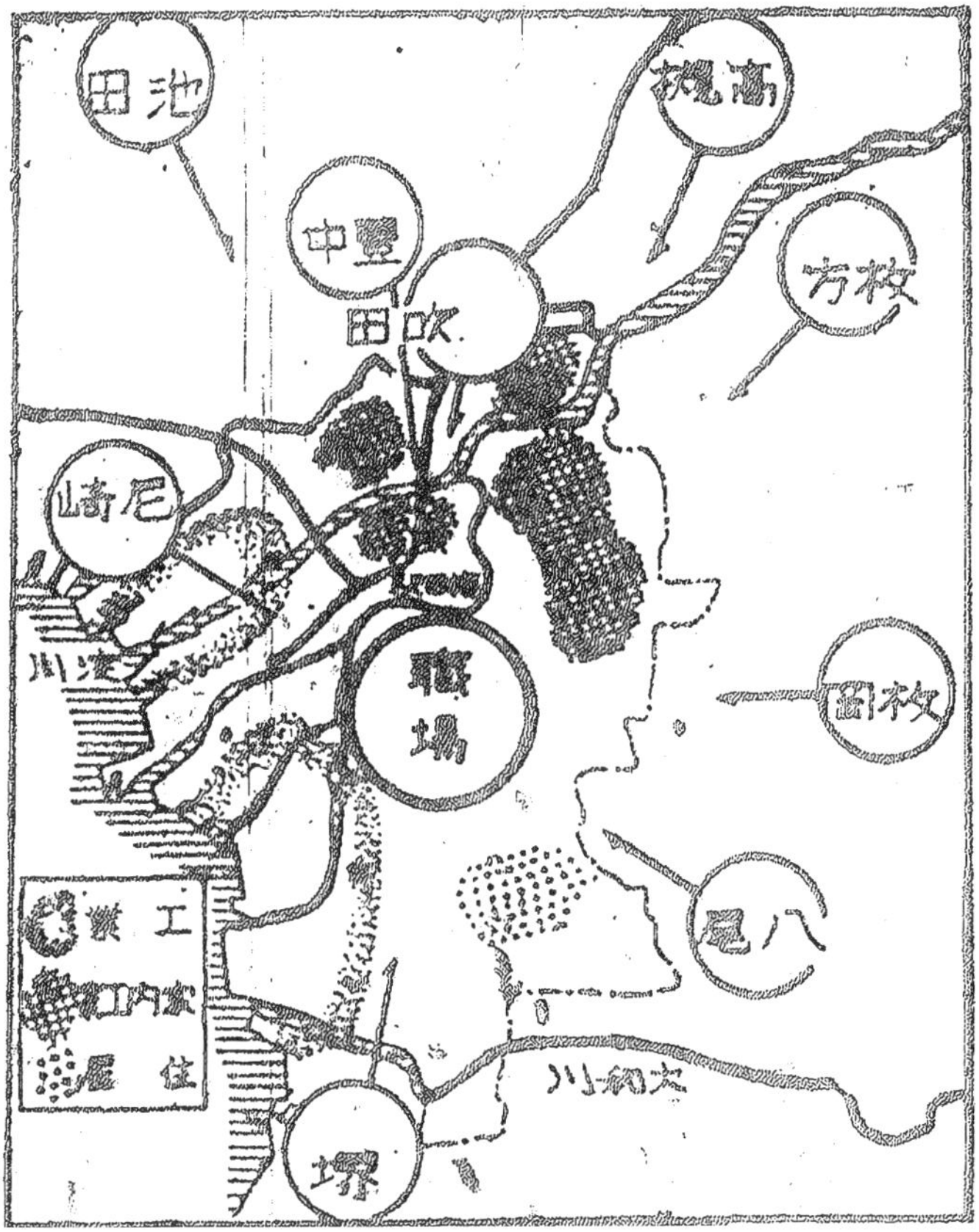

図7-1　新聞に示された大阪復興計画の基本構想
出典）『朝日新聞』（大阪），1945年12月19日

そしてはやくも一九四五年末には、「復興都市計画の基本構想」（以下、「基本構想」と略す）がまとめられ、新聞紙上を通じて公表された。それは、ひとり大阪市のみでなく、西は芦屋市、北は伊丹市から箕面村、高槻市をつらねる行政界、東は大阪府・奈良県境、南は富田林・泉大津・長野を

ふくむ線で囲まれた区域を計画区域とする、一二市、二六町、九五村を包含する大規模な構想だった。計画区域の総面積は四億二九〇万三八一〇坪（約一三三二平方キロメートル）、計画人口は五〇〇万人で、そのうち面積五六五六万三八二三坪（約一八七平方キロメートル）、人口二〇〇万人を大阪市が占めていた。大阪市以外の周辺地域にたいしては、衛星都市としての発展を目標とするような利用計画を施し、残りの部分については、農耕地、山林をそのまま確保し、既存の建物もなるべく存続させる方針がうちたてられた[20]。

また、基本構想では、諸提案の前提となる将来の大阪市の基本的な性格を以下のようにとらえていた。まず、都心としての大阪市の中心は、中之島、船場、島之内の旧三郷一帯にあり、したがって、市全体を代表する公館地区は中之島におく。しかし経済的には、大阪市は港湾に依存する一大工業都市であり、同時に、市と周辺地域との結合も、大阪港がその中心となる。そして、将来の大阪市が工業、とくに「大工業ヨリ寧ロ中小工業ガ発達進歩シテ行クデアロウ事ヲ考慮シテ計画ヲ進メテ行ク[21]」とされ、この工業地帯の中心として、此花区、港区、大正区、西区といった市西南部の港湾地帯が考えられていた。したがって基本構想では、大阪市の発展の一大目標として、同地帯の抜本的な改造にもっとも重点がおかれることになった。

だが、そもそも大阪港は、港としてはさまざまな欠点をもっていた。その根本的な原因は、既成都市で近代的な港湾機能を拡張するために、それに関連する施設を外海へ突出させていったことにある。そのため、冬期に強い西風が吹くと荷役能率がいちじるしく低下し、小船停泊にも多くの支障をきたした。また、後背地である港湾地帯は淀川三角州の軟弱地層に発達したため、工業用水汲み上げなどによる地盤沈下が戦前から甚だしく、頻発する台風や高潮時の浸水対策が急務とされていた[22]。中井市長も、「この機会に港湾地帯その他沈下地帯の根本的工事を施したい」との決意を吐露していた[23]。そのうえ、港湾の外海への突出は都心部との距離を遠隔化し、輸送能率上の経済効率を甚だしく悪化させていたのである[24]。

ただし、港湾地帯改造の方法については、いくつかの異なる見解があった。大阪港の外方発展による港と市内陸部との乖離が多大な損失をもたらしてきたとする者の多くは、安治川・尻無川の拡張による内港化をおこない、港湾と都心部とを近接させるべきだと、強く主張した。そのなかには、港区と西区のほぼ境界に位置する境川以西を全面的に海成化する必要がある、という「過激論者」さえいた。しかも、その際の浚渫土を利用すれば、地盤沈下地帯全域の地上げも可能になるというのだった[25]。他方、大阪府当局は、松井府知事の「結局河川改修で洪水対策はやり得ると確信する」[26]との発言によくあらわれているように、内港化案には消極的だったといわれる[27]。そのほかにも、内港全体を単純な直線的岸壁ではなくて櫛型に埠頭を入れた形にすべきであるとか[28]、改造後の港湾地帯は工業用地ではなく、むしろ工場建設は禁止して倉庫地帯や公園、運動場、都市農園として利用すべきだ[29]といった、さまざまな提言が出された。

しかし、結局、基本構想では、内港化・全面盛土、工業利用、部分的な櫛型埠頭建造といった線が示され、これらが、その後の港湾地帯改造事業の方向を決定づけていくことになる。大阪市当局関係者が後年に述懐するところによれば、このような結論をみちびく原動力となったのは、専門委員会に学識経験者として名をつらねていた、のちの初代公選大阪市長近藤博夫の存在であった[30]。

さて、港湾地帯改造に関連した興味深い提案としては、大阪市当局が当初示した土地建物会社設立構想がある。それは、市当局が地上げ問題をいかに重視していたかのあらわれでもあった。この構想は、具体的には以下のようなものだった。まず、地盤沈下地帯である港区、大正区、此花区の地主約三五〇〇余名による、資本金一〇億円の土地建物株式会社を資金捻出会社として設立する。そして、この会社は、実務上は市当局の主導による五カ年計画をもって、同地帯約六〇〇万坪（約一九・八平方キロメートル）全体にわたる二メートルの地上げ（盛土）を実施し、さらに、そこに倉庫、港湾関係者用住宅街、船員用慰安施設、港湾関係事務所などを包含した、理想的な一大港湾市街を建設する。当時の市整理課課長が語っているように、この構想は、港湾地帯復興計画についての「国庫補助も申請しているが、今のところ見込みがない」という、市当局にとって憂慮すべき事態にたいする苦肉の策という側面があった。[31] しかし、ほどなく事業費の五割が国庫補助の対象となる目処がつき、[32] ついには一九四七年七月におこなわれた戦後第一回の運輸省港湾委員会で、総工費約九億九〇〇〇万円の「復興一〇カ年計画案」が可決されたのである。[33]

大阪市当局の諸提案のなかでつぎに目をひくのは、緑地帯にかんする提案であろう。戦前大阪市の全市面積中に占める公園面積の割合が約一・二パーセントにすぎなかった事実を考えれば、緑豊かな健康都市の建設は、大阪の将来を語る者すべてが、もっとも切実に希求するところであった。[34] 基本構想によれば、かつて防空法にもとづいて指定された内環状空地帯を利用して、城東、東成公園から長居、住吉公園につらなる幅員三〇〇〜四〇〇メートルの公園道路が計画されたのをはじめ、鶴町公園‐天王寺公園‐帝塚山、住吉公園をつなぐ幅員一〇〇〜二〇〇メートルの公園道路、さらには、東西横堀、淀川、そして宗右衛門町通り一帯をふくめた道頓堀等の河岸沿いの遊歩道化《プロムナード》など、東京の復興計画と同様に、帯状緑地帯が市内を縦横に走ることになっていた。そのなかに、約四〇万坪（約一三二万二四〇〇平方メートル）の大阪城公園や天王寺公園（約二〇万坪〔約六六万一二〇〇平方メートル〕）、扇町公園（約一〇万坪〔約三三万六〇〇平方メートル〕）などの大公園を筆頭に、各区につき最低三万坪（約九万九一八〇平方メートル）程度の規模の公園をひとつと、さらに、市内総計で三〜五万坪（約九万九一八〇〜一六万五三〇〇平方メートル）におよぶ多数の小公園（土地区画整理公園）を配置するという計画だった。[35]

基本構想では、このほか、主要幹線街路網や鉄道による交通計画について以下のような提言がなされた。まず、主要街路網は、港区八幡町と東成区深江とを結ぶ新設の第一号線を東西の、そして、北区長柄と阿倍野とを結ぶ第二号線を南北のそれぞれ基軸として、およそ一キロメートル間隔に総延長三六七キロメートル、合計六四路線の復興都市計画街路を、おおむねグリッド状に配置する。街路幅員は二〇〜六〇メートル、とくに第一・第二号線が市内中心部を通過する部分（阿波座・谷町三丁目間および天神橋・茶臼山間）については幅員一〇〇メートルとするとされていた。そのほか、交通計画では、城東線、関西線、西成線を連絡させての国鉄環状線化、郊外私鉄の京阪、阪神の環状線までの延長、総延長一〇〇キロメートルあまりにおよぶ地下鉄網の拡充が提案された。その目的は、大阪市周辺部へは整備・拡大されているにもかかわらず、市内中心部においては脆弱な交通網を強化することにあった。[36]

その後、基本構想にもとづく復興計画の詰めの作業は着実な進展をみせた。一九四六年四月には大阪市復興局が、復興計画の基礎となる、区画整理事業にかんする土地所有者・地上げ権者との協議説明会を、各区ごとに開始した。[37]翌五月の都市計画大阪地方委員会では前記の六四路線の街路が、八月の同委員会では一八四七万坪（約六一・一平方キロメートル）におよぶ区画整理事業が決定され、[38]さらに、翌一九四七年七月には区画整理委員会委員選挙が実施されるところまでこぎつけた。[39]

ところで、区画整理事業の決定は、大阪の歴史的遺産の将来を大きく左右する問題でもあった。たとえば、同事業が予定どおり実施されれば、およそ一九〇の史跡名勝が道路、ないしは内港化のために海没する運命にあった。この事態を重くみた史跡名勝関係者は、一九四六年一一月に一同に会し対策を協議したが、興味深いことに、「結局時代の波に押し流されて多少の整理もやむを得ないとの結論」に達したのである。[40]

また同じころ、新聞は「区画整理の問題が進むにつれて寺院、墓地の問題が浮び上ってきた」と報じている。大阪市内八〇〇有余の寺院が所有する総計一三万坪（約四二万九七八〇平方メートル）の墓地をどのように処分すべきか、というのである。この問題についても、大阪市当局と宗教関係者との協議の結果、上町台地の寺町一帯をはじめとして各地に散在する墓地を、郊外に新設する共同墓地に集団移転させ、一方、寺院については集団配置をできるかぎり分散させ、その跡地は公園か住宅地として利用するという市当局案で、いったんは関係者の合意が得られた(41)。共同墓地の有力な候補地としては、枚方市禁野の火薬庫跡（現在の香里団地）の名があがっていた(42)。

このほかにも、一九四七年初めまでに大阪市内各区の公館地区の設定・設計(43)や、児童公園一〇〇カ所あまりの開設計画の具体化(44)などがすすみ、また、都市計画大阪地方委員会による復興計画の決定の面では、一九四六年一二月に都市計画公園が(45)、さらに、翌年一〇月には用途地域が決定された(46)。かくして、大阪市当局に設置された専門委員会による復興計画の基本構想に、つぎつぎと肉づけがなされていった。

（3）　みえてこない市民の関心

このように復興政策が順調にすすむ一方で、その立役者である大阪市当局の復興行政機構において、不安定な状況が展開していた。なにより、復興政策の牽引者たるべき中井市長は公職追放者に該当したことから(47)、一九四六年一二月に辞任を余儀なくされていた(48)。しかも、中井市長の退職に際して、同氏と非常に近かった佐藤復興局長が辞意を固めた。佐藤は、中井の慰留によっていったんは局長職に踏みとどまったが、その後に発生した復興局新職制をめぐる職員との関係の悪化から、結局、一九四七年一月にあらためて辞意を表明した(49)。そうした重苦しい空気のなかで初の公選市長として登場したのが、復興計画にかんする専門委員会で基本構想の立案に大きく貢献した近藤博夫である。

京都大学工学部土木工学科卒、大阪市港湾部長、大阪市理事、大林組常務などを歴任し、土木学会関西支部長でもあった近藤は、自他ともに認める土木技術・行政の専門家だった[50]。社会党候補として一九四七年四月の市長選挙に臨んだ近藤は、総投票数四一万一三六票（投票率四九・九パーセント）中の一六万二五七二票を獲得し、市長に当選した[51]。その新市長近藤が就任後に第一に語った「夢」は、大阪復興への意気込みを十分に感じさせるものであった。そこでは、理想的な港湾施設に生まれ変わった大阪港、鉄筋・ガラス張りの不燃建築が林立する心斎橋、中之島などの都心の商店街やオフィス街、閑静な住宅街、市内いたるところに配置される広幅員の道路や緑地帯・大小の公園、徹底的な浄化や公害防止に配慮した河川や周辺の工業地帯等々からなる、近代的な「商都と水都」・「煙なき工業都」としての将来の大阪の姿が披瀝されていたのである[52]。

近藤市長の登場に際してはまた、従来「あまり間隔があり過ぎて、親しめなかった」市長・市当局が市民にとって身近な存在になるだろうとの、高い期待が寄せられた[53]。近藤自身もそれを十分に意識し、公聴課の新設や市民との公聴会・座談会の開催といった政策を積極的に展開した。ところが、こうした大阪市長・市当局と市民との対話の場は、復興計画や関連する施策がかならずしも十分に周知されていないことを露呈する機会ともなった[54]。その最たる例が、一九四七年九月に開催された市内各区青年団体代表者と市当局との座談会であった。そこでは、新聞などでの関連報道がしばしばあったにもかかわらず、「大阪市復興の基礎となる都市計画の内容を一般市民に知らせることが市民の復興熱を高めると思う」とか、「児童公園、小公園を数多くつくってもらいたい」といった意見が出されたのだった。なかでも大阪市当局が、府・市による二重監督権の解消によって戦災復興の促進をはかるという意向で、強力に推進していた特別市制度の導入にたいしては、なぜ早急にそれが実施されねばならないのかという疑問が続出し、市当局側は、「市内の青年会を代表する進歩的な青年達に理解されていないことにはいささかガッカリ」させられた。[55]

もとより大阪市当局が、復興計画の宣伝を怠っていたわけではない。たとえば、復興局は、一九四七年六月に都市計画協会との共催、関係省庁の後援による「都市復興展」を市内の百貨店で開催した。[56]また、同年九月、前記の青年団体との座談会の直後に開催された公聴課主催の公聴会では、土木局長が復興計画の目玉のひとつである緑地帯・公園計画について詳細な説明をおこない、「以上の計画は夢ではなく少くとも四、五年先には実現の可能性がある」と熱っぽく語りかけていた。[57]だが、市当局のそうした努力にもかかわらず、復興計画全般、すなわち、街路計画や緑地帯・公園計画、あるいは用途地域指定などの全市規模での諸提案にたいして、市民の関心が深く、また高かったことを示す記録は、少なくとも新聞が報じたかぎりでは見受けられない。ましてや、その根底に流れる理念への理解となると、望むべくもなかったのである。

では、独自の復興構想を公にしていた有識者・専門家といった集団以外に、どのような人びとが、いかなる次元で、復興計画の策定や実施の過程に関与したのだろうか。また、そこでは計画のどの点について、いかなる見解が表明されたのだろうか。これらの疑問を解く手がかりのひとつとして、戦災復興土地区画整理事業をおこなった各工区についての『事業誌』をあげることができる。それと同時に、各工区での区画整理委員会の設立よりかなり以前の段階から、大阪市当局が、専門委員会による復興計画の基本構想の検討と並行して、復興院の総裁に就任まもない小林一三が奨励していたような、戦災地の地元住民を中心とした「自主的な復興会」[58]の設立に尽力していた事実にも注目したい。

戦災復興土地区画整理事業誌によれば、基本構想での「方針に沿って、〔こうした〕各区復興委員会が、現地に即した計画を立案し、それをふたたび本庁復興〔計画にかんする専門〕委員会で総合検討して、土地区画整理方式による復興計画の大綱を決定した」とされる[59]。当時の記録としては、大正区、此花区、西区の復興会にかんするものが、大阪市公文書館に比較的まとまった形で残っている。またそれ以外にも、復興計画にたいしてどのような反応が寄せられたのか、という問題に重要な手がかりを与えてくれる資料として、やはり大阪市公文書館所蔵の復興計画への「陳情」にかんする記録をあげることができる。

以下では、各種の陳情書や復興会にかんする記録、戦災復興土地区画整理事業誌、散見しうるかぎりの新聞・雑誌記事などを分析することによって、地元関係者の戦災復興への関与についてみていきたい。ここではとくに、大阪復興の最重要課題のひとつだった港湾地帯の計画にたいする地元関係者の反応を、くわしく検討することになるであろう。

二　市民の反応——各区復興会の検討

（1）各区における復興会の設立と活動

まず、大阪市各区における復興会の設立時期、組織の規模や構成についてみておきたい。各区での復興会の設立は、一九四五年一二月ころから準備が開始され、翌年九月までには、少なくとも一二区で存在していた[60]。たとえば、西区の復興会関係の記録によれば、一九四五年一二月四日付の市復興局長から区長への書簡で、復興対策資料の提出と区単位での復興会の迅速な組織化とが要請され、同様の書簡が、各区の区長宛にも送付されたことが記されている。(61) 西区の場合、復興会の組織化は手ぎわよく進み、同年一二月一七日、区役所において第一回の「西区復興対策協議会」が開催された。(62) 委員数は計二七名で、その構成は、同区選出の府・市会議員および各町会長からなっていた。(63)

また、大正区では、やや遅れて一九四六年四月二三日に第一回の「復興協議会」が開催されているが、その常会員は前年一二月一〇日付で委嘱済みであった。委員数は、各町会連合会会長を中心に、法人三つをふくむ、計二四だった。(64) 此花区においても、「復興促進会」の組織化は一九四六年四月ころのことであった。同区の場合、その委員は一〇〇〇坪（約三三〇六平方メートル）以上の土地所有者とされており、七十余名にわたる委員のなかには、鴻池組、政岡土地株式会社といった名前に加えて、西六社と総称された大手重工業（扶桑金属工業、日立造船、汽車製造株式会社、日新化学工業、大阪瓦斯、住友電気工業）の名がみられることが、とくに目をひく。(65) 同区の委員長には、扶桑金属工業代表が選出されている。(66) また、こうした復興会組織と区画整理委員会とのあいだで、かなりの数の委員が兼任していたことを、ひとつの傾向として指摘できる。(67)

つぎに、復興会の具体的な活動内容、とりわけ、なにが復興を考える際に問題とされていたのかをみていきたい。第一に、復興会は、戦災復興にかんする地元関係者と大阪市当局とのあいだの重要な折衝の場として機能した。市当局は復興会の場で復興計画の概要を熱心に説明し、(68) 一方、住民側にとっては地元の要望を直接に提示できる機会が与えられた。

では、地元の要望は具体的にどのように示されたのだろうか。ひとつには、大阪市当局が提示した復興計画にたいする答申という形で、復興会自体が示した要望があった。たとえば西区では、一九四五年一二月に市復興局長宛に提出された復興施策要望事項のなかで、「西区ハ商業住宅兼用ノ商業地域トシ沿岸ハ倉庫地帯トスルコト」

や「歓楽街、享楽街ノ迅速復活化」といった、「都市計画対策」の迅速な樹立が訴えられた[69]。また、大正区の場合には、一九四七年一月の同区復興委員会から市助役（市長代理）への要望のなかで、二万坪（約六万六一二〇平方メートル）の歓楽地帯の設置、三万坪（約九万九一八〇平方メートル）の総合運動場の造成、内港での中央市場の分場建設といった提案がなされた[70]。とくに、歓楽街の設置は各区で重視されていた案件らしく、たとえば港区復興委員会も同様の希望をもっていたことが、新聞で報道されている[71]。

しかし、こうした復興諸提案において復興会がもっとも重視したのは、それらが都市計画上の観点から有益であるかどうかということよりも、経済的にいかなる効果をもたらすのかということであった。歓楽街の設置や拡張がさかんに取り沙汰されたことは、そのあらわれだったといえよう[72]。

広い緑地帯の設置も、同じような理由から、かならずしもつねに歓迎されたわけではなかった。西区の復興会の場合が、その好例である。大阪市当局が当初示した緑地帯・公園計画案によれば、西区には、区の西方と東方の二カ所で大規模な公園が設置される予定になっていた。これにたいし西区の復興対策委員会は、一区内に二カ所もの大公園は不要としたうえで、将来、区の東方が商業活動の中心地帯になるとの見解にもとづき、そこでの公園設置を再考するよう求めた[73]。さらにその後、問題となっている公園設置予定地の隣接地にアメリカ軍司令部専用の飛行場が計画され、その敷地内の住民にたいして短期間での立ち退き指令が唐突に発表されたため[74]、西区の「空地化」にたいする懸念を深めた復興対策委員会は、緑地地帯そのものの廃止を、市当局にたいし正式に陳情するにいたったのである[75]。

同時に、そもそも地元からの要望の大半は、個々の住民や法人、あるいは、せいぜい町会や同様の組織から出された陳情であり、区全般にかんする都市計画の確立を意図した提案ではなかった。復興計画にかかわるさまざまな問題の細部について、実に多岐にわたってなされたこの類の陳情は、以下に明らかなように、本質的には既得権益の擁護・拡大を訴えるものであった。

たとえば、工場敷地内や境内に新たな街路が通過する企業や寺社は、路線の変更を訴えた。[76] また、街路の拡張にたいして「全ク伴奏的総花的ニ拡張ヲ計ラウト云フ紙上計画ニ非ラザルヤノ感」を抱く沿線住民は、それは商工業に打撃を与えるばかりで必然性がないとして、反対した。[77] あるいは、貯木場として利用していた河川を埋め立てて緑地帯にすることを指定され、「驚愕致しますと共に営業の性質上全く茫然自失」したある材木業者は、緑地帯予定地の大幅な縮小と河川沿いでの換地とを要求した。[78] また、ある罹災商店街の住民たちは、「当然商店街として存続されるが唯一の発展策」と信じて「今日迄懸命に努力して」復旧に励んでいたがゆえに、そこを緑化するという市当局の提案にたいし「興廃をかけて此の緑地帯撤廃方を陳情」した。[79] そのほかにも、商業活動の維持・強化を目的とした商店街住民による商業地域指定の希望[80]や、換地の際の特別な配慮の要求[81]といった陳情が、数多くなされた。しかも、このような、ややもすれば利己的ともいえる陳情が、市当局にたいする区復興会の正式な要望に組み込まれさえした。[82]

残念ながら、右のような個々の陳情にたいして、大阪市当局がどのように対応したかを詳細に示す記録を、発掘することはできなかった。復興会にかんする資料などに散見されるかぎりでは、たとえば、さきに述べた西区復興会の大公園設置反対の要求にたいして、市当局は「一応地元の意見はきくが全然とり止めは本省の意向もあり出来難い」と回答し、[83] 復興会の側でも「変更は困難」と認識するにいたった[84]ことがわかる。また、いくつかの区から出された歓楽地区の設置要求については、警察からの三業地指定撤廃の通達にしたがい、「今後この様な地区の設置は考慮しない」と回答していること[85]がわかる程度である。

他方、復興会の主要な機能については、以下のようにいえるであろう。すなわち、復興会は、大阪市当局によってすでに概要がうちたてられていた復興計画にたいして、地元のすぐれて私的・経済的な利害にもとづく（したがって、その意味において地元の情勢を反映した）部分的な批判・修正を媒介した。だが、そこにおいて、抜本的な都市計画を重視した市当局と、既得権益を守ろうとする地元住民とが対立するのも、避けられなかったのである。

（2）内港化・地上げへの反対

同じような事態は、大阪市西南部各区に固有の問題だった水害対策にかんする経緯をみると、さらに明白になってくる。長年にわたり高潮の被害に悩まされてきた同地区にとって、その解決がとくに重要だったことは、此花区、大正区、西区の復興会の記録によく示されている。どの区の復興会も、水害・防潮対策を緊要な課題のひとつに位置づけ[86]、防潮工事視察の頻繁な実施や、大阪府・市当局との協議に積極的に取り組んでいった。

そうした活動のなかで地元関係者が当初とくに問題視したのは、内港化・地上げといった恒久策ではなく、防潮堤の速成を中心とした応急対策であった。一九四六年四月に着手された防潮工事は、たびかさなる高潮の水禍を防止すべく大阪府・市当局が区域を分担して実施したものだったが、まもなく地元関係者からさまざまな欠点が指摘された。第一の指摘は、防潮堤の耐久性にかんするものだった。なかでも、一部の工区で防潮堤に戦災ガラ（瓦礫）が使用されたことを疑問視する声は強かった[87]。また、防潮工事の進み具合いが区域により大きく異なっていたことも地元関係者の批判の的となり、此花区の復興会などは大阪鉄道局および府・市当局にたいし工事の促進を正式に陳情したことが、新聞で報道されている[88]。

これにたいし大阪府・市当局は、資材、労力、予算のどれもが不十分な状態では防潮工事の実施が困難なことを地元関係者に訴え、その理解を求めた。すなわち、当初五〇〇〇万円で計上した工事予算のうち、本省では五〇〇万円しか認可されず[89]、「何分、我々は潮と闘う前に初ず……予算関係で闘わねばならぬ立場にあるので此の点特に御了知置き願い」たいというのである[90]。同時に、応急防潮対策にかんする一連の問題では、ガラを使用した防潮堤の建造や工事の大幅な遅れが府の施行区域に集中したこともあって、「府、市の二重〔権〕限行政の欠点が如実に暴露された」との印象が強く残った点も否めない[91]。

しかし、大阪復興の中心的な担い手である市当局をより困惑させたのは、恒久的な水害・防潮対策としての内港化・地上げにたいする反対だった。大阪市当局は、中央政府と地元関係者という、いわばふたつの反対勢力と対峙することになった。まず、政府との関係でいえば、応急防潮対策のとき以上に予算の獲得が難しかった。地盤沈下地帯の全面的な盛土をともなう区画整理という、未曾有の大事業にたいする政府の反応は、さきにも仄示したように、当初からけっして肯定的なものではなかった。つまり、事業自体の重要性は認めるものの、他都市における一般の戦災復興区画整理事業とのかねあいもあり、「大阪市埋立ノミヲ補助スルコトハ出来ナイ」というのである[92]。市当局はそうしたなか、運輸省港湾委員会による復興一〇カ年計画の可決後も、必死で政府にたいして財政的援助を陳情したが[93]、事業費に十分な国庫補助がつくようになるのは、一九五〇年度以降になってからのことである[94]。

他方、地元関係者のほうでも、とりわけ当初は全区規模での盛土が予定されていた港・大正両区の住民が、地上げおよび区画整理にたいして強硬に反対する姿勢を示していた。市の復興計画策定の中心的役割をはたした高津俊久は、そのようすを以下のように回想している。「……たまたま〔昭和〕二三〔一九四八〕年八月だったか、僕が整地部次長、堀新君が移転補償課長になったその翌日、〔港区の有力者に〕ちょっと来いと呼ばれて……。地揚げの問題どうするのだと言って、僕と堀君とが夜通し二晩ほど難詰されてひどい目にあった。整地部次長なんて罷めようかと言ったものだ」(95)。

翌九月には一松定吉建設大臣が実情視察のために来阪し、「港区の盛土問題は重視している。……大大阪市将来のためを思うと埋立てる方が最良だとの見地から私は市会の可決を支持したい」とのコメントを残している(96)。しかし、大阪市当局関係者の回顧するところによれば、港区民が盛土案に積極的に賛同するまでには、さらに二年の歳月を要した。一九五〇年九月のジェーン台風のさい、すでに地上げがおこなわれていた地域では浸水がほとんどなかったことから、「地元をはじめとする周囲の風向きが変って、地揚げに積極的になってきた」のである(97)。

大正区においても同様に、大阪市当局にとって厳しい状況が展開していた。同区の復興会が中心となって一九五〇年三月に開催された内港計画にかんする公聴会の記録に、そのようすがよく記されている。復興会委員以外の多数の地元住民をふくむ、総計一二〇名が出席しておこなわれたこの公聴会では、冒頭から住民側と市当局側との意見が激しく対立し、復興会委員長（同区選出の市会議員）がそのあいだにはいって懸命の仲裁をはかった。まず、市当局側は、「大阪市港湾計画は国家的見地よりして大阪市発展上、国家の貿易港として百年の大計画事業であり、大正区を内港化して防潮対策を講じ水禍より免がれしむるに役立つものとして……一貫した主張の下に」すすめられ、「主務省と再三打合の結果最後案として確定したものであるから実施する」と述べ、「計画の変更は絶体出来ない」との強い意向を示した(98)。

これにたいし地元住民側は、大阪市当局による港湾計画への批判をつぎつぎと展開し、同計画に「絶体反対」

である旨を表明した。たとえば、ある住民は、港湾計画を「大の虫を生かすために小の虫を殺す」ものだと評した。つまり、この事業の対象となり、移転を余儀なくされるのはもっぱら中小企業が集中する地域であり、大工場は区域から除外されているというのであった。また、工事の進行計画や移転補償の規定が不透明であり、区画整理もその詳細が示されないままに遅れ気味であるため、住民は不安を募らせているとの指摘も多くなされた。要するに、計画によって生じる犠牲をどうするかという問題が、ないがしろにされているというのであった。さらに、敗戦直後ならまだしも、すでに復旧がかなりすすみ、しかも深刻な経済状況下にある現時点でのこうした大事業の実施は、住民をさらなる苦境に陥れるだけであるとの意見も出された。とくに、市当局案に示された材木業者の住吉区への移転にたいしては、大正区の発展をさまたげるものとして反対が集中した。そして、内港化案や地上げ案にたいする代替案として、恒久的防潮堤の建造一本にしぼった水害対策の実施が強く主張されたのである。(99)

このような一連の批判の根底にあったのは、「官僚的独善、非民主的一方的なやり方で区民の意見・意思を考えずに〔同計画の策定を〕やった」とする、地元住民側の感情にほかならなかった。住民側の発言によれば、港湾計画にかんする公聴会は一九四七年を最後に開催されたことはなく、しかもその間、区を代表して大阪市当局との交渉にあたった、大正区復興会委員長をはじめとする区選出の府・市会議員団は、その進展状況を「区民に知らせずに置いた」。(100)

こうして、いわば大阪市当局と同様に、地元住民からの批判の矢面に立たされる格好となった大正区復興会委員長は、難航する事態の打開に懸命に努めた。そもそもこの委員長自身、港湾計画、なかでも区全体の地上げについては、区民に犠牲を強いるものとして早い時期から異議をとなえ、(101)その実施の引き延ばしをはかってきた。

委員長はまた、市当局に区民の意見をできる限りとりいれさせ、「現市長は全面盛土も敢て辞さないと言ったのを三回に亘り案を変更せしめ」、盛土部分を縮小させてもいた(102)。しかし、港湾計画は大阪市、ひいては日本の将来を考えれば「或る程度賛成せねばならない」計画であり、その認識に立ったがゆえに、盛土を原則的に認めるにいたったと主張した(103)。

結局、公聴会では、大正区住民側と大阪市当局側の主張は平行線をたどるままにおわった。しかしそれは、両者の決定的な決裂を意味したわけではなかった。住民側は、原則として港湾計画に反対である点は譲らなかったものの、最終的には、あいだに立つ区選出の府・市会議員に、「政治力によって犠牲者が喜んで応じるよう」事態を収拾してほしいと要請していた(104)。その後、どのような経緯をへて大正区民の港湾計画への支持が形成されたのかは、かならずしも明らかではない。だが、少なくとも、ジェーン台風が事態を一変させたといわれる、さきの港区の場合とは異なる様相を呈したことはたしかである。ジェーン台風直後の大正区の復興委員会においては、「内港計画を後にしても防潮堤を早く完成してほしい」との意見がむしろ優勢を占め(105)、それ以降も数年にわたり、中心的な話題は防潮堤にかんする問題に移行していったのである(106)。

いずれにせよ、以上に述べた港湾計画にたいする地元住民の反対の詳細については、今後さらなる資料の発掘と分析が必要であろう。

三　政府に裏切られた市当局

（1）困難な用地確保と財政難

右に述べたような港湾計画以外の復興計画での諸提案についても、大阪市当局は厳しい状況に直面していた。そのようすを、新聞報道を中心にたどってみよう。

まず、一九四六年一二月に決定された公園計画についてみてみたい。ここで問題になっていたのは、大阪市の戦後再建にかんするさまざまな課題が競合するなかで、戦災復興事業のための用地をどのようにして確保するかであった。

一九四七年一〇月、池永大阪市住宅課長は復興院からの急な呼び出しをうけた。市営住宅建設の隘路となっていた用地確保の問題で、市はかねてよりなんらかの特別な便宜がはかられるようにと復興院に懇請していたので、それにたいする好意的な返答が得られるものと思われた。ところが、「復興院の話は全然われわれが期待したのと正反対で、用地の件は市独自の立場で解決してくれ、復興院はどうすることもできない」という始末であった。そこで、「こうなった以上市独自の立場にたって土地問題解決に最善の努力をなすべく腹をきめ」た市当局住宅課は、「このためには都市計画に利用されている公園も利用」することを辞さないとさえ主張した(107)。

公園計画案は、区画整理とのからみで、「教育上重大問題」だとする市教育委員会からの反対にもあっていた。教育委員会が問題としたのは、区画整理区域内の学校敷地約七〇万坪（約二三一万四二〇〇平方メートル）のうち約一二万坪（約三九万六七二〇平方メートル）が、区画整理によって公園などに変わる土地の地主に、換地処分される点だった。つまり、「市民保健の公園設置のために既設学校敷地をケヅリ取ることは公共性から見てどちらが重要か」が、重大な論点として浮かび上がってきたのである[108]。

他方、大公園造成の前途も多難であった。なかでも、大公園構想を代表する提案だった大阪城公園一帯の中央公園化案をめぐる経緯は、ある意味で、大阪市当局の当初の認識の甘さを示す一件とみなされていた。この中央公園建設予定地の大部分は、戦時中は軍部が、敗戦後は大蔵省が所有する国有地だった。そのため市当局は、この土地を無償払い下げで取得できるものと楽観視していた。ところが大蔵省は、おりからの財政難ゆえに、国有地の払い下げについては有償で臨む方針を打ちだしてきた。それでも市当局は、当初、「インフレの今日果してどれくらいの評価額が出るか聞くだけでもヤボだとソッポをむいて」いた[109]。

だが、大蔵省より大阪城内に二万坪（約六万六一二〇平方メートル）の土地を借り受けていた警察が、そこに公舎や警察学校を建設するにおよび、大阪市当局はいささかあわてることになる。一九四九年一〇月、市当局は大蔵省にたいして公園予定地の無償払い下げを強く要求した。しかし、これにたいする同省の回答は、「現在国有地の払下げについては有償払下げの件で進んでおりすでに静岡では静岡城内の土地を市に坪約五円で払下げている事実もあるので大阪市の希望する無償払下げは到底困難と思う」というものだった[110]。かくして、この中央公園計画をめぐる経緯を調査した新聞記事は、「市民の期待に反して〔都市計画決定されてから〕三年後の今日でも全然手がつけられていない」大構想の「実現はまだまだというところ、……金詰まりもますますひどい有様だからここ数年は夢のままになりそう」との、悲観的な展望を報じた[111]。

また、用地確保の問題は、市対府という対立の構図のなかで、より広い範囲に影響をおよぼす形でも展開した。すなわち、自作農創設特別措置法にもとづく農地解放と、大阪市当局による都市計画との競合である。市当局は、市内の農地四八〇万坪（約一五・九平方キロメートル）のうち四四二万坪（約一四・六平方キロメートル）あまりを五カ年都市計画用地として要求しており、それに反対する農民とのあいだで厳しい対立があった。この数字も、市当局にとっては「極く内輪に見積った坪数」だったが[112]、一九四九年一月に府知事が下した最終的な決断は、市当局の要求を半分以下に削減する二一一万五〇〇〇坪（約七平方キロメートル）というものだった。そこで、この決定により大阪市の復興が「著しく阻害される」と判断した近藤市長は、「市民の代表として……赤間〔府〕知事の決定には絶対に不服なので行政訴訟を起こし」、農地売り渡しの停止を求めたのであった[113]。

このように、復興計画を実施するにあたっては、土地の確保が障害となって立ちはだかっていたが、同時に、復興事業の財源をいかにして確保するかという問題も、大阪市当局を大いに悩ませた。大阪市の財政赤字が一〇億円に達していた一九四九年のはじめに、市当局は、復興事業費の捻出のために、市民から募る復興公債の発行を検討した[114]が、地方起債の枠が厳しく制限されていた[115]なかでは、これに大きく依拠できるとは考えられなかった[116]。

結局、頼りは国からの補助金だったわけだが、この点について、井上新二大阪市建築局長は、日本建築協会の機関誌『建築と社会』一九四九年一月号の「大阪復興特集」に寄せた「軌道に乗り難い復興」と題した小論において、以下のように論じていた。井上は、まず、「区画整理の進捗が遅れ勝であることが、都市復興を阻害している大きなファクターになっている」と指摘したうえで、区画整理の財政的な基盤となる「この国庫補助金が予定通り来れば、事業はスムースに進捗するのであるが、国家財政の現状よりして、却々計画通りには行かない。そして事業は遅れ勝になる」と述べて、厳しい状況を訴えた。具体的には、当時、一九四六年度より八カ年計画で総事業費約三〇億円、したがって年に約四億円弱の区画整理事業の施行がもくろまれていた。同事業への国庫補助比率は八割であったから、年に約三億二〇〇〇万円の国庫補助が必要となる。ところが、補助金の交付は

「四分の一に充たない現状」であり、「これでは全部完了するのに四〇年位かかることになる」のは明らかだというのである[117]。

しかも、「尚その上に国家財政の窮乏を考えると、いつ何時補助金打切りという手を、打たれるかも知れぬ。八年間は補助金が、例え少いながらも来るだろうと、呑気に考えていることは、頗る危険である」との危機感も強くあった。「そこで僅かな補助金を、出来るだけ有効に能率よく使うことを、工夫せなければならない羽目に」なり、「中間部」、すなわち、近世以来の整然とした街区パターンの都心部と、戦前さかんに区画整理が実施された周辺部とにはさまれた地域約八〇〇万坪（約二六・四平方キロメートル）が、「緊急整理を必要とする」との判断から、「先づこれから手をつけることにし」て、「其後余裕があれば中心部に手をつけることにしたい」との考えを井上は示した。さらには、「区画整理事業で、一番金を喰うのは建物の移転補償である」がゆえに、「これに就ても出来るだけ金を使わない様に、現在建っているものはなるべく動かさない様に、換地を工夫することにしたのである」とも記されている[118]。

そうしたなか、一九四九年六月二四日に閣議決定された「戦災復興都市計画の再検討に関する基本方針」（以下、「再検討」と略す）が、用地や財源を確保する必要をさしあたり緩和した、といったら皮肉にすぎるであろうか。この「再検討」の結果、大阪市の街路計画、公園計画および復興土地区画整理にかんする提案は、大幅な下方修正を余儀なくされ、たとえば公園計画は、大阪城一帯の中央公園が二〇万坪（約六六万一二〇〇平方メートル）近く削減されたのをはじめ、当初の二四八万九四一三坪（約八・二平方キロメートル）がおよそ四分の三の一九二万六八〇〇坪（約六・四平方キロメートル）に縮小された[119]。また、区画整理区域も当初の一八〇〇万坪（約五九・五平方キロメートル）から一〇〇〇万坪（約三三・一平方キロメートル）に縮小された[120]。実際には、困難な状況のもとで戦災復興に懸命に取り組んでいた市当局は、この「再検討」による復興諸提案の規模縮小に強い不満をもった。この点について復興計画策定の中心人物だった高津は、当時を回想してつぎのように述べている。

あの時、〔区画整理区域を〕縮小するのに腹が立ったよ。戦争に敗け、全国的に戦災を受けて焼けている都市は大阪だけでない、大局的に見て〔当初の計画のような〕そんな大きいことができるのかと〔むしろ市当局の側で〕言っている時分に、戦災復興院では広げろ、広げろと言っておきながら、四、五年も経たない中に、今度は再検討して狭めよと言う。僕にしたら、今更何を言うんだと……。(121)

(2) 噴出するさまざまな不満

このように、「再検討」は戦災復興の事業規模の縮小を決定づけたが、そこにいたる道筋は、「再検討」以前からすでにつけられてもいたのである。同じように、政府の姿勢にたいする不満も、「再検討」の以前から表明されていた。用地や財源の確保に関連した政府にたいする不満はすでにみたとおりであるが、それに加えて、既存の都市計画法制度は不十分であるとの指摘がなされていた。より強力な公的介入の方途があってしかるべきだ、というのである。たとえば、大阪商工会議所理事は、『建築と社会』「大阪復興特集」で、理想的な都市計画が「いろいろな委員会や当局者で論議されている間に、その焦土の街に仮建物が無計画にどしどし建って、何時の間にやら災害前よりはチャチで安っぽい街が出来て……仕舞う」と嘆じ、つぎにように述べている。

そこでちと遅播きの観はあるが、将来ある都市の大半を滅ぼし盡すような災害——特に火災が起る場合を予想して、一定限度以上の都市では、地域や公園や、幹線道路は勿論出来得れば或程度の区画整理のような基本的事項までも平時から決めて置くと共に土地所有権を自動的に国有又は公有化する法制として、一旦大災禍が発生したら翌日からでも其の線に沿って都市の再建が出来る様に関係法規を定め且つ不吉であるかも知れないが平時にその準備をして置く必要はないであろうか。たとえ戦争のない日本になったとしても天災の多い吾国では一都市を全滅させるような大災厄は今後も屢々来ることを覚悟せざるを得ない筈である。(122)

より強力な公的介入の可能性を求める背後には、市民の都市計画への理解の不足にたいする不満がみてとれる。とくに、公園予定地での仮設建築が批判の槍玉にあがった。たとえば、大公園構想のひとつだった扇町公園計画地の七〇パーセントが、また、河岸公園の目玉だった道頓堀の八〇パーセントが、すでに建物で占められていた。そこから、大阪市民は「公園に対して理解が少い」という意見が出てくるのだが、たしかに、復興会からの要求に示されたように、「大阪では、商店街を造ることは大賛成であるが、公園はおことわりといった話が多い。公園をつくると街がさびれると云うのだ。又、公園は大いに結構だが、自分の近くだけ〔は〕やめてくれと云うのが多い」のも事実であった。したがって、「何よりも、都市計画法そのものが新しく改正され、計画されたものが適格に実現されるよう強力になること」が強く望まれたのである。(123)

同時に、『建築と社会』「大阪復興特集」では、大阪市や国といった復興計画を推進する「官」にたいして、厳しすぎるほどの不信感があからさまに表明されてもいた。

しかし計画、実行を通じてそれが官僚に独占されていることは、目下ほのぼのと明けそめんとしている民主日本の建設のために悲しむべきことである。真に大阪の復興を担うものは大阪市民である。官僚はすみずみまで封建制がゆきわたり、親分子分関係によって利益の独占を計り、只自己の利益大にして生命長きことに努力するのみで、その事が市民に如何なる結果を与えるかは問題としない。都市計画も全く官僚の利益独占の具に利用されているのである。……最後にはっきり言おう。「大阪の復興を阻むものは官僚である[124]」。

実際、地元住民からの復興計画にたいする反対は、その縮小・後退にもかかわらず、根強く残った。たしかに、道路や公園の整備を求める声は強まっていた[125]し、区画整理区域や都市計画区域への編入を希望する動きさえ一部にはみられた[126]。とくに、港区、此花区といった港湾地帯では、盛土工事の早期実現が区内の懸案にあげられるようになっていた[127]。しかし、すでに生活を定着させつつあった多くの市民は、大阪市当局にたいして、復興事業の実施が遅れ気味であるいまのうちに、実情にかなわない復興計画を変更せよ、との意見をぶつけた。たとえば、西区復興会が一九四九年八月に市長に提出した陳情書では、区内を貫通する予定の幹線道路（築港・深江線および尼崎・堺線）の幅員を縮小することへの要求が、つぎのような理由で示された。

由来大阪は商工業を以て発展し大阪の特種性は道路幅員の広大なる所商業の繁栄に不向きとするのが現状であり従って中小商業を以て主とする当西区としても其例に洩れず高邁なる百年後の大理想は兎に角現実に即する近代都市大阪の再建に事欠かない限り道路は最底限度の幅員に止めて頂く事を切望するものであり又此事は少しでも多くの商店街を形成する為めにも……区内土地所有者の犠牲を最少限度に止める為にも是非実現を熱望して止まない次第であります[128]。

その後も、公園化提案や道路の新設・拡幅が、とくに地域の商業活動の発展を阻害するものとみなされ、その変更や縮小が強く求められた例は引きをきらなかった[129]。また、一九五六年には、ある区画整理工区内の住民たちが、大阪市当局に提出した「適性都市計画の実施」の要望のなかで、つぎのように訴えた。

〔復興土地区画整理事業は〕隣地区との連絡、地形上、実情に極めて不合理なる点があって、前記世評〔「地価引上のための画策」〕にあてはまるが如き疑がある。

都〔市〕計〔画〕が計画され一部着手に及んで以来約十ヵ年を経過しているにかかわらず、実施期日も、補償方法〔も〕が具体的に定っていないために……現住者は、日々の生活に不安を感じ、将来への生計も停止の止むなき実情にある[130]。

右の訴えのなかでも、とくに「世評」にかんする部分は、困難な状況下で戦災復興にとりくんできた大阪市当局の苦労を考えると、酷にも思える。しかし、住民側のこうした不信や不満は、復興計画の策定に際して市当局と住民とのあいだで十分な協議がおこなわれなかった結果、生じたともいえる。

この点は、区画整理事業が収束をみはじめる一九七〇年代末以降に出版された、各工区の『事業誌』における関係者の回顧からもみてとることができる。そこではたしかに、区画整理が市街地の整備にもたらした成果については、一定の評価が与えられている[131]が、同時に、大阪市当局は戦災復興についての「ＰＲが不徹底」だったと批判されている。

すでにみたように、大阪市当局は一九四六年四月に全市にわたり、学校などを利用して区画整理事業の説明会

盛土（地上げ）前

盛土（地上げ）後

図7-2　盛土（地上げ）前後の景観の変化

出典）大阪市旧換地清算課提供

を開催しているが、ある関係者の回顧によれば、「私なんか、実際に住んでおって区画整理のことは何も知りませんでした。学校で区画整理の説明会あったことも知らなかったんですね」というありさまだった[132]。説明会については、市当局関係者も、「ただ、その当時は市民が少なかった。焼野原で家が建っていないのだから、人も住んでいない。説明会には有志などが出て来ている程度だから、『結構なことだ』とは言うが、反対する声は出て来なかった」と回想している。「後になって家が建ちはじめ、人が住むようになってからは反対の声も出だして[133]」、仮換地指定が比較的早期になされたにもかかわらず[134]、権利の輻輳と地価の急騰[135]とによって、問題の処理は困難をきわめた。その結果、「総体的に、焼け跡にどんどんと、早く家が建ったところは、区画整理が遅れ[136]」、「区画整理の成果が、十分現状に即していないところがある」との苦言が呈せられたのである[137]。

おわりに

本章では、大阪における戦災復興の展開を、それが当時の人びとの目にどのように映じたかという視点から検討してきた。大阪では、戦災復興が新聞紙上などで東京を凌ぐほどさかんにとりあげられ、他都市の復興計画や、有識者や専門家による大阪復興のさまざまな構想を知る機会が、市民に数多く与えられた[138]。それらの構想は、方法論の違いこそあれ、抜本的な都市再開発を復興の目標として前面におしだすものだった。

しかし、大阪市当局は、原則として、一見したところ地味でも実現可能な計画が必要であると考えた。だが、このような慎重論は、復興院官僚層に一蹴された。この点を、当時大阪市の復興計画策定の中心となった高津の回想で、確認しておこう。

私は終戦直後〔市の〕計画課長になったので知っておるのですが、〔復興院の〕都市計画課の中におった人が広巾員の道路を主張されたのです。ところが総裁の小林さんは我々を呼んで、「日本は戦争に負けたのだから、もっとこじんまりした計画を立てろ」と云われる。……ところが総裁の意見は下の者には通じていない。「総裁はあれは云わして置けばいい」。それで東京も名古屋も百メートルの道路を計画したのです。私は六十メートルが一番広いと云う案を作って東京に持って行ったのです。……一方府からは私の案を一廻り大きくして案を持って行っておる。当然問題になった。私は何ぼ云うても出来ないし又必要がないじゃないかと頑張った。……〔しかし〕結局は東京も名古屋も百メートルがあるのだから、大阪が六十メートルじゃ困ると云う事でした。……百メートル街路を計画しないのなら大阪の計画は認めんと云う事迄云われました。〔それで〕結局東西線〔築港・深江線〕を百メートルにすると云うぐらいだけ書いて帰って来たのです。[139]

大阪市当局は、大規模な区画整理区域についても懐疑的であった[140]が、街路網や区画整理にかんする方針がひとたび復興院から課せられれば、その実現にむけて全力をあげるほかなかった。そうしたなかで、市当局が市の経済再建にもっとも重要だとみなした港湾地帯の復興については、市当局と復興院の考えかたが逆転した。市当局は、河川の浚渫による内港化や低地の地上げにもとづく抜本的な復興を提起したが、この提案にたいして復興院は、実現不可能であるとして反対したのである。

その後、大阪市当局は、市全体についての街路計画、公園計画、区画整理の範囲にかんしては、復興院の方針転換のために大幅な規模の縮小を余儀なくされた。最初に望まない大規模な計画をおしつけられ、その実現に努力したあげくに大幅な規模の縮小を命じられというように、市当局は政府に翻弄されつづけた。しかし、市当局は、港湾地帯の復興については、復興院の反対をふりきって抜本的な復興をすすめた。そのために市当局は、同地帯の復興事業の多くの部分を運輸省管轄下の港湾改造事業とし、市全体の復興関連事業のなかでももっとも高い優先順位を与えた。このことは、市全体の街路・公園計画や区画整理といった、本来の戦災復興事業の進展を大きく妨げることになった。ふたたび高津によれば、港湾改造事業をすすめるために「市としては、いきおい港湾局中心に動いてしまう。事業費だけの問題ではなく、人事もまた然りで、戦災復興の担当者としては切歯扼腕するのだがどうにもならん。……『区画整理は辛抱しろ』と、『おまえが我慢することが大阪市のためになる』と言ってやられたね」と回想する。[141]

このように大阪市当局は、復興計画を策定し実施する際に、政府との関係につねに神経を注がねばならなかったし、その意向に翻弄されつづけた。そのため、市当局には、市民の意見を十分に汲みとる余裕はなかった。このことが、戦災復興をめぐる市当局と市民との関係に重大な問題をもたらした。新聞などでさかんに報道されたにもかかわらず、市民が復興計画の全体的な構想に多大な関心を、いわんやそれへの支持を積極的に示した兆候はない。政府から復興計画の規模縮小の圧力がかかるなか、計画を少しでも順調に実施するためには、市民による支持が必要だったはずである。そのためには、市当局がさまざまな回路を通じて、商業活動にとって広幅員街路や公園はマイナスだとするような市民の考えかたを、大阪という大都市全体の都市環境の整備をはかるためには、ある程度の自己犠牲もやむをえないという思考に変えていくべきであった。

しかし、本章で述べたように、各区の復興会といった組織を通じて大阪市当局から計画を示され、いわばその是非を問われるだけであった市民の主要な関心は、限定された地域での私的な利害にからむ事項に集中した。街路計画にせよ、区画整理にせよ、あるいは港湾計画にせよ、その影響を直接に被る場合についてのみ、地域住民は既得権益を守ることに躍起となり、その結果、全市的な観点からの都市計画を訴える市当局と激しく対立した。こうした地域住民の主張は、たしかに私的な利害を第一義とするものであったが、その背景には、復興計画の策定の過程から疎外された人たちの、市当局にたいする根強い不信感があったことは否めない。

だがそれは、大阪市当局ひとりに責任を帰せられることでもなく、都市計画をすすめるシステム自体にあった問題の所産といえる。重ねて強調すれば、本来、民意を代表すべき立場にあった市当局は、復興計画を策定する過程で、政府からの政策のおしつけに対応することに忙殺され、公益を優先するための民意を形成し、その民意にもとづく都市計画を推進することができなかった。その結果、迅速な復旧を要求する市民を敵にまわすことになった。このように大阪の戦災復興は、第五章でもみた、上意下達式という戦前からの都市計画制度の延長線上に位置づけられて行なわれた戦災復興の欠陥を、多くの局面で露呈させてしまうことになったのである。

第八章　戦災復興の政治問題化
——前橋の事例——

はじめに

全国で一〇〇以上にもおよぶ戦災都市のなかから、中小地方都市の代表的な事例として前橋に着目した理由は、ふたつある。ひとつは、前橋市の土地利用計画試案が、当時、東京大学助教授だった丹下健三や浅田孝らの専門家によって作成されたことである。この試案は、戦災復興院（以下、「復興院」と略す）が在野の都市計画専門家に、全国一六戦災都市の土地利用計画の調査・立案を委嘱した制度のもとに作成された(1)。しかし、前橋の例を検討すると、群馬県・前橋市当局による正式な復興計画の策定過程で、彼らの試案が実際には影響を与えなかったことが明らかになる。また、そうした試案自体、市民の目にふれることもなかったようだ(2)。

これにたいして、もうひとつの理由は、本章で検討する時期の前橋市民ならば見逃すことのない出来事だった。東京や大阪といった大都市では、復興計画の全体構想にたいする市民の関心・関与がややもすれば希薄だったのにくらべ、前橋では、復興計画そのものにたいする一部市民の反対運動が、全市的な規模の一大政治問題にまで発展したことである。はたして前橋市の復興計画は、市民にどのような形で示されたのだろうか。そして、復興計画にたいする反対はどのようにして起こり、最終的にはいかなる影響をおよぼしたのだろうか。この経緯をつぶさに追うことで、戦災復興が中小規模の都市の政治と社会とに、どの程度のインパクトを与えたかを明らかにすることが、本章の主な目的である。

なお、前橋市の反対運動については、同市が一九六四年に編纂した『戦災と復興』に若干の資料が示されている(3)が、本章ではそれを、群馬県立文書館所蔵の都市計画群馬地方委員会関係の資料や、当時の新聞報道の詳細な検討を通して、さらにくわしくみていきたい。

一　市民による反対運動の萌芽

(1)　報道あいつぐ復興計画

一五世紀末に築城された厩橋城を中心に発達した前橋は、城下町として繁栄していた。しかし、一七世紀後半に暴風雨による被害で城郭が損傷し、これに藩の財政破綻が重なり、さらに、一七六七(明和四)年には藩主松平氏が川越城に移ったことで、以後一〇〇年近くにわたって町は衰えた。ところが、幕末の開港で特産の生糸が活況を呈したことから、町はふたたび息をふきかえし、明治期以降の前橋は、製糸業の興隆とともに生糸の町として全国に知られるようになった。一八七六(明治九)年には厩橋城趾に群馬県庁が置かれ、人口もしだいに増えて、前橋は地方政治・文化の中心としても発展していった。一九二〇(大正九)年の第一回国勢調査のときに六万二〇〇〇人あまりだった前橋の人口は、一九四〇(昭和一五)年の第五回国勢調査では八万七〇〇〇人弱に(4)、第二次世界大戦の直前には約九万三〇〇〇人に達していた(5)。

そして前橋では、都市の膨張や交通量の増加、あるいは製糸業その他の産業の成長にたいする対策が、戦前から講じられていくことになる。すなわち、一九一九年の旧都市計画法の制定にともない都市計画の策定が開始され、同年のうちに周辺部もふくめた三三二万七二八四坪（約一一平方キロメートル）をカヴァーする用途地域計画が、また翌一九二〇年には路線総数一五、総延長約五一キロメートルの街路計画が決定された。[6]しかし、こうした戦前期の都市計画は、組合施行による耕地整理事業[7]や土地区画整理事業[8]を除いて実施されなかった。この途絶していた都市計画を再度必然化させたのが、第二次世界大戦による戦災であった。

前橋市は、終戦直前の一九四五年八月五日の午後一〇時半から一時間半にわたって、B29約六〇機による大空襲を受け、市の中心部に壊滅的な打撃を被った。同年一二月の調査によれば、罹災面積は全市域の約二二パーセント（市街地の約六〇パーセント）に相当する八〇万五三〇〇坪（約二・七平方キロメートル）、罹災戸数は市内総戸数の約五五パーセント（市街地での約七五パーセント）にあたる一万一四六〇戸、そして、罹災人口は市全人口の約六五パーセント（市街地では約八八パーセント）におよぶ六万七三八人であった。また、市内の主要な建築物のなかでは一〇以上の官公庁関係の建物、学校関係七、病院二、金融機関七、県商工経済会、製糸工場など七工場、旅館二四、公衆浴場一六が、全焼またはそれに近い被害をうけた。[9]

群馬県当局ははやくも大空襲の翌日に、内部組織としての群馬県罹災都市復興企画室と、これに外部関係者を加えた戦災復興対策協議会の設置を決定し、[10]数日のうちに、空地帯の設定、緊急疎開の実施、「決戦型の住宅」二八〇〇戸の建設をもりこんだ、防空都市建設を主眼とする復興計画を発表した。[11]まもなく終戦を迎えると、前橋市当局も戦災復興への積極的な姿勢を示し、一九四五年八月末には市会議員や各町会長からなる前橋復興調査会が、[12]また、九月早々には市当局の機構を大刷新して復興事務局が設置された。[13]これら諸機構の第一義的な課題は、「住宅の急速復興と焼失地跡の菜園化促進」に代表されるような緊急の復旧対策だった。[14]しかし同時に、復興計画の策定も急いですすめられ、当時、市長みずからも、「戦災後の実状に即応して立案申請し〔た〕都市計画街路網その他都〔市〕計〔画〕上の各事業も近く夫々認可される見込みがついたので市は新機構を以て積極的に之を実現に移す方針である」と言明していた。(15)

だが実際には、復興計画の策定は、本章でみていくように、湯本実恵群馬県土木部都市計画課課長を中心に県の主導ですすめられた。県は、前橋の復興計画を、政府の国土計画策定要綱にもとづく県全体についての地方計画を構成するもっとも重要な要素とみなしたうえで、周辺町村を合併した行政、文化の中心都市として「全国中小都市のサンプル」となるような、群馬県都前橋の建設をめざしていた。(16)

では、右のような理念にもとづく復興計画の内容を、市民はいつごろ、どのように知らされたのだろうか。まず、一九四五年九月末の『上毛新聞』に、「県都再建の構想」を紹介する記事が見受けられる。それによれば、「最も重点がおかれ」る道路の建設では、幅員二〇〜一〇〇メートルの広幅員街路が提起されていた。とくに前橋市内の幹線道路は、「大都市にも劣らぬ人道、本道に分類したペーブメントで幅員は車道だけでも五十米」とし、「その両側には無数の飾電燈を点じ緑地廿米－卅米の健康地」を設置する、そして、「中でも〔両毛線前橋駅の〕駅前通りと廣瀬川の沿岸一帯は大規模な緑地となし随所に小規模な公園を造り一般市民の散策地とする」と報じられた。市中心部にはオフィス街、商店街、娯楽街が指定され、「一方健康都市建設の中心として現在の第一公園下数万坪を卅万円で既に売約、ここに野球場、競馬場、水泳場などの設備を総合した県中心の近代的な総合グランドを作る」とされていた。こうして、記事の見出しにあるような「健康と整然美の街に」という雄大な構想が示されたのである。(17)

その翌一〇月には『上毛新聞』に、「堀市長が描く平和都市前橋建設をはかる都〔市〕計〔画〕の構想」が、街路計画図とともに掲載された。市長はそのなかで、「目下市当局から内務省へ認可申請中である」都市計画事業のうち、とくに内定済みの主要な街路の幅員については、戦災者用の応急住宅建設のために「予め周知の必要があるので、市では同街路図を関係者の縦覧に供している」と述べている。したがって、この記事は市の施策の一環として掲載されたものと思われるが、ここでは、前月に二〇～一〇〇メートルと報じられた道路の幅員が、わずかの期間に一二・五～五〇メートルに変更されている点が目を引く。それは、「国の方針として補助事業は三分〔の〕一に削減すると言っているので……当初の規模の縮小は必至とみなければならぬ」からとされた。[18]

しかし、くりかえし述べれば、前橋復興計画の策定は群馬県の主導ですすめられていた。道路の幅員については、その後も、主要幹線は「中央の方針に基き……廿メートル以上卅メートル」[19]、あるいは「二十五米を最低限度として……三十六米」[20]などと、さまざまな数字が報じられたが、結局、一九四六年六月の群馬県参事会で幅員は二五～五〇メートルとする計画案が採択され、それと同時に県は、東京の八州興業株式会社に委託して測量を開始することを決定した。[21]

かくして、一九四六年七月には「槌音も逞しく」県都復興の起工式が挙行され、「全県民注視の裡に平和都市大前橋の建設工事は逐次近代都市美を誇る幹線道路と環状線全市域に沿って点綴する公園広場、緑地帯の実測へと進展し近き将来の県都再現が約束される訳である」と報じられた。[22]しかし、すでにこのころまでには、市民の復興計画にたいする不信や不満が、新聞紙上を頻繁ににぎわしてもいた。以下にみるように、そうした批判の矛先は、主に街路計画にかんする地方当局――とりわけ県当局――の姿勢にたいしてむけられたものであった。

（2）市民のあいだにつのる不満

街路網計画、とくに街路の幅員は市民にとっても関心の的であり、右にみたように頻繁に新聞で報道された。それにもかかわらず、群馬県当局は、街路網計画が都市計画群馬地方委員会で正式に決定（都市計画決定）されるまでは、その全貌を開示しないとしていた。同委員会で街路網計画が正式に決定されることは、この計画に国からの実質的な御墨付きが与えられることを意味した。だが、県当局の未開示の方針のために、戦災後の応急復旧に際し、ひどく混乱する状況が生じた。たしかに、一九四五年末までに五〇〇〇戸あまりの戦災住宅が完成した前橋の応急復旧ぶりは、「県下はもとより戦災他都市の羨望の的」と評されるほどだった。しかし、その過程で街路網計画が「予示されなかったため、戦災住宅の建築は道路計画を予期しあるいは予期せずてんでんばらばらとなり体裁よりも商店街などは下手な積木のように各戸が道路から離れあるいは即して勝手な方向へ向いたため客寄せに不便」さえ生じる、との苦情が寄せられていたのである。[23]

群馬県当局にたいする同じような趣旨の不満は、しばしば新聞紙上に登場していた。たとえば、一九四六年四月の『上毛新聞』に掲載された前橋復興計画を紹介する記事は、「一部市民はこうした復興計画を県で示さぬ為に、現在の住居さえ何処に建てて良いやらわからぬ。折角建てたとて区画整理で家を移転せねばならない。戦災者を労わるどころか、苛めるばかりの仕事しか役人には出来ぬのだと、怨嗟の声すら聞かれる」と報じている。[24]翌五月には、『上毛新聞』が、群馬県が前橋道路網計画を内務省へ許可申請中であると報じたが、同紙はそこで、両毛線前橋駅の駅前通りの幅員が当初の一〇〇メートルから申請中の五〇メートルに落ちつくまでに、数度にわたり変更されたことを問題視した。すなわち、「この間建築主は勿論、一般建築業者も多大な支障を受け、現在では県、市当局が『本県の復興は速やかなり』と自惚れてはいるが、事実は他県に比し決して好調とは云えず却って指導宜しきを得ぬ結果、雑然たる仮住宅の形相は将来の都市計画を再び脅威しかねない」というのである。[25]

要は、さきにも触れたように、当初は群馬県・前橋市当局がそれぞれ街路網計画を策定し、しかも県がその内容開示に消極的だったことが、市民を混乱に陥れたのである。たとえば、市当局はもっぱら幹線道路の拡張について発表したため、それに面していない地区の住民が、自分たちは道路の拡張と無関係だと思いこんで建築を開始したところ、「県の計画では市内総て〔の道路〕が六米以上に拡張されると云うので、その作業を停止した如き事実」があった。これでは、「戦災復興を叫び、急速な復興に自惚れた〔群馬県・前橋市〕当局は、その裏面で官僚的机上空論を逞しくして、その結果は今日漸く計画樹立と独り喜びをしている」だけで、実際には「一般の非難を痛烈に浴びている」と論じられても、いたしかたない状況であった。[26]

このほかにも、借家権の帰趨、[27]建築税（不動産取得税）反対の動き、[28]都市計画実施の際の家屋撤去にかんする補償[29]といったさまざまな問題がとりざたされ、ついには新聞紙上に、「前橋都〔市〕計〔画〕よ出直せ」とつめよる投書さえあらわれた。その投稿者は、「この山間の中都市に五十メートル、百メートルの道路の必要が何処にあるか」との疑問を呈し、以下のように述べている。防火道路の幅員は五〜一〇メートルもあれば十分であり、不必要に広大な道路の建設は、「航空機に対し、竹槍訓練を強制した軍部のボンヘッドを、再び市民の犠牲により繰返すものに過ぎない」。そして結論としては、「要するに当局は現在の計画を放棄して、明白にこれを公示せよ。而して緻密なる科学的検討の下に都市計画を再編（修正ニ非ズ）し、市民の戦焼の回復を待って、民意に則り、改めて之を実施せよ」と、強く迫ったのである。[30]

また、群馬県当局の「天下り式秘密主義」を批判する投書も登場した。だが、その投稿者は、「なる程原子爆弾以後防火道路巾は十米で結構、五十米、百米の道路は事実相当考え物である」としながらも、同時に、「民意とは言え大衆の要求は、往々にして実利に過ぎ見訓れぬ物を不必要と断定し勝ち」であり、「我々は兎角従来の習慣からけち臭い考え方をし勝ち」であるとも指摘していた。むしろそれゆえに、県当局が復興計画の全貌を明かさないかぎり、前橋市は、「雨後の筍の如く、旧来の線に沿って」再建されるだけであり、「千載の一遇も、遂には儚き一泡と帰し去らざるを得ぬ羽目になる」。したがって、「夫々立案せし物をその都度公表し、要すれば展覧会等の形で其の方向を示すと共に、……之等には市民の意とする所を大いに提案せしめ、専門的見解を之に注入し、民意をピックアップすると言う行き方」で根本的な「都〔市〕計〔画〕民主化」をはかれと、この投稿者は主張していた(31)。

このように市民の苛立ちがつのるなか、ようやく一九四六年九月の第二六回都市計画群馬地方委員会において、前橋復興計画のうちの都市計画街路と土地区画整理区域とが正式に決定された。同委員会での湯本県都市計画課課長の説明によれば、この街路計画案は、基本的には一九三五（昭和一〇）年に決定された前橋都市計画街路を土台としつつも、「戦災復興院の指導方針にもとづきまして将来の自動車交通及建築の様式或は規模又は防火、保健、美観等の関係を考慮」し、「幅員等につきまして全面的に更新することを適当と認め」たうえで作成した、二九路線総延長五三・五キロメートルの計画であった。また、県知事を事業施行者として実施する総面積一〇三万五〇〇〇坪（約三・四平方キロメートル）の区画整理の設計方針では、区画整理街路の幅員は最低六メートル以上にすること、整理区域総面積のうち一三パーセントを公園および緑地に充当すること、過少画地を整理することがあげられ、さらに同委員会での質疑応答で、民有地の減歩率を三割二分五厘とすることが明らかにされた(32)。

右の都市計画群馬地方委員会での決定を伝える新聞記事では、前橋市の中心地である商工経済会前に造成予定の四九一一坪（約一万六二三五平方メートル）の中央大広場や、それを基点として放射状に広がる幅員二五〜五〇メートルの一等街路――そのなかでも、とくに中央大広場と両毛線前橋駅を結ぶ幅員五〇メートルの広街路（駅前通り）――、あるいは両毛線前橋駅前（三七五一坪〔約一万二四〇〇平方メートル〕）、上毛電鉄中央駅前（一六三三坪〔約五四〇〇平方メートル〕）、県庁前（六六五坪〔約二二〇〇平方メートル〕）に建設予定の緑地広場などが、大きくとりあげられた(33)。

一方、区画整理については、一九四六年一一月二六日付で、対象区域一〇三万五〇〇〇坪を四工区に分けた施行地区が、群馬県から告示された(34)。そして、土地所有者、借地権者などの権利関係者は、この告示から一カ月以内に、その旨を事業施行者（県知事）に申請するよう義務づけられた(35)。同時に群馬県当局は、前橋市当局と協力して権利関係の検討、測量などの換地準備を着々とすすめ、同年一二月のうちに、両毛線前橋駅の駅前通りの道路拡張工事を中心とする第一期工事を、すぐにでも開始しうるところまでこぎつけた(36)。翌一九四七年二月には群馬県前橋戦災復興事務所が開設(37)、翌三月には区画整理の設計図面が市役所土木課と前橋戦災復興事務所に備えつけられ、一般の縦覧に供せられた。さらに、区画整理事業の遂行を円滑にするための県知事の諮問機関として、これに関連する約八〇〇〇の土地所有者・借地権者のなかから正員三〇名、補充員一五名からなる土地区画整理委員会を設置することになり(38)、その委員選挙が同年六月に実施された(39)。

また、群馬県・前橋市当局、とくに湯本県都市計画課課長は、市民のあいだに広まりつつあった前橋復興計画にたいする不信や反対を払拭すべく力を尽くした。たとえば、前に述べた新聞投書での疑問や批判にたいしては、湯本自身がそのつど投稿欄に誠実な返答を寄せ、市民の理解と協力を訴えている。そこでとくに目をひく点は、復興計画の内容を発表するのが遅れたことへの批判にたいする弁明と反論であろう。たとえば湯本は、「今までの災害と違い先づ応急措置というか応急復興が最も大切であり、緊急である」ときに、「もし道路とか公園広場の計画だけを余りに早く発表したとすれば、土地区画整理の目鼻のつくまでは単に制限だけをやって行く事となり、土地所有者も借地人も戦災者はことごとく非常な窮屈な立場に置かれるわけであって、先づ応急復旧の間はその発表を差し控えた」と述べ、つづけて、「若し災害直後、ないしは終戦間もなく復興計画を発表し、ここは道路になるから、ここは公園、広場になるから、ここは何になるからと、わづかに六坪内外の戦災住宅に対しても、一々制限を加えられたとしたら、一体本県の各戦災都市の復興は、はたして今日のようにめざましい復興が出来たであろうか」と書いた。[40]

実際、湯本は、こうした応急の復興を、長期的な「都市復興の基盤」とみなしていた。したがって、終戦一周年をひかえた前橋の「実に目覚ましい〔応急〕復興振」を伝える新聞記事でのコメントにおいても、彼の復興計画が「決して戦災者の今までの努力を無にしたり、将来を犠牲にするものでなく、あくまで戦災者と共に手を執って共に立ち上がるものであることを堅くお誓いする」と、強調したのである。[41]

それにもかかわらず、復興計画にたいする反対は払拭されるどころか、むしろ日を追って強まっていた。新聞も、「湯本県都市計画課長の建設の夢」を「都〔市〕計〔画〕が描く美しい絵の街出現」とのタイトル入りのイラスト付きで紹介する[42]（図８―１）一方で、市民の不安をあおりたてるような報道をおこなった。たとえば、区画整理第一期工事の開始が目前に迫ったことを伝える一九四六年末の記事では、区画整理にともなう移転により、全市域の二分の一、戸数にして約六〇〇〇戸がその影響をうけることになると、かなり誇張した数字が伝えられた。さらにそこでは、移転にたいする補償について、つぎのように論じられている。

さてこの補償であるが、百坪〔三三〇・六平方メートル〕の私有地全部が道路にとられても一割五分の十五

上毛新聞　（月曜日）　（第三種郵便物認可）

縣都前橋の構想

藝術的な建物と庭園

都計が描く美しい絵の街出現

図8-1　新聞に示された前橋市の復興計画

出典）『上毛新聞』1947年２月17日

坪〔四九・五九平方メートル〕について補償されるだけで、現在の家屋を五十米動かすにしてもホンの涙金程度の補助しか出ず、あとは自費でやらなければならないので、イザとなると金がなくて移転が出来ないという問題も考えられるし、優秀な宅地を根こそぎ道路にとられて悪い宅地を貰ったということも起るだろうし、換地計画如何によってはトンでもない地域に引越さなければならない問題も起りうる等々、われわれの近代都市をつくるための障害や問題は大きい[43]。

また、一九四七年六月に、群馬県・前橋市当局が市内の劇場で復興計画についての公聴会を開催した際には、『上毛新聞』につぎのような記事があらわれた。「この計画について細かく弁ずる湯本県都〔市〕計〔画〕課長の説明を聞きながらも一般聴衆の間には何か割り切れぬものが感じられた」とみてとった同紙記者は、聴衆各層から意見を聴取し、反対が強いことをつきとめた。市民は、「机上計画が信用できない」、「湯本課長のいうことは自己宣伝みたいで、もっと具体的なことがはっきり聞きたい」、「折角今のところに落ち着いた生活が出来ると思っていたのに」、「絶対反対です……今の〔湯本課長の〕話の内容が少こし《ママ》も確実性がない」と、つぎつぎに批判したのである。記事では、「結果を総合すると、県の計画が一般にのみこめていないことが主な反対の原因」であると分析され、「こうした大事業はどうしても一般市民の協力がなければならないのだから当局でももっと事前に事業の必然性なり市民個人の利、不利を納得させるべき」だった、との結論が導かれている[44]。

こうして、区画整理事業の開始を目前にしながら、復興計画をめぐって、群馬県・前橋市当局と市民とのあいだに重大な意見の対立が生じつつあった。右の公聴会以後、約一年のあいだに、県・市当局者と関係市民との公聴会は五〇回以上開催されたといわれる[45]が、その間、事態は収束の方向にむかうどころか、混迷の度合いを深めていった。以下では、その過程をくわしくみていこう。

二　建設大臣の発言をめぐる顛末

（1）反対運動の組織化

前橋復興計画にかんする一連の公聴会では、当初から、事業の実施を延期すべきであるという一部市民の意見と、延期はできないとする群馬県・前橋市当局側の意見とが、まっこうから対立した。延期を主張する市民側の根拠は、応急復旧が相当すすみ、「せっかく築き上って一息ついた今これを動かすことは市民をおびやかす（以外の）何物でもない。ようやく芽を出した木が枯れるとわかっているのに位置が悪いと移植するのと同じだ」という点にあった。これに、国庫補助や移転補償といった財政面での諸問題について、県・市当局側の「話の内容に少しも確実性がない」こととがあいまって、「百年の計を望む以上十年、二十年の準備時期をおいてじっくり考えた上で」か、あるいは少なくとも「国家経済が建てなおってからの方がいい」というのである[46]。これにたいし県・市当局側は、「公共事業として……予定期間を定め（た事業を）延期すればその期間補助は減額され延期期間が長くなれば補助打切りも起る」と述べ、しかも、「万一の場合復興院の意向では現在国がやっている公共事業とか失業救済事業は全然なくなることを覚悟せよ」といわれている点を強調し、「市民の悪いようにはしない、ついて来てくれ」と懇請した[47]。

同時に群馬県・前橋市当局側は、延期を要求する側につけいる隙を与えかねないような発言をくりかえしていた。たとえば、湯本県都市計画課課長は、街路の幅員が過大であるとの批判にたいし、公聴会の場では、「前橋市の街路計画はこの程度の戦災都市としては全国で最も小規模のものである」と反論していた。ところが、新聞の投書欄では、とくに問題視されていた両毛線前橋駅の駅前通りについて、「私は前橋駅前のあの四百米の区間が五十年、百年先は別として差当たり三十六米もあればというので計画は五十米でも実施は三十六米〔で〕やったらどうかということを〔本省などには〕機会ある毎に主張している」との事実を明らかにした[48]。また、一原延太郎前橋戦災復興事務所長は、『上毛新聞』が主催した「前橋都〔市〕計〔画〕推進か停止か」と題する座談会において、「この際どうしても出来ぬなら当局でも打切る考えもあるように聞いているからあまり無理去《〔そ〕》うなら止めるより仕方ない」と発言した[49]。しかも、この座談会では、関口志行前橋市長がつぎのように述べていた。

私は自家撞着ではあるが個人としては反対だが市長としては断行する考えである。個人的に反対というよりは国の根本政策として都市計画法の如きは一時之が施行を見合わせるというのが、本当ではないかと思うのである。というのは都市の整備元より結構のことではあるが敗戦日本の現状としては国民生活の安定には更に〔適〕当なる施策が必要であると信ずるからである。しかし都市計画法という法律が行われて居りこれに基いてわが前橋市が計画施行地として指定せられ且つ整備の計画が既に内閣に於て認可せられたる今日は公人として法を重んじ都市計画はこれを断行する考えである[50]。

ところで、両毛線前橋駅の駅前通りをはじめとする、区画整理事業第一工区の関係者が主体だった延期要求派は、一九四七年七月、前橋市会議員林仁八、医師橋爪与四郎、設計士久田清一郎といった人物を中心に前橋都市計画延期請願期成同盟（以下、「延期期成同盟」と略す）を結成し、本格的に組織化した反対運動を展開しようとしていた。これにたいし他の三工区では、おおむね事業の早期実施を求める声が強かった。[51] たとえば、第三工区選出の区画整理委員（借地権者）池田貞教は右の『上毛新聞』座談会において、延期運動を「不見識な話だ」と両断し、「復興途上の現状では戦災者は都市計画実施に伴って本建築に着手しようとの意気込みだから一日も早く実施がこの大計を築く第一歩だ」と述べ、第三工区は「即時実施を望む」と言明した。[52] また、やはり第三工区区画整理委員会の補充員だった県会議員遠藤可満は、終戦直後の借地権問題では借地権者側の先頭に立って当局と対立する姿勢をみせていたが、[53] 同じ『上毛新聞』座談会の席上では、「とにかく新しい歴史の建設者は文化〔都市〕大前橋建設の付帯条件である主要道路を反対や犠牲をおしても早くきめるべきだ」と主張した。[54]

しかし延期期成同盟は、群馬県知事、区画整理委員会、建設院（内務省解体にともない同省国土局と復興院から創設されたもの）への陳情や、[55] 他県の戦災都市への実地調査などの活発な活動を展開し、[56] 県・市当局もこれになんらかの対応をせざるをえない立場に追い込まれていった。まず、一九四七年八月には市当局が、五名の市会議員を各人二都市ずつ、計一〇の戦災都市に派遣し、復興計画をめぐる実情についての視察調査をおこなった。[57] 同月末に開催されたこの視察調査についての報告公聴会は、傍聴席を埋めた延期期成同盟側から延期請願の調印書が提出されるなどして、市議会対延期期成同盟の「対立討論会に脱線」した。しかも、公聴会での長沢博市議会議長の「今回の視察は都市計画実施か否かを審議するためで実施を前提としての視察で〔は〕ない」との発言が、計画の延期を示唆するものとの印象を与えてしまった。事態を重視した市議会側は、翌九月四日に市議会全員協議会を緊急召集し、「視察はあくまで実施を前提とするものである」との見解を確認し、復興計画をあくまで実施する姿勢を強く打ちだした。[58]

同時に、この前橋市議会全員協議会において、「都〔市〕計〔画〕と市民との摩擦面を除く」ために、現行の計画について「市民の納得のいく修正」をおこなうことが必要だ、との認識が示された点は重要である。これをうけて市議会は、市の都市計画委員会をいそいで設置し、さらに、同委員会と区画整理委員会および市民代表計四〇名からなる都市計画協議会を結成した。そして、同協議会を媒介として、延期期成同盟、群馬県当局、政府とも連絡をとりつつ修正計画案作成にむけての審議が重ねられ、一九四八年二月には修正案の概要が決定し、その内容が新聞紙上に公表された。

「市民の世論が中央に反映」し、「市民の納得する線に沿い」決定された計画であると、湯本群馬県都市計画課課長が評した修正案は、実質的には街路幅員の変更にもとづく、「この線〔以下に〕は絶対縮小不可能であるという前後の一線」であった。具体的には、両毛線前橋駅の駅前通りの幅員五〇メートルが三六メートルとされたのをはじめ、主要幹線の幅員はもとより、両毛線前橋駅前広場の地積が二四五〇坪（約八一〇〇平方メートル）に、広瀬川河岸の公園道路は幅員一五メートルが一〇メートルに縮小され、緑地についても大幅な縮小がなされた。また、商工会議所前広場は廃止され、広瀬川河岸の公園道路も一部は片側のみとなった。たしかに、前述したように、湯本は広幅員に拘泥していたわけではなかったが、このような譲歩が早急に示されたことは、それだけ群馬県・前橋市当局が事業の迅速な実施にむけて必死だったことの証左といえよう。だが、それは同時に、事業延期の圧力にこれ以上は屈しないという、県・市当局の決意のあらわれでもあった。

そもそも、一九四七年九月のキャサリーン台風の襲来で、前橋、伊勢崎をはじめ群馬県東部は多大な被害を被り、湯本群馬県都市計画課課長も「今は矢張り〔台風による水害にたいする〕応急措置が先」である以上、戦災復興のための恒久的な復興計画の実施が「実際問題として遅れるのは仕方ない事」であり、したがって「都〔市〕計〔画〕はますます苦難になることは覚悟している」といわざるをえない状況にまで追い込まれていた。

そこへ延期期成同盟が、復興計画よりも治水工事が先決であるとのスローガンを前面に押しだした市民集会を組織し、この機に乗じ、反対運動をいっそう促進させようとこころみた。[65] しかも、前橋市議会を誹謗する内容のポスターまで登場したこの市民集会で、延期期成同盟に関係する三名の市会議員が支援演説をおこなった事実が判明した。ここにいたって市議会は、関係議員に延期期成同盟との絶縁を迫り、復興計画実施への断固たる決意を示したのである。[66] これをうけて湯本県都市計画課課長も、「今回の水害のため一部には都〔市〕計〔画〕の延期又は中止の噂があるが、これに対し……政府も県も何ら当初の計画を変更する考えはない」と断言した。[67]

そして、一九四八年二月の修正案の決定より三カ月後の五月には、復興土地区画整理事業の補償基準が決定し、「しばらく難航していた前橋市内の区画整理はこの基本方針に基いて急速に実施の段取りとなった」かにみえた。[68]

（2）　復興計画についての公聴会の余波

だが、事態はその後もいっこうに改善のきざしをみせなかった。延期期成同盟は一九四八年六月に、「一〇カ年」という具体的な数字をあげて、復興計画実施の全面的な延期の要求を決議した。[69] 戦災からの応急復興の面ではつねに全国有数の進捗ぶりをみせた前橋だが、[70] 恒久的な復興計画の実施については「全国一の不業績都市」である事実は、もはや否定しがたかった。そこで、同年七月には、同月に建設院から格上げされた、建設省の大臣に就任したばかりの一松定吉が直々に前橋に出向き、関係者一同を会した公聴会をもって、一気に、難航する事態の打開をはかるはこびとなった。[71] ところが、この公聴会の場での大臣の発言が群馬県・前橋市当局を困惑させ、ますます窮地に追い込むことになったのである。

一九四八年七月三一日、前橋市役所において、二時間にわたっておこなわれた復興計画についての公聴会では、みずから司会をかってでた一松建設大臣が、促進論者・延期論者各五名ずつに発言者を限定したうえで、彼らの意見に耳を傾け、最後に「今日の意見を参考にして〔延期か促進かを〕決める」と述べて閉会している。公聴会での延期論者の主張自体に、とりわけ目新しい点はなかった。むしろ新聞での報道ぶりは、賛否両論の甲乙はつけがたいものの、促進派が若干有利に公聴会をおえたかのような印象を与えるものだった(72)。

しかし実際には、新聞では報じられなかった一松大臣の公聴会における発言が、群馬県・前橋市当局内部の関係者を大きく動揺させた。その発言とは、促進派のひとりから出された、かりに戦災復興事業を一〇年間延期した場合、その後でも事業への国庫補助がありうるのか、という質問にたいする一松大臣の返答だった。質問者の意図は、一松大臣の口から、延期をすれば補助は出ないとの回答を引きだすことにあった。ところが、一松は、延期した後でも「国庫補助をする」と明言したのである。前述した県・市当局側の主張、すなわち、事業の延期は国庫補助の打ち切りをみちびき、ひいては事業そのものの断念を余儀なくされるから促進するほかない、との主張が崩れた。大臣の発言により、県・市当局側は促進論をすすめるうえでの重要な根拠を失ってしまったのである。しかも一松は、「市会議員も土地区画整理委員も市民の与論を聞かない」という延期論者側からの訴えにたいし、「〔県・市当局側が延期論者に〕一人一人説明してそれでもわからないというのなら〔復興事業自体を〕止めてもらったら良いだろう」とも発言し、それが「却って反対派の気勢を昂揚させる結果となった(73)」。

群馬県・前橋市当局関係者は、さっそく公聴会の善後措置を講じるための協議をおこなったが、一松大臣の発言にたいするショックと憤懣は消えなかった。それでも県・市当局は、とりあえず建設省の意向をいそいで質すべきだとの認識で一致し、八月五日に代表者が上京し、本省都市局長、一松大臣とあいついで面談した。その結果、県・市当局は本省都市局長から、復興事業を一〇年間延期した後でも補助は出せるとの発言は、実質的には大臣の勇み足であり、いずれにせよ、事業の延期や中止を大臣の一存で簡単には決められない、との言質をとることに成功した。これに意を強くした県・市当局は、市当局が中心となって八月一〇日、二一日にあいついで召集した復興事業実施の方針にかんする協議の席で、あくまで既定計画にもとづいて事業の促進に全力をあげるとの意志を再確認した。ついで翌九月二四日の市議会で、「戦災復興都市計画事業促進意見書」が反対者一名の圧倒的多数で議決され、一松大臣に提出されることになった[74]。さらに翌一〇月には、前橋戦災復興事務所が第一工区の換地計画を完成し、両毛線前橋駅の駅前通りをはじめとする同工区内での杭打ち作業と、関係住民への移転通知書の送付に、いよいよ着手したのであった[75]。

右のような事態の進展に明らかなように、前橋市当局は、復興計画の実施を推進するという決意を、堅固にしていた。かつて復興計画に「個人としては反対」と述べた関口市長は、いくたびかの重要な機会に、事業の即時実施へむけて積極的に取り組む決意を明言するようになっていた[76]。一方、延期期成同盟との関係を維持し、事業の延期に固執しつづける市会議員は、もはや、さきの戦災復興都市計画事業促進意見書に反対票を投じた一名のみとなった。なかでも、かつては延期期成同盟の運動に深く関与していたある市会議員は、一九四八年一〇月の第二八回都市計画群馬地方委員会の席上で、湯本県都市計画課課長による事業計画の内容説明をうけてつぎのように発言し、それまでの見解を転換させた。

〔湯本〕計画課長は今後は如何なる反対があっても強力に事業を遂行して行くと言明されましたが誠に心強い当局の決意を見せて頂き我々は大賛成であると同時に全力を挙げて之に協力したいと考えて居ります。

前橋市の此の事業もいろいろの事情があり又延期同盟の運動等があってなかなか進捗を見なかったことは

致し方ないのでありますが市民の大部分は此の事業に必ずしも反対しては居りません否県都として恥じく《ママ》ない大前橋市を建設したい考〔え〕は何れも持って居り……出来得るならば三ケ年位でやってもらいたいとの要望が強いのであります。当局は此の際予算などに余り拘泥せず事業年次を市民に明示して強力に事業実施をされますことを希望致します。(77)

ところで、一松建設大臣の発言問題以降、建設省の官僚が前橋の復興計画の実施に向けて重要な役割をはたしたことに注意しておきたい。なにより建設省は、延期期成同盟に厳しい姿勢を示した。その一例として、延期期成同盟の署名簿にたいする同省の態度があげられよう。延期期成同盟は、事業の延期を求める八七一一名の署名からなる署名簿を作成しており、これを建設省への陳情の際にいったん提出しようとして、結局持ち帰るという経緯があった。その後、建設省からは前橋市当局を通じてこの署名簿の提出が要請されていたが、延期期成同盟はとりあわずにいた。ところが、一九四八年一〇月六日に「急に本省から係官が〔署名簿を〕とりに来、渡さない場合は署名の陳情はなかったものとみなすという強い意向」を示し、延期期成同盟も急遽、署名簿の提出に応じざるをえなくなっていた。しかも、『朝日新聞』（群馬版）が市係員の話として伝えたところによると、建設省の役人が突然に前橋に来た背景には、「〔署名簿の〕内容について本省では疑問をもっているようで、かりにも脅迫がましいことがあってはならないのでこの点をたしかめ正しい民意を知りたい意向」が働いていた。(78)

実際、群馬県・前橋市当局と延期期成同盟とのあいだに、わずかに残されていた最後の妥協の可能性を完全に絶ったのが、実は建設省だったといっても過言ではない。県・市当局は延期期成同盟との対立が泥沼化するなかで、事態を打開するための一策として、前橋商工会議所の深町牧太、小林武四郎両副会頭に仲介の斡旋を要請していた。調整は難航をきわめたが、それでも一九四八年九月末には、「〔延期期成同盟側は〕施行延期説はあくまでまげないが納得のいく線として妥協出来るのは〔両毛線前橋駅の〕駅前通りを廿八米、他の幹線道路を十五米としたい」という線での合意に達し、延期期成同盟会長林市会議員も、「幹線道路に対し一応われわれの納得のいく線について結論は得た。……幸いわれわれの希望する線を当局がのんでくれれば文句はないのだが要はこれからの折衝で解決されると思う」との観測を述べるところまでこぎつけた。[79] ところが、深町、小林両副会頭がさっそく上京し、この妥協案についての建設省の見解を打診したところ、幅員「修正の余地は絶対にない」との回答が示された。これをうけて県・市当局も、修正案による延期期成同盟との妥協の可能性を断念し、[80] 両者の決裂は決定的になったのである。

ひとたび延期期成同盟との妥協の可能性が絶たれるや、群馬県・前橋市当局は復興計画の実施に邁進した。一九四八年末には、移転に反対していた両毛線前橋駅の駅前通り相生町ブロック四二戸にたいする補償費〔坪〔三・三〇六平方メートル〕当たり、平均で九八〇〇円、営業補償等を算入した最高額約三万八〇〇〇円〕が公開され、関係者全員がこれを了承し、年明け早々にも一斉に移転工事に着工するはこびとなった。その意義を『朝日新聞』〔群馬版〕は、「従来バラバラな移転は行われていたが、こんどのように組織的な移転ははじめてであり、しかも延期期成同盟の中心地田中町に接しているところだけに〔事態の進展に〕大いに響くものと〔前橋戦災復興〕事務所では見ている」と報じた。[81]

たしかに、復興計画の実施にかんする状況は徐々に好転しつつあった。一九四八年一〇月の段階では、換地計画の杭打ち強行にたいする脅迫状が「中止同盟決死隊」名で前橋戦災復興事務所に舞い込んだり、移転補償算定にかんする両毛線前橋駅の駅前通り七五戸への通達書のうち四八戸分について、反対声明が添えられて同事務所に突き返されるといったことがあった。「事務所ではこうした行動の中には半ば脅迫的に強いられているものもあると見、警察に連絡して内調査をしているがこの事業遂行にはかなりのゴタゴタが予想される」状況だった。[82]それが翌一九四九年に入るまでには、駅前通りの移転家屋のうち七〇戸が移転手続きを完了し、事務所側が「各方面の努力で都〔市〕計〔画〕の見通しもはっきりついた。はじめ都計に反対した人も趣旨を了承して協力してくれるので既定方針通りに進む」とのコメントを出すまでにいたった。[83]そして、同年三月までには幹線街路の杭打ちが終了し、また、堅町通りでの家曳き[84]や反対派の拠点である田中町での児童公園造成の開始、[85]広瀬川沿岸の遊歩道（公園道路）の一部完成をみるなど、[86]復興事業は着実に進行していた。

三　市議会リコール運動の真実

（1）市議会リコール運動の展開

復興計画の実施が順調にすすみはじめた矢先、決定的になっていた群馬県・前橋市当局と延期期成同盟との対立は、重大な政治問題へと発展していった。延期期成同盟が、いわば最後の手段として一九四八年一一月に前橋市議会解散のリコールを決議し、[87]翌一二月に解散請求者証明書の交付を同市選挙管理委員会に申請したのを皮切りに、[88]猛烈な市議会リコール運動を展開したのである。延期期成同盟の市議会解散請求趣意書は、リコール要求の理由をつぎのように記している。

一、災水害復旧対策が不確実である

二、学校増築、庶民住宅建築の遅延
三、租税力が極度に減少、食糧窮乏の時都市計画事業の強行により市民の負担を強要する
四、市民の血税を不要の経費に充当した
五、市民の福祉を阻害し市民の声を代表し得ざる市議会
以上の事実を市議会議員の背信行為と断じ市政を議する資格喪失と認め地方自治法第七六条に基き市議会の解散を請求する[89]

そして一九四九年三月には、有力労働組合や共産党が延期期成同盟に協力してリコール運動の推進に一役かうこととなり、そのための組織として「明るい市政をつくる会」を結成した[90]。これにたいし前橋市議会側は、「リコール請求趣意書の如き事実なく、災水害復旧、学校、庶民住宅の建築もその年度計画に基き実行しており、都市計画事業の遂行も県や国に対し再三再四の陳情を行い最低限の計画変更を行い実施したもので市民の世論を最大限にとりあげている。その他の事項についても不正は断じてない」との声明文を発表し、市議を六班に分けての市内街頭演説で対抗し[91]、「市政を混乱に陥れようとする運動に対し、愛市の念から断固排撃」する決意を表明した[92]。また伊能芳雄群馬県知事も、前橋市民にむけて、「都市計画と『リコール』運動について」と題したビラ三万枚を配布した。そこには、「今回の此の悲しむべきリコール運動に就いてはあくまでも慎重に然かも冷静に判断し、市民も、市議会も、市当局も、明朗にして潑剌たる意気の下に市の発展に邁進する様お願いする次第である」との、県知事の訴えが記されていた[93]。

こうして、「これまで比較的冷静だった市民もリコール旋風の中に立って関心と正しい批判をもたざるを得な

く」なり[94]、「市民は大きな政治的試練に立たされた[95]」のである。実際、地域住民のイニシアティヴによる市政研究公聴会や討論会が数多く組織され、リコール問題への市民の関心は急速な高まりをみせた[96]。新聞の投書欄にも、さまざまな意見が寄せられた。たとえば、一九四九年三月二三日付の『上毛新聞』に掲載された投書は、前橋市当局にきわめて批判的だった。その投稿者は、市議会のリコール問題対策を「極めて幼ちなプロパガンダ」で、その「あわて方は今更笑止の沙汰だ」と評し、「今回のリコール絶叫も忌憚ないところは政治力の貧弱に愛想をつかした〔結果〕に過ぎない」と断じた[97]。だが、その二日後には、「市政の空白、血税の濫費等を考えるとき軽々しくこの運動が行われることは地方自治の撹乱以外の何ものでもない。……然も都市計画には反対しないという人達が末端に於て都市計画に関して事実と全く異ったデマで署名を求めているが如きは実に奇怪千万である[98]」との、リコール運動に批判的な投書が、同紙に掲載された。

このように、リコール問題にかんする世論は真っ二つに分断されたかの様相を呈した。そのさなかの一九四九年四月、リコールの署名は終了し、署名簿が前橋市選挙管理委員会に提出された。手続き上は、同選挙管理委員会による署名簿の照合審査で、市内有権者数四万八三四一人の三分の一以上の署名があると確認されれば、あらためて市民によるリコール賛否についての投票を実施し、賛成票が過半数に達すればリコールが成立することになっていた。新聞報道によれば、リコール派が署名簿を選挙管理委員会に提出した際の署名数は、有権者数の三分の一を一〇〇〇人近く超える、一万七〇九四に達していた[99]。

(2) 復興計画反対運動の終焉

ところが、リコール署名簿を提出して以降、運動の熱気は急速にさめていった。これほど激しかったリコール運動が、突如として沈静化していったのはなぜであろうか。

まず、前橋市選挙管理委員会によるリコール署名簿の照合審査が、一年近くものあいだ放置されたことがあげられよう。その直接の理由は、選挙管理委員会が名簿を照合する際に、リコール側代表者の立ち会いを認めるか否かをめぐる両者間の対立にあったが、[100]同時に、その背後には、照合を先延ばしにしてほとぼりをさます間に事態が収束することをねらった、選挙管理委員会の思惑が働いていた。

当時、リコール運動は全国各地で発生しており、それは群馬県の市町村でも同様だった。県当局はそうしたなかで、リコール運動にたいして「有権者は相当慎重にのぞみ、よく実相をつかむべきだ」との声明を出していた。[101]さらに政府が、リコール権の行使にある程度の歯止めをかける趣旨で、地方自治法自体を改正しようとしていた。[102]実際、前橋でも、「市の有力者が中にはいってリコール取下げのあっせんをやり、一時は取下げの空気もあった」。それにもかかわらず、選挙管理委員会が一年近くたってから署名簿の照合審査に踏み切ったのは、「委員会としていつまでもこれを放って置くわけにも行かず」、いわばけじめをつける意味で実施されたのである。[103]

他方、リコール署名簿の提出より二カ月あまりのちの、一九四九年六月に閣議決定された「戦災復興都市計画の再検討に関する基本方針」をうけて、前橋市では同年八月に、一九五〇年度から五カ年計画で実施する区画整理事業区域を、五五万坪（約一・八平方キロメートル）に縮小する決定がなされた。これは、当初の事業区域一〇三万五〇〇〇坪（約三・四平方キロメートル）をほぼ半減するものであり、除外された区域の住民は直接的には事業の影響をうける心配がなくなった。[104]

しかし、より重要なことは、リコール署名簿の提出の前後あたりから、リコール運動にたいする懐疑的・批判的な見解が一般に優勢となったことであろう。たとえば、「リコールの真義に徹せよ」という見出しでの一九四九年三月二七日付『上毛新聞』社説は、「現在起こっている〔県内〕各地の〔リコール要求の〕場合を見ると共通して少数の人達の手で行われているという特異的な現象が認められる」としたうえで、前橋の事例に、とりわけ強い疑問を投げかけている。

全部の人たちの意見が反響《ママ》して行われなければならぬリコール運動が、もし一部の人たちの、不純な気持ちで、後黒い、陰険な、方法で行われ、これに大衆が無関心で雷同した時は、その自治体は非常な悲劇を見ることになるであろう。前橋市の場合でも、都市計画が戦災復興事業として、各町内の公聴会で大部分の市民の賛成を受けて採り上げられ、すでに二千二百万円の国庫補助を受けている。県都百年の計のため市民全部で真剣に検討しなければならない問題なのに、或る市民は、スキー連盟に加入するのだと思ってリコール運動に署名したという笑えない話もある。

大衆の手で、自治体の運営を民主化することは必要であるが、……充分その問題を良識で判断してから署名すべきものである。各地の動きを見ると、利己本位で公益を忘れた少数の人たちや、ある政党の人たちが、裏面で計画し、これが原動力となっているのではないかと思われる向が多いようである。(105)

しかも、このころまでに、リコール運動の中心だった延期期成同盟で内部崩壊がはじまっていた。延期期成同盟の運動員たちは、しだいに指導者たちにたいして強い不信や不満を抱くようになり、それゆえに、復興事業の進展にともない、多くが組織への忠誠に拘泥することなく、つぎつぎと脱落していった。復興事業のなかでも最初に着工をみた両毛線前橋駅の駅前通りには、一九四九年春ころに延期期成同盟の前衛部隊ともいうべき「不動同盟」が結成され、復興計画反対運動、ひいてはリコール運動の最前線をなしていた。だが、すでにみたように、当該地域の住民は不動同盟の結成時までにも続々と県・市当局の移転要請に応じており、結局、一九五〇年初めまでにはほとんどの住民が移転を完了していた。そのなかには当然、リコール運動の指導者たちも多くふくまれていたのである。

一九五〇年初頭に『上毛新聞』がおこなった、駅前通りの商店への以下のインタヴュー記事は、この点をよく示している。記事では、まず、比較的早期に移転に応じた「駅前通り某ミシン屋さん」が、「ええウチも不動同盟に入っていましたが、初め心配したほど動くことによって金銭的な損はありませんでした。……駅前通りでまだ動かないのは二軒ですからその人にきけば同盟に対する不満などいろいろあると思います」と語っている。その二軒のうちの一軒である「某果物屋さん（動く意志はあるのだが動けず最後まで残った人）」は、記者とのインタヴューでつぎのように心情を吐露している。

私とまだ動かない〇〇さんは戦後町内へ来たもので町のためならというので同盟の指導者のいうことをきいて頑張って来ましたがあとになればなるほど市からの金の出方も悪いし今になって見るとヘンな義理にこだわらず早いところ引いたほうが得だったと思います。第一延期（期成）同盟、不動同盟の先頭に立ってやった人があのように引っこんでやってずるずるべったり自然解消してしまったんでは正直者が馬鹿を見るをそのままですよ。……市議のリコールなど熱を入れたけど今は何の音沙汰なし。うごく羽目になったのは、同盟員の結束が足りなかったためですよ。(106)

それでも、この記事の最後には、「事実として都〔市〕計〔画〕が一期〔工事〕完成に近ずきましたが決してこん後この調子でやれるもんではないと見ている。延期同盟はいろいろの支障で腕を撫しているといえるでしょう」との、延期期成同盟委員長の談話[107]が載せられていた。しかし、その後、延期期成同盟の活動が再燃したことを示す記録はない。「戦後五年一応市民生活の落ちつきとともにこれ〔復興計画〕に対する批判は過去のものとなりつつある。……多難な事業ではあるが、この都市計画が完成された日が県都前橋の再建成るの日ではあるまいか[108]」と述べる新聞の見解に、疑問をはさむ余地はほとんどなかった。

そして、結局、一九五〇年八月に出されたリコール署名簿の照合審査の最終結果では、署名人員一万七〇九七人のうち適格者は法定数を大きく下回る七六四〇人にすぎず、リコールの不成立が確定して、「都〔市〕計〔画〕問題に端を発し……一もめした前橋市のリコールもこれで結末を告げることにな」った[109]。

一方、復興計画の実施はその後も着実にすすみ、一九五〇年一一月までには駅前通り、堀川町通りといった第一期工区の主要幹線が「市民でさえ知らない間」にほぼ完成し、「文化都市の建設は力強く進められている」と報じられた[110]。復興土地区画整理事業も、一九五九年度に計上された予算をもって一応収束することとなり（施行の完了は一九六一年度）、清算事務だけを残して完成をみるにいたった。それを機に、一九六〇年一〇月には群馬県と前橋市の共催により、建設大臣をはじめ関係者約六〇〇名を招いた事業の完工式が盛大に挙行され、「事業開始以来実に一四年に及んだ大事業であっただけに、参列者一同いずれも無量の感慨をこめて、この工事の完成を祝った[111]」。

おわりに

このように前橋市の例は、東京や大阪のような大都市の場合とは異なり、中小都市における戦災復興が、全市をまきこむほどの政治性をもつ問題となりえたことを示す好例であった。実際、群馬県だけでも、前橋のほかに伊勢崎や高崎において、戦災復興は市民による反対運動に遭遇し、重大な政治問題へと発展していった。[112] これら他都市で起きた実態の検証は今後の重要な課題であることはいうまでもないが、最後に前橋の例が提起した問題点を整理しておきたい。

前橋市では、戦災復興の展開が新聞によってかなりくわしく伝えられ、それをめぐる賛否両論双方の新聞への投書も多かった。また、復興計画が市民の要求をうけいれた形で修正され、さらなる修正についての合意が群馬県・前橋市当局と市民とのあいだでいったんは形成された。こうした点で、前橋は、復興計画が市民の目にさらされた度合いはもとより、市民による計画への関与も、東京や大阪のような大都市の場合とくらべて大きかったといえよう。復興計画にたいする反対運動が市議会リコール運動にまで発展したことも、ある意味で、復興計画への市民の関心が高かった証左といえそうである。はたして、市民のこうした関与や関心は、どのように評価できるのだろうか。

復興計画の実施の延期を求めてはじまった前橋市の反対運動は、群馬県・前橋市当局側に批判的な新聞報道もあって、その勢いを増していった。たしかに、県・市当局には、批判されても仕方ない面があった。復興計画によせる意気込み、あるいは情報提供の方法をめぐって、当初、群馬県と前橋市の足並みはかならずしもそろってはいなかった。群馬県当局は、復興計画が都市計画群馬地方委員会で正式に決定されるまで、その全貌を公表しようとしなかった。これにたいして前橋市当局は、独自の街路網計画を発表した。そのため、両毛線前橋駅の駅前通りをはじめとして、街路幅員についてのさまざまな情報が錯綜し、これら地域の住民はそれに翻弄される形となった。他方、しばらくすると、本心では復興計画に反対であると時の市長が発言するなど、復興計画の策定にたいする市当局の姿勢は、それが県の主導でおこなわれることがはっきりしたこともあってか、ブレをみせはじめた。

こうした経緯のために、市民は、群馬県・前橋市当局が戦災復興にとりくむ姿勢に不信感をもつようになった。この当局側にむけられた不信感に、反対運動がのちに全市をまきこむほど巨大化する温床があったのである。反対運動が激化するにしたがって、群馬県・前橋市当局は、一致団結して復興計画の実施につとめるようになった。そもそも、政府からの補助金を得るために計画の即時実施が必要な県・市当局にとって、その延期を要求する反対運動とのあいだに接点をみいだすことは、非常に難しいことであった。そうしたなか、計画実施の延期後でも「国庫補助をする」という一松建設大臣の不用意な発言は、当局側に大きな衝撃を与えた。復興計画を即時実施するための根拠が、事実上否定されたからである。しかし結果的には、建設省官僚が大臣の発言は勇み足であると認め、それで当局側は復興計画を実施していく意志を強くした。

ただし、群馬県・前橋市当局は、反対運動側の要求をすべて切り捨てようとしたわけではない。本章でみたように、むしろ県・市当局は、有力者を立てて関係修復を模索したり、街路幅員・緑地を縮小した修正案を提示するなどの方法で、反対運動側との妥協点を探りつづけた。実際、双方のあいだでは、修正計画についての合意が二度にわたって形成された。この二度目の合意を認めないことで、県・市当局と反対運動側の決裂を決定的にしたのが、建設省の示した態度だった。

妥協の可能性を絶たれた反対運動側は、いわば最後の手段として、前橋市議会の解散を求めるリコール運動を展開した。たしかにリコール運動は、全市的な規模での盛り上がりをみせた。しかし、実際には、最大の争点である復興計画の実施が、順調にすすんでいた。リコール運動、すなわち復興計画反対運動の中心となった区域の住民たちは、復興計画の実施にともなう住居の移転につぎつぎと応じていき、かくして反対運動そのものが内部から崩壊していった。また、新聞が示唆したように、リコール運動に署名した市民の多くが、じつは付和雷同的に反対運動に加担していただけで、その本質をまったく理解していない者さえ存在した。

結局のところ、復興計画「反対」から前橋市議会「リコール」へという一連の運動は、両毛線前橋駅の駅前通りを中心とする区画整理第一工区の一部住民による都市計画延期の要求が、実体以上に膨れあがってしまった結果だった。その過程で、復興計画の実施の延期という当初の目的は完全に見失われ、いわば反対のための反対と化し[113]、群馬県・前橋市当局と反対運動側との溝は修復不可能なまでに深められた。この溝の深さは、湯本県都市計画課課長のつぎの言葉によくあらわれている。

かつて昭和二九年五月関口前橋市長を訪問の際、私が秘書課に立ち寄ったら……反対派の急先鋒であった人が居合わせた。この人も元市議会議員をやった人であるが、氏から「戦災復興ももう終わりになったが、私どもが反対したのはあなたが最初に出した案で押し通せば何も反対はしなかったのに、それをあそこもここも変更したので反対したのである」という意味のことを言われたが、私はこんな者に話してなにがわかるかと思ったので、何とも返事しなかった[114]。

ただしこのことは、復興計画にたいする反対運動をおこした側に、一方的に非があったことを意味するわけではない。さきに述べたように、都市計画への反対が前橋市議会のリコール要求にまで発展した背後には、群馬県・前橋市当局の都市計画のすすめかたにたいする不信感が市民のあいだに広く存在した、という事情があった。もっとも、この不信感自体は、復興計画反対運動の中心となった住民たちの県・市当局にたいする感情とくらべれば、より漠然としたものだったといえよう。しかし、反対運動の終焉で、そうした不信感が払拭されたことを示す証拠はない。一九五〇年四月には、復興計画推進派の市会議員による市内風致地区での住居新築を市当局が許可したことが新聞で報じられるなど、反対運動の実質的な終焉が伝えられたのちでも、この不信感を生む要因は存在しつづけた。[115] リコール運動が、一部の市民による復興計画反対運動が実体以上に成長してしまったものだったことはたしかだが、それはまた、市民のあいだに広く存在した県・市当局への不信感のはけ口でもあった。

同時に、新聞が果たした役割にも注意しておく必要がある。新聞は、戦災復興の展開を市民に伝えたばかりでなく、当初は群馬県・前橋市当局にたいし、のちには復興計画反対運動にたいして批判的な論陣を張ることで、世論の形成に重要な役割を果たした。他方、本章の冒頭で述べたように、復興院の企画にもとづいた外部専門家による土地利用計画案は、新聞がほとんどとりあげなかったために、地元でも実質的に等閑に付されたのである。

結局、前橋の戦災復興の展開を決定づけたのは、政府であった。もし群馬県・前橋市当局と復興計画反対運動側とのあいだで合意された復興計画の二度目の修正案が、建設省によって否定されず、実施されることになっていたならば、反対運動がリコール運動にまで発展しなかった可能性は高い。しかし、建設省は、いかなる修正も認めなかったし、リコール運動がはじまる前の、都市計画の実施延期を求める署名にたいしても厳しい態度で臨んだ。この建設省の姿勢が、県・市当局が復興計画を推進するうえでの後押しになった側面はある。だが、国庫補助を人質にとられていた県・市当局は、市民との合意よりも政府の意向を尊重する以外の選択肢をもちえなかったとみるほうが、状況をより正確に示しているといえよう。

このように、前橋でも、東京や大阪の場合と同様に、復興計画の策定の過程で決定的な発言力を有したのは政府であり、群馬県・前橋市当局はそれにしたがうほかなかった。また、市民の復興計画への関心をみても、自己の利害を脅かされた一部の市民は計画に強く反対したが、大多数の市民は県・市当局が戦災復興にとりくむ姿勢に漠然とした不信感をもつ程度であった。たしかにこの不信感は、反対の意思を先鋭化させた住民がおこした市議会リコール運動というはけ口をみつけたが、この運動の結果、復興計画の中身やその実施のありかたが変わることはなかった。実際のところ、建設省が二度目の計画の修正を認めなかった時点で、市民がその策定に関与する可能性は完全に絶たれていた。そのため、それ以前にせっかく県・市当局と市民との協議を通して計画が修正された事実があったにもかかわらず、こうした市民の関与に誰かが意義をみいだした形跡もない。

以上のようにみると、前橋の例は、中小戦災都市の戦災復興において、上意下達式の都市計画システムが東京や大阪といった大都市にもたらしたのと同じような問題が存在し、解決されずにあったことを、よく示していたといえるのである。

終章　戦災復興の歴史的意義

一　戦災復興の比較研究からみえてくるもの

本書をしめくくるにあたり、ここではまず、日本とイギリスの戦災復興の比較をとおしてみえてくる共通の問題点と相違点を指摘し、これらの点が、戦後再建にかんする従来の見解の再検討をうながすことを示しておきたい。さらに、今後の研究課題と都市をめぐる今日の状況について本書が示唆するところを若干述べて、むすびとしたい。

（1）政府の変節

日本とイギリスの戦災復興を比較すると、その過程で似かよった状況が展開し、共通する問題をかかえていたことがよくわかる。

イギリスにおいては、政府の政策と各都市の復興計画の策定が第二次世界大戦中から開始され、多くの都市で戦争の終結以前に、市街地の抜本的な再開発を主軸とした復興計画が策定された。一方、日本では、戦災復興にかんする政策と復興計画の策定が敗戦とともにようやく本格化した。この時間的な差異そのものは、空襲がそれぞれの国で集中した時期の違いからおおむね説明されよう。しかし、戦争の終結は、それまでの準備如何にかかわらず、戦災復興を開始しなくてはならないことを意味した。かくして日本では、政府も地方当局も驚くべきはやさで「戦災地復興計画基本方針」（以下、「基本方針」と略す）や具体的な復興計画の策定をすすめていった。しかも、そこに示された将来の都市像は、大都市からの人口の分散や一〇〇メートル道路や緑地のふんだんな配置といった、イギリスに引けをとらない大胆なものであった。両国において、戦災復興は、戦前にはたせなかった抜本的な都市計画に取り組む千載一遇の機会とみなされたのである。

しかしほどなく、日本でもイギリスでも、政府が態度を変えた。戦争は国の経済を疲弊させ、同時に、経済政策や社会政策など、ありとあらゆる政策分野で戦後再建をおこなう必要をもたらした。両国政府は、限られた国家の資力で戦後再建の諸課題のすべてを実現することは不可能だと考えた。しかも、戦後のイギリスは国際収支危機に端を発する経済危機に、また日本は極端なインフレーションにみまわれた。そのため、輸出振興や超緊縮財政の実施がそれぞれ最優先の政策課題となり、実現までに時間も費用もかかる戦災復興はいわば疎んじられ、復興計画の諸提案を下方修正させようというさまざまな圧力がかけられた。

こうした展開のなかで日英両国に共通する問題は、以下の二つである。すなわち、第一に、政府が、さしあたりの経済問題の解決を優先し、戦災復興のための長期的な都市計画を明らかに蔑ろにしはじめると、地方当局や在野の専門家に、当初めざされた理想からの後退という流れを根底から覆すすべはなかったこと。そして第二に、市民には戦災復興にかんする政策や復興計画の策定に直接的に関与する余地がほとんどなく、その結果、市民のあいだに長期的な都市計画への理解や支持が醸成されなかったことである。

（2）政府対地方当局

たしかに、日本とイギリスの戦災復興を比較すると、共通する問題ばかりでなく、相違点が存在したことも明らかである。両国の違いは、まず、政府と地方当局の関係に端的にあらわれた。

本書で述べたように、コヴェントリーやランズベリーは、政府からの圧力のために多くの妥協を強いられたが、この圧力に完全に屈したわけでもなかった。とくにコヴェントリーの戦災復興は、市民全体が誇りとするものと評せられてきた。こうした事例がイギリスの戦災復興においても特筆に値することは、他の都市での顚末をみるとよりはっきりする。サウサムプトンやハルは、大戦中に策定した市街地の抜本的な再開発を主眼とする復興計画を終戦後に放棄し、既存の街路網の部分的な改良をめざす程度の、つまり、手っとりばやく安上がりに実施できる計画を策定しなおした。ブリストルでは、目抜き商店街のある商業地区を移転し、そこをオープン・スペースに転用する提案にたいする利害関係者の反発が長く残った。一方、ポーツマスは、本書で述べたように、政府さえも愕然とさせるほどの保守的な姿勢をつらぬき、結果として、大戦中に策定した既存の街路網の部分的な改良をめざす程度の復興計画さえも放棄した(1)。

要するにイギリスの戦災復興では、政府と地方当局とのあいだに対立の過程があり、しかも最終的に地方当局が、政府の意に反する復興計画をえらぶケースがあったのである。

これにたいし日本の戦災復興は、その出発点である一九四五年の「基本方針」の決定から一九四九年の「戦災復興都市計画の再検討に関する基本方針」（以下、「再検討」と略す）による下方修正にいたるまで、政策や復興計画の策定が、つねに政府の官僚層の意向にもとづいておこなわれ、地方当局がそれにしたがうという、上意下達の色あいが格段に濃い都市計画システムのなかですすめられた。その意味で、復興計画の命運は、つねに政府のみがにぎっていたといっても過言ではない。

本書でみたように、東京は、政府の「基本方針」にかなった復興計画を策定したにもかかわらず、政府がその方針を転換したために、計画が幻におわってしまった事例であった。一方、大阪が当初とろうとした現実的な路線は政府によって即座に否定され、その後こんどは、以前にはからずもおおがかりにした計画の縮小を政府の方針転換で余儀なくされた。また、復興計画への反対運動を収束させるべく、おくればせながら市民との協議をとおした修正案の確立にあと一歩まで迫った前橋での地方当局のもくろみは、政府がそれを許さなかったことで実現しなかった。いずれの事例においても、地方の側にとって中央の意向は絶対であった。

(3) 一般市民の意識の問題

さて、本書では、戦災復興にかんする政策や復興計画の策定過程にほとんどかかわりをもたなかった日英両国の市民の側に、戦災復興の土台となる長期的な都市計画への理解や関心が生まれることはまれだったことが示された。

たしかにイギリスでは、戦災都市当局や、都市計画に関与する専門家が、人びとの都市計画への関心を高めようという目的で旺盛な宣伝活動をつづけた。だが、すでに一九四一年の段階で、いくつかの社会調査の結果等[2]にもとづいて、こうした宣伝活動が専門家の自己満足にすぎない、と指摘されていたことも事実である。つまり、専門家は内輪での論争に勝つことにこだわるだけで、彼らがめざす啓蒙は実際に市民のあいだに届いてはいない。したがって、一部の既得権益保持者が復興計画に強い反対を示すことはあっても、都市計画について「無知で、無関心な」たいていの市民は「自分の家についてはいくらでも話せても、計画という概念については文章ひとつ作ることすらできない」ままだ、というのである。[3]

同じような指摘は、一九五〇年代半ばになってもくりかえされた。一九五五年、イギリス都市計画協会会長には、リーズ市助役補佐などをつとめた地方行政の専門家が就任した。彼は、その就任演説で都市計画への「無関心」を嘆じ、つぎのように述べた。

都市計画には、政治家や大衆の想像力をそそるようなものは何もない。これにたいし、より限定的なトピックである住宅はつねに気になるものである。……それはごく平均的な人にも理解できるし、このことが大きな大衆感情を生むことにつながるのである。……しかし住宅は、数多くある都市計画の要素のひとつにすぎない。つまり全体の一部にすぎず、全体と同等ではありえないはずだが、……ときにそれは、格段に興味をそそるのである。[4]

市民のあいだに都市計画への理解や関心が希薄だという問題は、日本でも存在しつづけた。それは、復興計画への障害となるような違法建築の横行がはなはだしかった大都市で顕著だった。この点を、東京を例にとってみておこう。東京の戦災復興にかんする否定的な評価は、都民の四割が制定に反対した首都建設法にもとづき、国に依存しておこなわれた都市整備事業の失敗が明白となる一九五〇年代後半には、完全に定着した。すなわち、「此の東京に抜本的な都市計画を実施するには、戦災復興という絶好の機会があったのに、それを逃してしまった」というのである。[5]再開発の機会を逃した結果、激化したさまざまな問題、とくに交通渋滞は「マヒ」状態とさえいわれ、東京への過度な集中緩和の一策として、国会をはじめ政治・文教機関を中心とする首都機能移転の必要が、さかんに主張されるようになった[6]。

しかし、こうした問題がメディアで頻繁にとりあげられたわりには、都市計画を求める「下から」の声が強まった様子はない。一九五〇年代末に東京を訪れたあるイギリスの専門家の感想は、戦災復興以来、日本の都市計画が直面してきた状況を、かなり正確にとらえていたようである。

東京の経済的地位や、建築、土木といった分野の成果と比べたとき、都市計画はあまりに遅れている。しかし、判断は……この国の社会的・政治的風潮に照らしてなされるべきである。日本人は個人の寄り集まりといったところがあり、この国民性が権威にたいする伝統的な畏敬と結びついたものが、欧米の基準からすれば不十分な共同体精神とでもいったものになる。立派なデパートと中世のような下水体系を、また平均的な日本家屋の清潔で整然とした様子とそれに面した通りの汚く手も入れられていない様子とを比べると、このことは東京を訪れる欧米人の眼に明らかである。こうした個人主義、つまり逆にいえば進取的な公共精神の欠如というものは、保守的な政府のありかたにも反映されている。経済をより重視する政府は、都市計画で進んだ政策をとろうとはしないのである。一方、一般市民は都市計画を拒絶しようというのではない。それが存在することすら知らないのである[7]。

同時に、このコメントは、日英両国におけるいまひとつの重要な相違を示唆していたといえよう。すなわち、イギリスにおいては、戦災の規模が日本と比して相対的に小さかったにせよ、住宅事情や商業活動の再開といった点で人びとは多大な困難を被っていたにもかかわらず、違法住宅の叢生といった事態は起こらなかった。これにたいし日本における復興の様子は、上には従順な反面、多数になれば公益に反した違法行為をすることにまったく逡巡しないといった国民性とでもいったものを如実に示していたようなのではある。(8)

(4)　戦災復興研究がうながす戦後再建の再検討

このように、日本とイギリスの戦災復興のありかたには、重要な違いがあったことはたしかである。だが、それをあまり強調しすぎると、的を射た指摘とはいえなくなる。たしかにコヴェントリーやランズベリーは当初の構想を相当程度実現させたし、とくにコヴェントリーではその要因として復興計画への市民の支持が重要な役割をはたしたが、これらの事例は多分に例外的な事例だった。しかも、くりかえし述べれば、そうした事例においても、政府の圧力による復興計画の下方修正は免れなかった。要は、コヴェントリーやランズベリーが戦災復興にかんするイギリス政府の方針の転換を根底から覆す事例だったとは、およそいいがたいのである。

本書のもっとも重要な結論のひとつは、日本とイギリスのいずれの国についても、戦災復興の検討が戦後再建にかんする従来の見解の再検討をうながす、という点にある。

序章で述べたように、イギリスでは、介入主義的なスタンスにたち、近代的で平等な福祉国家の創出をめざすコンセンサスが戦後再建のありかたにかんして形成され、それが戦後の経済政策や社会政策の基調となった、と論じられてきた。たしかに、社会保障や医療サーヴィスといった分野で、戦前とくらべれば、より平等な福祉国家のシステムが構築された。また、需要管理政策の導入が、戦後再建の検討をとおして方向づけられた。しかし、イギリス産業の近代化に長期的な観点から重要だった技術革新や経営の近代化にかんする労働党アトリー政権の政策は、みるべき成果をあげられなかった。(9)福祉国家の基礎となる社会政策についても、その諸分野で当初の構想は大きく後退することが常であった[10]。ひとことでいえば、イギリスの戦後再建の成果は限定的だったといわざるをえない。戦後再建は、より平等な社会の創出にむけて、漸進的な改善の道標をつけたかもしれないが、長期的な観点にたって、より近代的な社会を創出することはできなかったのである。

これはひとつには、近代化志向の戦後再建にたいする財政上の懸念がブレーキとなったからである。しかし、その背後で、そもそも近代化志向の戦後再建にたいする根強い抵抗が存在し、それがかなり優勢だったことは看過できない。戦災復興は、このことがよくあらわれた戦後再建の課題のひとつとなった。コヴェントリーやランズベリーの復興計画にたいする政府の姿勢もさることながら、その政府をも愕然とさせるほどの保守性をつらぬいたポーツマスの事例が、抜本的な都市計画にもとづき理想的な都市復興をめざすという、戦災復興にかんするコンセンサスの形成を、はっきりと否定するのである。

一方、日本の戦災復興は、イギリスの場合以上に、政策や復興計画の策定がつねに政府の官僚層の意向にもとづいておこなわれ、地方当局がそれにしたがうという、上意下達式の色が濃い都市計画システムのなかですすめられた。しかもそこに、経済改革、農地改革、労働改革といった他の分野での戦後再建にみられた、戦前のシステムからの一大改革という要素はみいだせない。戦災復興の土台とされた法的制度は、一九一九年公布の都市計画法にもとづくものであり、戦災復興を契機に、都市計画に関連する法制度を抜本的に改革しようという動きのあった様子はない。一九五〇年代初めになって、都市計画にかんする権限の地方移譲を主眼とした法制度改革が試みられたが、それも都市計画官僚の反対によって葬られた。

また、資料をみるかぎりでは、ＧＨＱ／ＳＣＡＰ（連合国最高司令官総司令部）が新しい都市計画システムの構築をすすめようとした様子もない。たしかに、東京の復興計画については、街路幅員が過大であるとか、全般に理想的すぎるとの強い批判がGHQ内に存在したことが、のちのさまざまな証言や研究で述べられている。しかし、法制度の整備や、東京以外の都市での復興計画策定にGHQが深く関与したことを示す資料は、いまのところ見当たらないのである(11)。

二　今後の課題と展望

(1)　研究の展望

以上みてきたように、日本とイギリスの戦災復興の検討は、戦後再建期を変革の時代としてとらえる見方の再検討をうながした。それはまた、それぞれの国における戦後史全般の見直しを示唆することにもつながろう。イギリスについていえば、コンセンサスの形成に否定的な立場から、戦後全般を見直すことが必要になるであろう。また、日本の場合は、戦後再建で改革がなされたシステムとなされなかったシステムが並存したことの帰結としての戦後が、問われなくてはならないであろう。

たしかに、本書では日英戦災復興のすべての事例をあつかっているわけではない。イギリスでは、空襲の被害がとくに甚大だった都市で、まだ十分に検討されていないものに、プリマスとスウォンズィーがある。また、戦災復興での再開発をモデルにさかんにおこなわれた、非戦災都市におけるシティ・センター再開発などの都市計画やロンドン全体の都市計画、さらに、そのロンドン周辺を中心に建造されたニュー・タウンを戦後再建のコンテクストでとらえなおすこと、といった課題がある(12)。

日本の戦災復興については、多数の戦災都市のなかでも、一〇〇メートル道路や丹下健三の平和記念公園で有名な名古屋や広島の事例についての、掘り下げた検討が必要になってくるだろう。ただ、いまのところ、両市の事例が戦後再建期における新たな都市計画システムの構築を意味したとは思われない。

たとえば広島の場合、「広島平和記念都市建設法」の制定に示されたように、平和のシンボルとしての広島の復興にたいして、国は他の都市ではみられなかったほど力を入れた。実際、一九四九年の「再検討」で復興事業への国庫補助率が引き下げられた際、広島(と長崎)にかぎっては、他の戦災都市とくらべて補助率が高かった。しかも、このことにたいして他の戦災都市から強い抗議があり、広島(と長崎)への国庫補助率は一年で他都市並みに改められたが、平和記念施設事業については高いままますえおかれた、という経過もあった。[13]

また、名古屋については、計画策定や区画整理の実施がすみやかにおこなわれたことが、戦災復興のいわば成功のカギとみなされている。ただし、同市の『戦災復興誌』にもみられるように、それは、罹災者の多くがまともに住む家もないような状況のもとで行なわれたものであった。[14] たしかに、名古屋市技監として同市の戦災復興推進の中心となった田淵寿郎の、区画整理の徹底と「横にらみ主義」、すなわち、「焼けたところだけではなく、焼け残ったところにも眼を向けながらやってゆこう」という原則にもとづく取り組みには、高く評価されてしかるべき点も多い。しかしそれは、田淵自身がのちに述懐するように、「とにかく誰の土地だかはっきりしない混乱しているうちにやってしまえと、黙々と整理換地を進めたが、この荒療治のおかげで、あとの仕事は実にやり易かった」ということであり、また、「焼けなかったところにも手をさしのべる、ということと同時に、区画整理の時には焼けた所同様に家を削ってしまうということ」でもあった。「焼跡に建物が立ったわけでもないのに、残った所まで整理するというのだから乱暴な話である。だが、この位乱暴にやらなければ都市計画などはできないのだ」というのである。[15] 実際、名古屋は、事業の進捗ぶりゆえに一九四九年の「再検討」による縮小が非常に少なかった。いいかえれば、「再検討」の前に実施された計画にたいしては、政府としても大幅な修正を課しようがなかったのである。しかしこれも、戦災復興院の官僚が後年述べているように、戦災都市全体を考えれば、名古屋が政府からの圧力がかかる前に多少強引にでも区画整理をすすめた結果、東京のように「ぐずぐずしていた都市は、再検討でかなり縮小された」[16]というふうに政府側に対応させることにつながったことにほかならない。

いずれにせよ、広島や名古屋の事例は、時の都市計画システムのもとで復興計画を実現させる方途を示した例だといえるにせよ、それらが戦後再建期における都市計画システムの改革を意味した様子はおよそないのである。[17]

（2）都市をめぐる今日的課題

さて最後に、都市をめぐる今日の状況について、とくに日本の視点から、本書が示唆することを若干述べておきたい。本書では、第二次世界大戦で破壊された日本とイギリスの都市復興という歴史的事例を検討してきたが、災害からの都市復興を考える必要が現実になくなることはないであろう。とりわけ日本のような地震国の場合、自然災害の可能性はつねにつきまとう。近年でも、第二次世界大戦終結後五〇年の一九九五年に起きた阪神・淡路大震災の記憶はまだ生々しい。

また、世界に目を向ければ、戦闘行為やテロリズムなどによる都市の破壊が後を絶たない。もちろん、都市のありかたについては、それぞれの場所に固有の歴史的・文化的背景や都市計画にかかわる制度があるため、なにか普遍的な方策をどこにでも適用できるわけではない。しかし、災害からの復興にかなりの経験をもつ日本のような国が、その教訓を伝えることもふくめて、復興計画の策定で国際的な貢献をはたしていくことは今後の重要な課題であろうし、実際にその気運もみえはじめている。[18]

ここで、大戦中や終戦後に復興計画の策定がすすめられたときの状況を、あらためて思い起こしたい。たしかに一時は、政府や地方当局の関係者、専門家、そしてメディアのほとんどが、復興計画に示された都市復興の長期的な構想に期待を寄せた。だが、それはほどなく、すぐに目に見える結果を出せない都市計画への失望や不満に変わった。一方、たいていの人びとは、自分の家をさしあたりどうするかに強い関心はもっても、復興計画に理解や支持を表明することはまれだった。破壊の直後に長期的な構想のみを示したところで、かえってそれが逆効果であることを、戦災復興の経験はわれわれに教えてくれる。まず、しっかりとした復旧対策を示すことが重要だったといえよう。戦災復興においては、それは長期的な復興計画を阻害するものとして等閑に付された感が強い。しかし、その結果、都市計画への不信や不満がつのったり、あるいは日本のように、無秩序な復旧が長期的な計画に大きなダメージを与えたりしたのである。

いいかえれば、復興計画では、長期の構想と急を要する復旧対策について、両者の関係を明確にしたうえで示すことが重要である。このことは、災害が起こってからの復興計画の策定にかぎったことではあるまい。とくに自然災害の可能性が払拭できない場所では、その発生を前提に、被害と復旧の見込みをもりこんだ長期的な計画の策定を、市民をもまきこんですすめておく必要がある。それがあれば、市民の長期的な都市計画への理解が、多少なりとも深まるのではないだろうか。

つぎに、こうした長期的な計画を策定する担い手について考えてみたい。戦災復興では、地方当局の目が政府のみに向かざるをえなかった。このことは、とくに日本で顕著だった。一部には、一九六〇年代以降の日本における市民運動の高まりや革新自治体の興隆を契機に、地方当局が「国の下請機構からようやく市民の自治機構にかわりはじめ」、さらに八〇年代には、いわゆる「シビル・ミニマム」の量充足から質整備への課題の変化と市民や自治体職員の文化水準の変化が分権化を促進し、その結果いくつかの先駆的自治体のもとで、都心の再開発地区から街並み保存地区まで、個性的な街並みが登場しはじめたとする見方がある。[19]

しかし、阪神・淡路大震災の復興過程でさまざまな問題が、とりわけ、復興計画の当局によるおしつけといった問題があったとの批判も、しばしばなされている。とくに神戸の場合、市当局自体の開発志向がとかく取りざたされたが、これも結局、戦前からの都市計画システムのなかで開発志向の都市計画「テクノクラート」が、国ばかりでなく市レヴェルにおいても醸成されてきたことの所産だ、と指摘されている。[20] いずれにせよ日本では、市民の計画策定への関与を拡大する余地がまだ多く残されているはずである。なかでも、都心部の商業地区や住宅地区で、地域住民のイニシアティヴにもとづく再開発が今後ますますさかんになることが期待される。

ただし、全市規模の長期的な計画を策定する必要がなくなることはないであろう。とくに大都市では、道路網や公園系統の整備などの面で、本当に「量充足」がはたされたといえるのか、いささか疑問の残るところである。災害と復旧という要素を計画にもりこむに際しても、できるだけ広い範囲で考えられるほうがよいことはいうまでもない。要するに、都市復興についての計画は、全市規模のいわゆるグランド・デザインを示すことと、市民によるさまざまなイニシアティヴを調整することを相互に関連づけながら、おこなわなくてはならない。

そのような役割を担うのは、やはり地方当局が適任であろう。その際に、市町村レヴェルへの地方分権の確立が不十分で、補助金頼みの開発志向という要素が残るようでは、地方当局の目があいかわらず政府ばかりを向いてしまう。たしかに、地方分権の拡充で、都市計画を実施していくうえでの市民の負担は増すかもしれない。しかし、だからこそ、地方当局が全市規模の計画にたいする市民の理解と支持を得ることがますます必要になっていくことを、自覚することが重要である。このように考えれば、計画策定の過程で、市民とのコミュニケーションを深め、市民によるさまざまなイニシアティヴをできるだけ吸い上げようという、地方当局の努力もいよいよ不可欠になるはずである。

では、政府にはどのような役割があるのだろうか。戦災復興がおこなわれた戦後再建期は、さまざまな分野で政府の積極的な介入にもとづく政策が展開した。一方、一九八〇年代以降は、「規制緩和」や「民活」といった考えかたが、政府による政策の基調をなしてきた。しかし、少なくとも都市計画については、こうした流れがすみすぎると危険である。それでは、かつての補助金獲得レースの様相を呈した開発志向の都市計画が、民間投資の獲得レースに、その外観を変えただけになってしまう。つまり、せっかく地方分権がすすんでも、地方当局が耳を傾けるのは企業や開発業者の声ばかりになってしまいかねないし、実際、二〇〇二年に制定された都市再生特別措置法につらなるようなそうした状況にたいする懸念は大きいのである。[21]

たしかに、戦災復興での政府と地方当局の関係は一方的で、ましてや市民の声が政策や復興計画の策定に反映されることはほとんどなかった。しかし、東京の例に典型的に示されるように、大都市への人口流入や応急建築物にたいする規制を、当時の政府が十分におこなったともおよそいえない。これからの政府が、無秩序な、あるいはひとりよがりの開発にたいする規制の手はゆるめずに、社会のすみずみまでを都市計画にかかわらせる覚悟で、さまざまな人びとや機構の見解を集約し調整するような都市計画のシステムを構築することができたとき、戦災復興の経験は重要な教訓となって生かされたといえるのである。

あとがき

本書は、一九九〇年四月に始まった日英共同研究「戦災都市の再興過程の都市史的考察――日英国際比較――」の成果である。この研究は、慶應義塾大学経済学部と英国ウォーリック大学社会史研究所 Centre for the Study of Social History, University of Warwick とのあいだで行なわれ、三年間にわたり慶應義塾大学経済学部研究教育資金（野村投資信託記念資金）からの助成を受けた。また、本書の出版にさいしても同資金の助成を受けている。当初、共同研究には杉浦章介が参加していたが、開始直後に長期の海外赴任の途につくことになったため、研究への参加を断念せざるをえなかった。

実証的な歴史研究をすすめるさいに、文書館、図書館をはじめとする関係機関での資料収集がなにより重要であることは言を俟たない。この点においてわれわれは、有能で協力的な関係者に恵まれた。とくに以下の諸機関およびそのスタッフに、深く感謝したい。（順不同）

日本　国立公文書館。国立国会図書館。東京市政調査会市政専門図書館。東京都公文書館。大阪府立中之島図書館。大阪市公文書館。群馬県立文書館。前橋市立中央図書館。大阪市旧換地清算課および都市計画課。大阪日日新聞摂河泉支社。

イギリス　National Archives (formerly Public Record Office). British Library Newspaper Library. Greater London Record Office. Coventry City Record Office. Local Studies Section of Coventry Central Library. Portsmouth City Record Office. Local Studies Section of Portsmouth Central Library. Mass

Observation Archive, University of Sussex. The Bodleian Library, University of Oxford. Royal Institute of British Architects Library.

また、図版にかんして貴重な資料の提供の便宜を図っていただいた毎日フォトバンクにも感謝申し上げたい。

なお、本書の第一章と第四章はそれぞれ、本共同研究の成果の一部として公表されたN. Tiratsoo, 'The Reconstruction of British Blitzed Cities, 1945-55: Myths and Reality', *Contemporary British History*, vol. 14, no. 1 (2000) と長谷川淳一「英国ポーツマスにおける戦後再建政策の展開　一九四一年―一九四六年（一）、（二）」『経済学雑誌』第九四巻第一号、第二号（一九九三年五月、七月）を大幅に加筆・修正したものである。

本書はまた、多くの研究者から有益な助言や批判を受けた。とくに、一九九三年三月に慶應大学において開催したワークショップには、石田頼房、石丸紀興、大村謙二郎、越沢明、水内俊雄、ユタ・ホーン（Uta Hohn）といった都市計画や地理学の専門研究者に参加していただき、各氏から有益な意見をいただいた。また、長谷川は故橋本寿朗氏がリーダー役をつとめられた法政大学産業情報センター不動産業史研究会での日本の不動産業史にかんする共同研究に参加することで多くの知見を得た。とくに、一九九四年五月にこの研究会で戦災復興にかんする報告を行ない批判やコメントをいただいたことは貴重な経験であった。その後も、石田頼房、カローラ・ハイン（Carola Hein）、ジェフリー・ディーフェンドルフ（Jeffry Diefendorf）氏らを中心とした共同研究や、安田孝、ピーター・ラーカム（Peter Larkham）氏らを中心とした共同研究に参加するという有意義な機会を得た。さらに、研究の過程で赤崎弘平、アンソニー・サトクリフ（Anthony Sutcliffe）、椿建也、西山康雄、本内直樹、本吉理彦の各氏からいただいた助言や励ましにも感謝したい。

知泉書館の小山光夫社長には、厳しい出版事情のなか、本書の刊行にさいして大変お世話になった。また、本書は四名の研究者による共著であるが、かつて知泉書館にいらした勝康裕氏には、五人目の共著者であるといってよいほど、本書のかたちを作るにあたり、大変ご尽力いただいた。おふたりに深く感謝したい。

なお、この共同研究の成果は英語にもまとめられ、N. Tiratsoo, T. Matsumura, T. Mason, J. Hasegawa, *Urban Reconstruction in Britain and Japan, 1945-1955: Dreams, Plans and Realities* としてイギリスの University of Luton Press (Luton) より二〇〇二年に刊行された。本書と併読いただければ幸いである。

二〇〇六年九月

筆者一同

執筆者紹介

ニック・ティラッソー　Nick Tiratsoo
ロンドン大学経営史研究所客員研究員，前ルートン大学イギリス現代史教授
(with S. Fielding and P. Thompson) *'England Arise!' The Labour Party and Popular Politics in 1940s Britain* (Manchester: Manchester University Press, 1995); (with J. Tomlinson) *The Conservatives and Industrial Efficiency 1951–64. Thirteen wasted years?* (London: LSE/Routledge, 1998); (with D. Tanner and P. Thane) (eds.), *Labour's First Century* (Cambridge: Cambridge University Press, 2000)

松村　高夫
慶應義塾大学名誉教授
The Labour Aristocracy Revisited: the Victorian flint glass makers, 1850–80 (Manchester and Dover, N. H.: Manchester University Press, 1983); (with J. Benson) *Japan, 1868–1945: from isolation to occupation* (Harlow: Pearson Education, 2001)

トニー・メイソン　Tony Mason
デ・モントフォート大学歴史学教授，前ウォーリック大学社会史研究所主任研究員
Association Football and English Society, 1863–1915 (Brighton: Harvest Press, 1980); (ed.), *Sport in Britain: a social history* (Cambridge and New York: Cambridge University Press, 1989); (with Richard Holt) *Sport in Britain, 1945–2000* (Oxford: Blackwell, 2000)

長谷川　淳一
慶應義塾大学経済学部教授
Replanning the Blitzed City Centre: a comparative study of Bristol, Coventry and Southampton 1941–1950 (Buckingham and Philadelphia: Open University Press, 1992); 'The rise and fall of radical reconstruction in 1940s Britain', *Twentieth Century British History*, vol. 10, no. 2 (1999); 'Governments, consultants, and expert bodies in the physical reconstruction of the City of London in the 1940s', *Planning Perspectives*, vol. 14, no. 2 (1999)

人 名 索 引

あ 行

か 行

さ 行

た・な 行

は　行

ま　行

や・ら　行

事 項 索 引

あ 行

か 行

さ 行

た　行

な　行

は　行

ま　行

や・ら　行

注

はしがき

1） A. Gordon (ed.), *Postwar Japan as History* (Berkeley: University of California Press, 1993)〔中村政則監訳『歴史としての戦後日本』上・下，みすず書房，2001年。ただし，邦訳は，原著におさめられた16本の論文から９本が選択され，A・ゴードンによる新たな「序論」が付された再編集版である〕; J. Dower, *Embracing Defeat: Japan in the Aftermath of World War II* (New York: W. W. Norton: New Press, 1999)〔三浦陽一・高杉忠明訳『敗北を抱きしめて――第二次世界大戦後の日本人』上・下，岩波書店，2001年〕.

2） R. Dore, *British Factory, Japanese Factory: The Origins of National Diversity in Industrial Relations* (Berkeley: University of California Press, 1973)〔山之内靖・永易浩一郎訳『イギリスの工場・日本の工場――労働関係の比較社会学』筑摩書房，1987年〕, A. Farnie and T. Nakaoka *et al*. (eds.), *Region and Strategy in Britain and Japan: Business in Lancashire and Kansai, 1890-1990* (London: Routledge, 2000), 細谷千博／イアン・ニッシュ監修『日英交流史 1600－2000』全５巻，東京大学出版会，2000-01年。

3） E. Seidensticker, *Tokyo Rising: the city since the great earthquake* (New York: Knopf, 1990)〔安西徹雄訳『立ちあがる東京――廃墟，復興，そして喧騒の都市へ』早川書房，1992年〕，御厨貴『東京――首都は国家を超えるか』読売新聞社，1996年。なお，「シリーズ東京を考える」全５巻の構成は，御厨貴編『都政の五十年』，村松岐夫編『東京の政治』，御厨貴編『都庁のしくみ』，神野直彦編『都市を経営する』，東郷尚武編『都市を創る』（都市出版，1994-95年）となっている。

序章　戦災復興研究の意義

1） 日本とイギリスにおける空襲の被害とそれが人びとに与えた心理的影響を検討した近年の研究として，「特集　空襲の歴史とその記憶・記録」『歴史評論』第616号（2001年８月）をあげておく。このなかで，松村高夫がロンドンの事例を検討している（「ロンドン空襲の経験と記憶」13-25頁）。

2） 日本の建築史，都市計画史，あるいは都市にかんする法や政策の通史的研究における戦災復興にかんする記述には，日本建築学会編『近代日本建築学発達史』丸善，1972年，第６編11章，田村明「都市の計画と建設の課題」および高木鉦作「市民・自治体と都市計画」伊東光晴，篠原一，松下圭一，宮本憲一編『岩波講座　現代都市政策Ⅶ　都市の建設』岩波書店，1973年，20-21および43-44頁，石田頼房『日本近代都市計画の百年』自治体研究社，1987年，第７章，同『日本近代都市計画史研究（新装版）』柏書房，1992年，第10・11章，鈴木博之『日本の近代10　都市へ』中央公論社，1999年，348-66

頁，原田純孝編『日本の都市法Ⅰ　構造と展開』東京大学出版会，2001年，71-81頁，沼尻晃伸『工場立地と都市計画――日本都市形成の特質1905－1954』東京大学出版会，2002年，第6章がある。なお，石田『日本近代都市計画の百年』については，大幅に増補改定され，『日本近現代都市計画の展開　1868－2003』自治体研究社，2004年として出版されている。また，とくに東京に的をしぼった通史的研究でも，越沢明『東京の都市計画』岩波書店，1991年，第6章，東郷尚武『都市を創る』都市出版，1995年の随所において，篠原修「近代東京の骨格形成」中村英夫編『東京のインフラストラクチャー――巨大都市を支える』技報堂出版，1997年，94-98頁，および寺西弘文「東京の都市政策と都市計画」原田純孝編『日本の都市法Ⅱ　諸相と動態』東京大学出版会，2001年，165-68頁で，戦災復興について検討されている。さらに，近代都市計画における緑地の創出と維持という問題を，広く欧米および日本について検討した石川幹子『都市と緑地――新しい都市環境の創造に向けて』岩波書店，2001年，244-68頁において，とくに東京の1930年代および戦災復興時の緑地計画が，また，日本と海外の災害復興について多くの事例を検証し，‘非常時’の都市計画の論理や計画策定のありかたを考察した西山康雄『「危機管理」の都市計画――災害復興のトータルデザインをめざして』彰国社，2000年，第7章で東京の戦災復興が検討されている。なお，戦災復興関連の政府の政策や法制度の展開を簡潔にまとめた近年の研究に，台健「『戦災』とその復興（その1～3・完）――住宅政策と都市計画事業」『新都市』第45巻第3号（1991年3月），56-67頁，第45巻第4号（1991年4月），42-55頁，第45巻第5号（1991年5月），38-48頁がある。また，日本の都市計画史にかんする英文による近年の労作であるA. Sorensen, *The Making of Urban Japan: Cities and planning from Edo to the twenty-first century* (London: Routledge, 2002), esp., pp. 151-68 も参照のこと。

特定の都市の戦災復興については，石丸紀興「戦災復興計画における計画思想とその都市形成に及ぼした影響に関する研究――広島市を例として　その1　都市の性格と人口に関して」（『日本建築学会論文報告集』，第312号，1982年2月），城谷豊・桜井康弘「戦災復興事業と都市空間――福井市の都市形成」（『都市計画』101号〔1978年5月〕）や前掲の西山康雄『「危機管理」の都市計画』第8章「名古屋の戦災復興都市計画，百メートル道路はいかにして構想されたか」（なお，同書では第9章でイギリスのカンタベリーの戦災復興を検討している）などがある。とくに石丸には，広島の戦災復興にかんする研究が枚挙の暇のないほど多数あるが，ここではごく最近の研究として，「広島の戦災復興における達成」『都市問題』第96巻第8号「特集2　戦災復興の60年」（2005年8月），67-80頁をあげておく。また，建設省編『戦災復興誌』全10巻，都市計画協会，1957－63年（1991年に大空社より再版）のほかに，各地方自治体がまとめた事業誌や地方史研究にも，多数の労作がある。たとえば本書でも，大阪市役所編『大阪市戦災復興誌』大阪市役所，1958年，大阪における各地区別の戦災復興土地区画整理事業誌（『甦えるわが街』1978－97年，くわしくは本書の第7章を参照），前橋市戦災復興誌編集委員会編『戦災と復興』前橋市，1964年，名古屋にかんする記録である，戦災復興誌編集委員会編『戦災復興誌』名古屋市計画局，1984年，監物聖善「伊勢崎市の戦災復興都市

計画」『伊勢崎市史研究』第7号（1989年3月），長岡市史編集委員会現代史部会編『長岡市史双書 No.7　戦災都市の復興』長岡市，1990年，広島にかんする記録である，戦災復興事業史編集研究会，広島市都市整備局都市整備部区画整理課編『戦災復興事業誌』広島市都市整備局都市整備部区画整理課，1995年などを参照した。また，近年，日本の戦災復興にかんする英文での労作である C. Hein, J. M. Diefendorf and Y. Ishida (eds.), *Rebuilding Urban Japan After 1945* (Basingstoke: Palgrave Macmillan, 2003) が公刊され，事例研究としては，東京，大阪，広島，長岡，沖縄が検討されている。

イギリスにかんする通史的記述のなかでは，とくに，Alison Ravets, *Remaking Cities: Contradictions of the Recent Urban Environment* (London: Croom Helm, 1980), esp., ch. 1; Gordon E. Cherry, *Cities and Plans: The Shaping of Urban Britain in the Nineteenth and Twentieth Centuries* (London: Edward Arnold, 1988), esp., ch. 5 を参照されたい。政府による政策については，J. B. Cullingworth, *Environmental Planning 1939–1969, vol I: Reconstruction and Land Use Planning 1939–1947* (London: HMSO, 1975) がくわしい。また，個別事例についての研究としては，たとえば，L. Kuper (ed.), *Living in Towns* (London: The Cresset Press, 1953); W. Burns, *British Shopping Centres: New Trends in Layout and Distribution* (London: Leonard Hill, 1959); idem, *New Towns for Old: The Technique of Urban Renewal* (London: Leonard Hill, 1963); P. Johnson-Marshall, *Rebuilding Cities* (Edinburgh: Edinburgh University Press, 1966); J. Holliday (ed.), *City Centre Redevelopment: A Study of British City Centre Planning and Case Studies of Five English City Centres* (London: C. Knight, 1973) がある。そこでは，コヴェントリーへの関心がとびぬけて高い。また，ロンドンについては，近年の研究として N. Bullock, 'Ideals, priorities and harsh realities: reconstruction and the LCC, 1945–51', *Planning Perspectives*, vol. 9, no. 1 (January 1994) があり，International Planning History Society が 'Seizing the Moment: Planning London 1944–1994' と題した大規模な学会を1994年4月に開催しているが，もっとも包括的な研究は，P. L. Garside, 'Town Planning in London 1930–1960' (Unpublished Ph. D. thesis, London School of Economics, 1979) である。
また，J. M. Diefendorf (ed.), *Rebuilding Europe's Bombed Cities* (Basingstoke: Macmillan, 1990); idem, *In the Wake of War* (Oxford: Oxford University Press, 1993) は，大陸ヨーロッパ各国やドイツの戦災復興についての重要な研究である。

なお，イギリスにおける都市計画の展開全般を概観するさいに有益な邦語文献として，以下をあげておく。J・B・カリングワース『英国の都市農村計画』（J. B. Cullingworth, *Town and Country Planning in England and Wales: the changing scene* (completely revised 3rd ed., London: Allen & Unwin, 1970) の翻訳）久保田誠三監訳，都市計画協会，1972年，ゴードン・E・チェリー編『英国都市計画の先駆者たち』（Gordon E. Cherry (ed.), *Pioneers in British Planning* (London: Architectural Press, 1981) の翻訳）大久保昌一訳，学芸出版社，1983年，ウィリアム・アシュワース『イギリス田園都市の社会史：近代都市計画の誕生』（William Ashworth, *The Genesis of*

Modern British Town Planning: a study in economic and social history of the nineteenth and twentieth centuries (London: Routledge and Kegan Paul, 1954) の翻訳）下総薫監訳，御茶の水書房，1987年，福士正博「環境政策――土地利用を中心に」毛利健三編『現代イギリス社会政策史　1945－1990』ミネルヴァ書房，1999年。

3）越澤明「戦災復興計画の意義とその遺産」『都市問題』第96巻第8号「特集2　戦災復興の60年」55頁。越沢氏の『読売新聞』2005年8月29日「論点」への寄稿「戦災復興から『遺産』学べ」も参照のこと。なお，同氏の最近の著作には近現代日本の復興の歴史を検討し，今後の都市づくりを展望した『復興計画：幕末・明治の大火から阪神・淡路大震災まで』中央公論新社，2005年がある。戦災復興については同書第5章も参照のこと。

4）*Report of the Royal Commission on Geographical Distribution of the Industrial Population* (Cmd. 6135, London: HMSO, 1940)（伊藤喜栄ほか共訳『イギリスの産業立地と地域政策――バーロー・レポート』ミネルヴァ書房，1986年）.

5）イギリス戦後再建においてプランニングや計画家の果たした役割やその重要性についての研究としては，J・スティーヴンソンの以下の二つの論文，John Stevenson 'Planners' moon? The Second World War and the planning movement', in Harold Smith (ed.), *War and Social Change: British Society in the Second World War* (Manchester: Manchester University Press, 1986) および 'The Jerusalem that Failed? The Rebuilding of Post-War Britain', in Terry Gourvish and Alan O'Day (eds.), *Britain since 1945* (London: Macmillan Education, 1991) を参照されたい。

6）F. J. Osborn (ed.), *Making Plans* (London: Todd Publishing, 1943), p. 7.

7）Cherry, *Cities and Plans*; Ravetz, *Remaking Cities*.

8）明治期から今日までの都市計画の展開を概観した研究としては，石田『日本近代都市計画の百年』，同『日本近代都市計画史研究』を，とくに東京については，越沢『東京の都市計画』，寺西「東京の都市政策と都市計画」を参照。また，市区改正までについては御厨貴『首都計画の政治』山川出版社，1984年，藤森照信『明治の東京計画』岩波書店，1990年，および石塚博道『日本近代都市論：東京：1868－1923』東京大学出版会，1991年を，また，震災復興については，福岡峻治『東京の復興計画』日本評論社，1991年を参照されたい。さらに，災害と都市計画の発展のかかわりを簡潔に示したものとして，J. Hasegawa, 'Reconstruction/Disaster Planning: Japan', in N. J. Smelser and P. B. Baikes editors in chief, *International Encyclopedia of the Social and Behavioral Sciences* (Oxford: Elsevier Science Ltd., 2001), pp. 12839-41 も参照されたい。

9）石田『日本近代都市計画の百年』15-52頁。

10）植民地での都市計画については，とくに越沢の諸研究（『満州国の首都計画』日本経済評論社，1988年〔2002年，ちくま学芸文庫，筑摩書房〕，『哈爾浜の都市計画』総和社，1989年，「台湾・満州・中国の都市計画」大江志乃夫ほか編『岩波講座　近代日本と植民地3　植民地化と産業化』岩波書店，1993年）を参照されたい。なお，イギリスの植

民地での都市計画についてのすぐれた研究が，近年翻訳されている。R. Home, *Of Planting and Planning: The Making of British Colonial Cities* (London: E&FN Spon, 1997)（布野修司・安藤正雄監訳／アジア都市建築研究会訳『植えつけられた都市——英国植民都市の形成』京都大学学術出版会，2001年）．

11）石田『日本近代都市計画の百年』65-66および115-16頁。

12）HLG 86/27, Letter from G. L. Pepler to H. G. Vincent, 29 October 1941.

13）たとえば，Cherry, *Cities and Plans*; Ravetz, *Remaking Cities* および石田『日本近代都市計画の百年』，同『日本近代都市計画史研究』，越沢『東京の都市計画』。

14）P. Addison, *The Road to 1945: British Politics and the Second World War* (London: Jonathan Cape, 1975). 同書は，毛利健三『イギリス福祉国家の研究——社会保障発達の諸画期』東京大学出版会，1990年や河合秀和「戦後イギリスの政治」中木康夫，河合秀和，山口定『現代西ヨーロッパ政治史』有斐閣，1990年といったイギリス戦後史を考える上で重要な邦語文献においてもあげられている。

15）C. Barnett, *The Audit of War: The Illusion & Reality of British as a Great Nation* (Basingstoke: Macmillan, 1986). なお，イギリスの長期的な衰退という点については，さしあたり以下が参考となろう。A. Gamble, *Britain in Decline: Economic Policy, Political Strategy and the British State* (London: Macmillan, 1981)（A・ギャンブル著，都築忠七・小笠原欣幸訳『イギリス衰退100年史』みすず書房，1987年）; M. J. Wiener, *English Culture and the Decline of the Industrial Spirit, 1850-1980* (Cambridge: Cambridge University Press, 1981)（M・J・ウィナー著，原剛訳『英国産業精神の衰退——文化史的接近』勁草書房，1984年）．

16）K. Jefferys, *The Churchill Coalition and Wartime Politics, 1940-1945* (Manchester: Manchester University Press, 1991); S. Brooke, *Labour's War: The Labour Party during the Second World War* (Oxford: Oxford Universiry Press, 1992).

17）前記の注14）～16）にあげた研究では，戦災復興はくわしくとりあげられてはいない。実際，アディソンは，「[大戦中に定められた] 都市計画の諸権限がどこまで賢明に行使されたかは，論議の残る問題であり，コヴェントリー，プリマス，グラスゴー等々の [戦災都市の] 復興のされかたや，イギリスの残りの都市の計画のされかたを検討することによってのみ，答えることができる」としている（Addison, *Road to 1945*, p. 176）。これにたいして，イギリス戦後再建のコンテクストのなかで戦災復興の詳細な分析をこころみた研究として，N. Tiratsoo, *Reconstruction, Affluence and Labour Politics: Coventry 1945-60* (London: Routledge, 1990) と 'Labour and reconstruction of Hull, 1945-51', in N. Tiratsoo (ed.), *The Attlee Years* (London: Pinter Publishers, 1991) および J. Hasegawa, *Replanning the Blitzed City Centre: A Comparative Study of Bristol, Coventry and Southampton 1941-1950* (Buckingham and Philadelphia: Open University Press, 1992); idem, 'Governments, consultants, and expert bodies in the physical reconstruction of the City of London in the 1940s', *Planning Perspectives*, vol. 14, no. 2 (1999) と 'The rise and fall of radical reconstruction in 1940s

Britain', *Twentieth Century British History*, vol. 10, no. 2 (1999) が，すでに発表されている。また，戦後再建期のイギリス都市計画について近年ラーカムとリリーが精力的に研究を続けているが，ここではさしあたり，P. J. Larkham and K. D. Lilley, *Planning the 'City of Tomorrow': British reconstruction planning, 1939–1952: an annotated bibliography* (Pickering: Inch's Books, 2001) をあげておく。なお，戦後再建におけるコンセンサスをめぐる論争を簡潔にまとめたものとして，長谷川淳一「イギリス戦後史研究の動向と論点」『経済学雑誌』第96巻別冊（1995年10月）45-47頁を参照されたい。

18）東京大学社会科学研究所編『戦後改革』全8巻，東京大学出版会，1974-75年。

19）たとえば中村隆英は，占領改革が戦前の制度を大きく変え，経済成長の土台を築いたとしている（『日本経済――その成長と構造［第3版］』東京大学出版会，1995年，第5章。同編『日本経済史7　「計画化」と「民主化」』岩波書店，1989年も参照)。また，橋本寿朗らも，占領改革によるアメリカ的な制度への大改造で導入された制度が，アメリカとは異なる日本の諸条件により修正されて吸収され，飛躍的な経済成長の原動力となるような独自の戦後日本経済システムが形成されたとしている（さしあたり，橋本寿朗『戦後の日本経済』岩波書店，1995年，とくに「II　敗戦からの復興」および同編『日本企業システムの戦後史』東京大学出版会，1996年，とくに同，序章「企業システムの『発生』,『洗練』,『制度化』の論理」を参照)。

また，より政治的な側面に焦点をあてた坂野潤治，高村直助，宮地正人，安田浩，渡辺治編『シリーズ　日本近現代史　構造と変動　4　戦後改革と現代社会の形成』岩波書店，1994年においても，そこに所収された二村一夫「戦後社会の起点における労働組合運動」および西田美昭「農民運動の高揚と衰退」が，戦後の労働運動や農業経営の原型の形成を戦後再建期にみいだしている。

第1章　挫折した理想の評価

*）本章は，本共同研究の成果の一部として公表された N. Tiratsoo, 'The Reconstruction of British Blitzed Cities, 1945–55: Myths and Reality', *Contemporary British History*, vol. 14, no. 1 (2000) に大幅に加筆・修正したものである。

1）C. Barnett, *The Audit of War: The Illusion & Reality of British as a Great Nation* (Basingstoke: Macmillan, 1986).

2）戦災都市の復興にかんする研究としては，以下を参照されたい。N. Tiratsoo, *Reconstruction, Affluence and Labour Politics: Coventry 1945–60* (London: Routledge, 1990); idem, 'Labour and the reconstruction of Hull', in N. Tiratsoo (ed.), *The Attlee Years* (London: Pinter Publishers, 1991); J. Hasegawa, *Replanning the Blitzed City Centre: A Comparative Study of Bristol, Coventry and Southampton 1941–1950* (Buckingham and Philadelphia: Open University Press, 1992); idem, 'Governments, consultants, and expert bodies in the physical reconstruction of the City of London in the 1940s', *Planning Perspectives*, vol. 14, no. 2 (1999); idem, 'The rise and fall of

radical reconstruction in 1940s Britain', *Twentieth Century British History*, vol. 10, no. 2 (1999).

3) 空襲については，たとえば B. Collier, *The Defence of the United Kingdom* New Edition (London: Imperial War Museum, 1994) および T. Harrison, *Living through the Blitz* (London: Collins, 1976) をみよ。

4) Nuffield Social Reconstruction Survey, Nuffield College, Oxford, Box 21, Report by G. R. Mitchison on Poplar [n. d. but 1941], p. 1.

5) 'Foreword' by Julian Huxley in F. Stephenson and P. Pool, *A Plan for Town and Country* (London: Pilot Press, 1944), p. 7.

6) *Architects' Journal*, 15 October 1942.

7) 戦前期の都市の欠陥と，復興計画にみられた解決法については，さしあたり，Hasegawa, 'The rise and fall of radical reconstruction in 1940s Britain', pp. 144-5 を参照。

8) 法制度の整備については，以下にくわしい。J. B. Cullingworth, *Environmental Planning 1939-1969, vol I: Reconstruction and Land Use Planning 1939-1947* (London: HMSO, 1975).

9) たとえば，A. C. Bossom, 'The New Ministers', *Building*, vol. XX, no. 9 (September 1945), p. 243 での人物紹介をみよ。

10) 各都市の復興にかんする詳細な分析としては，以下をみられたい。Tiratsoo, *Reconstruction, Affluence and Labour Politics*; idem, 'Labour and the reconstruction of Hull'; Hasegawa, *Replanning the Blitzed City Centre*; idem, 'Governments, consultants, and expert bodies in the physical reconstruction of the City of London in the 1940s'.

11) *Times*, 8 October 1952.

12) *Hansard*, vol. 512, 2 March 1953, col. 44.

13) *Western Morning News*, 6 and 7 May 1953.

14) J. Atkinson, review of Portsmouth plan, *The Journal of the Town Planning Institute*, vol. XL, no. 2 (January 1954), p. 45.

15) L. Mumford, *The Highway and the City: Essays* (New York: Harcourt, Brace and World, Inc., 1963), pp. 17-20 and 113-22（L・マンフォード〔生田勉・横山正訳〕『都市と人間』思索社，1972年）; L. Grebler, *Europe's Reborn Cities* (Washington, DC: Urban Land Institute, 1956), *passim*.

16) *Listener*, 8 June 1961 for Nairn and 27 October 1955, 21 February 1957 and 23 October 1958 for others.

17) H. Myles Wright, 'The First Ten Years', *Town Planning Review*, vol. 26, no. 2 (July 1955), pp. 73 and 84.

18) Barnett, *The Audit of War*, pp. 246-47.

19) この議論については，Lord Latham in *Architects' Journal*, 15 July 1943 をみよ。

20) *Architects' Journal*, 12 June 1952.
21) *Architects' Journal*, 30 April 1942.
22) Ministry of Town and Country Planning and Department of Health for Scotland, *Report of the Committee on Qualification of Planners* (Cmd. 8059, London: HMSO, 1950), p. 25. L. Rodwin, 'The Achilles Heel of British Town Planning', *The Town Planning Review*, vol. XXIV, no. 1 (April 1953), pp. 22-34 もみよ。
23) Grebler, *Europe's Reborn Cities*, p. 69.
24) HLG 71/1254, 'Notes of a Press Conference. . .', 17 July 1941, p. 4.
25) チャーチルの姿勢については，さしあたり P. Addison, *Churchill on the Home Front, 1900-1955* (London: Jonathan Cape, 1992), pp. 326-85 をみよ。
26) *Architects' Journal*, 7 October 1943; National Federation of Registered House-Builders, *Memorandum Upon Physical Reconstruction in Britain* (1944); *The Co-Operative Review*, vol. XVIII, no. 5 (May 1944), p. 74 and vol. XVIII, no. 6 (June 1944), p. 94.
27) この後退については，Hasegawa, *Replanning the Blitzed City Centre*, *passim*; A. Cox, *Adversary Politics and Land: The Conflict Over Land and Property in Post-war Britain* (Cambridge: Cambridge University Press, 1984), pp. 40-50 をみよ。
28) 1944年都市農村計画法にたいする批判については，たとえば，Lord Latham in *The Daily Herald*, 24 and 26 June 1944 をみよ。
29) 労働党の考えかたについては，T. Tsubaki, 'Postwar Reconstruction and the Questions of Popular Housing Provision, 1939-1951' (Unpublished Ph. D. thesis, University of Warwick, 1993), vol. II, esp., pp. 360-77 で検討されている。
30) *Barking and East Ham Express*, 28 September 1943.
31) *Architectural Design*, vol. XV, no. 3 (March 1945), p. 54.
32) HLG 71/601, 'Conference on Reconstruction Problems', a verbatim report of the conference held on 30 October 1947.
33) 各都市についての具体的な数値は，たとえば，HLG 71/600, Letter from D. P. Walsh to L. Murin, 9 September 1947 にみいだせる。
34) サウサムプトンについては，Hasegawa, *Replanning the Blitzed City Centre*, esp., chs. 5, 7, 8 を，ハルについては，Tiratsoo, 'Labour and reconstruction of Hull, 1945-51'を参照されたい。
35) Ministry of Local Government and Planning, *Town and Country Planning 1943-1951* (Cmd. 8204, London: HMSO, 1951), p. 15.
36) *East London Advertiser*, 26 November 1948.
37) *Tribune*, 18 February 1949.
38) Tiratsoo, *Reconstruction*, pp. 108-09 で，利用可能なデータが要約されている。
39) たとえば，Tiratsoo, *Reconstruction*; idem, 'Labour'をみよ。また，このテーマについて，より一般的には，D. W. Parsons, *The Political Economy of British Regional*

Policy (London: Routledge Kegan & Paul, 1988), pp. 74-102 をみよ。

40) U. Aylmer Coates, 'Progress in Redevelopment', *The Journal of the Town Planning Institute*, vol. XXXIX, no. 1 (November-December 1952), p. 18.

41) HLG 71/2222, E. A. Sharp (Deputy Secretary of the Ministry of Town and Country Planning), 'Reconstruction of Blitzed Cities', Note submitted to Minister of Town and Country Planning, 16 November 1948. しかも，表1-3に示した資金供給額の総計は，都市農村計画省が1950年は100万ポンドを，51年には500万ポンドを要求していたところが，大蔵省からの圧力により減額された結果である (HLG 71/2224, Letter from S. Cripps to H. Dalton, 21 April 1950; HLG 71/2224, Letter from E. A. Sharp to D. P. Walsh, 20 July 1950)。

42) *News Chronicle*, 5 August 1950. シティ・センターでの建設事業については，HLG 71/2222-4 にくわしい。

43) C. Madge, 'Survey of community facilities and services in the United Kingdom', *U. N. Housing and Town and Country Planning Bulletin*, no. 5 (March 1952), pp. 31-41.

44) G. Pilliet, 'English New Towns. . .', *Town and Country Planning*, vol. XX, no. 95 (March 1952), p. 137.

45) A. Coleman et al., *Utopia on Trial: Vision and Reality in Planned Housing* (London: H. Shipman, 1985); C. Ward, *When We Build Again: Let's have Housing that Works* (London: Pluto Press, 1985).

46) J. Hinton, 'Self-help and Socialism. The Squatters' Movement of 1946', *History Workshop Journal*, Issue 25 (Spring 1988), pp. 100 and 117.

47) Matrix, *Making Space: Women and the Man-Made Environment* (London: Pluto Press, 1984), p. 5.

48) M. Thatcher, *Speeches to the Conservative Party Conference 1975-1988* (London: Conservative Political Centre, 1989), p. 128.

49) [Anon.], 'Let the People Plan', *Official Architect and Planning Review*, vol. 6, no. 8 (August 1943), p. 327; editorial, 'Let's Tell The People', *Architectural Design*, vol. XII, no. 7 (July 1942), p. 131.

50) *Architects' Journal*, 15 January 1942.

51) *Architects' Journal*, 21 January 1943.

52) Editorial in *Architectural Design*, vol. XIII, no. 9 (September 1943), p. 178.

53) これらの調査は，Tsubaki, 'Postwar Reconstruction', vol. I, ch. 5 によくまとめられている。なお，こうした調査の分析を中心に，計画家と世論の関係を論じた，idem, 'Planners and the Public: British Popular Opinion on Housing during the Second World War', *Contemporary British History*, vol. 14, no. 1 (2000) も参照のこと。

54) たとえば，M. Walter, 'The Right Use of Opinion Surveys', *Fabian Quarterly*, no. 42 (July 1944), pp. 22-25 をみよ。

55) Mass Observation, 'Some Psychological Factors in Home Building', *Town and Country Planning*, vol. XI, no. 41 (Spring 1943), pp. 8-9.
56) Mass Observation, *People's Homes* (London: John Murray, 1943), p. xix.
57) [Anon.], 'Townswomen's Views on Post-War Homes', *The Townswoman*, vol. 10, no. 10 (June 1943), p. 129.
58) たとえば，[Anon.], 'Houses or Flats. . .', *Town and Country Planning*, vol. XI, no. 41 (Spring 1943), pp. 4-5 をみよ。
59) [Anon.], 'The Englishwoman's Castle', *Town and Country Planning*, vol. XI, no. 43 (Autumn 1943), p. 106.
60) Mass Observation, *People's Homes*, p. xxii および，たとえば，B. S. Townroe, 'What Do The Services Think?', *Architectural Design*, vol. XII, no. 10 (October 1942), p. 202.
61) Review of *People's Homes* in *Architectural Review*, November 1943, p. 144.
62) 'Townswomen's Views', *The Townswoman*, p. 138.
63) 'The Englishwoman's Castle', *Town and Country Planning*, p. 106.
64) *Architectural Design*, vol. XV, no. 7 (July 1945), p. 153.
65) C. Bauer, 'Planning Is Politics - But Are Planners Politicians?', *Architectural Review*, September 1944, p. 82.
66) *Architects' Journal*, 6 June 1946.
67) *Architects' Journal*, 21 March 1946.
68) T. Sharp, 'Presidential Address', *The Journal of the Town Planning Institute*, vol. XXXII, no. 1 (November-December 1945), pp. 1-5.
69) 労働党のアプローチについては，Ministry of Local Government and Planning, *Town and Country Planning 1943-1951* および Cullingworth, *Environmental Planning 1939-1969, vol. I* をみよ。
70) Tiratsoo, *Reconstruction*, pp. 112-14.
71) *Barking and East Ham Express*, 7 September 1951.
72) Hulton Research, *Patterns of British Life: A Study of Certain Aspects of the British People at Home, at Work, and at Play, and a Compilation of Some Relevant Statistics* (London: Hulton Press, 1950), pp. 26 and 24.
73) F. J. Osborn, 'Public Influences on Planning', *Report of the Proceedings at the Town and Country Planning Summer School, 1951* (London: Town and Country Planning Association, 1951), p. 81.
74) J. Mann, 'Warehousing the People', *Town and Country Planning*, vol. XXI, no. 112 (August 1953), p. 363; E. E. Pepler, 'London Housing and Planning', *Town and Country Planning*, vol. XIX, no. 84 (April 1951), p. 157.
75) J. Gloag, 'Planning and Ordinary People', *Town and Country Planning*, vol. XX, no. 103 (November 1952), p. 509.

76) Reported in *The Journal of the Town Planning Institute*, vol. XXXIX, no. 2 (January 1953), p. 33.
77) C. M. Haar, 'Appeals under the Town and Country Planning Act, 1947', *Public Administration*, vol. XXVII (Spring 1949), pp. 37-44 および Ministry of Local Government and Planning, *Town and Country Planning 1943-1951*, p. 179 をみよ。
78) Myles Wright, 'First Ten Years', p. 75.
79) Mass Observation Archive, University of Sussex Library, File Report No. 3000, 'Report on Daylight Cinema Van Campaign, Kingston-Upon-Hull, May 1948', June 1948, p. 22.
80) J. H. Foreshaw and P. Abercrombie, *Country of London Plan* (London: Macmillan, 1943) への彼（the right Hon. Lord Latham）の序文（p. iv）をみよ。

第2章　インナー・シティの復興

1) フェスティヴァル・オブ・ブリテンの一般的背景については，M. Frayn, 'Festival', in M. Sissons and P. French (eds.), *Age of Austerity* (London: Hodder & Stoughton, 1963), pp. 317-38 および M. Banham and B. Hiller (eds.), *Tonic to the Nation: Festival of Britain, 1951* (London: Thames and Hudson Ltd., 1976) をみよ。
2) H. McG. Dunnet (ed.), *A Guide to the Exhibition of Architecture, Town-Planning and Building Research* (London: HMSO, 1951), p. 47.
3) ギバードについては，F. Gibberd, 'Lansbury: The Live Architecture Exhibition', in Banham and Hiller (eds.), *Tonic to the Nation*, p. 138 をみよ。
4) WORK 25/28 FB Arch (48) 1., Memo. by F. Gibberd, 19 July 1948, p. 1.
5) *Ibid.*, p. 2.
6) CAB 124/1345, Note by J. H. Lidderdale, 13 July 1948 and WORK 25/49 FB Arch (48), 1st. Meeting, 15 July 1948, 2.
7) 検討された候補地については，CAB 124/1345, Letter from S. L. G. Beaufoy to H. Casson, 24 July 1948 および WORK 25/28 FB Arch (48) 2, Memo. by H. Casson, 14 August 1948 をみよ。
8) 1940年代後半におけるポプラーのこの部分についての描写としては，たとえば，A. Andrews, 'Heaven Among the Common People', *Public Opinion*, 12 January 1951 および J. Godfrey-Gilbert, 'Joining the team', in Banham and Hiller (eds.), *Tonic to the Nation*, pp. 160-61 をみよ。
9) J. M. Forshaw and P. Abercrombie, *Country of London Plan* (London: Macmillan, 1943), pp. 114-16.
10) LCC, *Administrative County of London, Development Plan 1951. Analysis* (London: LCC, 1951), pp. 253-67 and Material in HLG 79/349.
11) WORK 25/45 FB (48), 21st Meeting, 17 September 1948, p. 2.
12) CAB 124/1345 の資料をみよ。

13) たとえば，CAB 124/1345, Memo. by J. H. Lidderdale to Lord President, 'Architecture and 1951', 11 November 1948 および Greater London Record Office［以下，GLRO と略す］LCC/CL/HSG/2/31, Memo. to Leader of Council, 'Festival of Britain, 1951. . .', 29 October 1948, p. 2 をみよ。
14) WORK 25/44 FBC (49) 1st., 3 February 1949, p. 5 and CAB 124/1346, Note by J. H. Lidderdale, 25 March 1949.
15) WORK 25/28, Memo. 'The General Plan for Lansbury. . .', 6 June 1950, Technical Appendix A, pp. 1-2 and WORK 25/49 FB Arch (49), 4th Meeting, 21 April 1949, 8 (ii).
16) WORK 25/28, Technical Appendix A, op. cit., p. 5; [Anon.], 'The Lansbury Neighbourhood', *Journal of the Town Planning Institute*, vol. XXXVII, no. 1 (November 1950), pp. 15-19.
17) WORK 25/28, Technical Appendix A, op. cit., pp. 5-6.
18) *Ibid*., p. 6.
19) CAB 124/1297, 'Joint Statement for the Press', General Supplement, 6 June 1950, p. 3 and GLRO GLC/AR/G/22/4 AR/EX/16, Memo., 'Festival of Britain - Neighbourhood 9. Progress Meeting 2-13. 5. 49', p. 1.
20) たとえば，WORK 25/44 FBC (49), 4th Meeting, 20 July 1949, p. 3 をみよ。
21) GLRO GLC/AR/G/22/4 AR/EX/16, LCC, Report of a Meeting at County Hall, 3 May 1949, p. 1.
22) CAB 124/1270, Letter from E. M. Nicholson to D. O'Donovan, 16 August 1949.
23) GLRO GLC/AR/G/22/4 AR/EX/16, Note for the Architect by J. H. Whittaker, 10 November 1949.
24) GLRO GLC/AR/G/22/4 AR/EX/16, Letter to Matthew, 3 November 1949.
25) GLRO GLC/AR/G/22/4 AR/EX/4, Report of Health Committee, 15 November 1949.
26) *Ibid.*, and CAB 124/1297, Letter from G. Barry to E. M. Nicholson, 13 October 1949.
27) CAB 124/1297, Letter from Minister of Health to H. Morrison, 12 Decemebr 1949; *The Daily Worker*, 3 December 1949.
28) GLRO GLC/AR/G/22/4 AR/EX/16, Town Planning Committee, 3 October 1949 and Letter from Town Clerk to The Clerk of the Council, 3 March 1950; *East London Advertiser*［以下，*ELA* と略す］, 10 March 1950.
29) *ELA*, 10 November 1950, 17 November 1950 and 22 December 1950.
30) GLRO LCC/CL/HSG/2/31, Press Release [n. d.]; *ELA*, 16 February 1951; *The Daily Herald*, 14 February 1951.
31) *ELA*, 4 May 1951.
32) *Ibid*.

33) ガイドブックは前記注（2）で引用されている。

34) GLRO GLC/AR/G/22/4 AR/EX/16, Letter from H. Casson to J. H. Whittaker, 16 March 1949 and *ELA*, 8 June 1951.

35) WORK 25/3, Festival of Britain Council, 'The Story of the Festival. . .' (1952), p. 3.

36) CAB 124/1298, Note by E. R. Goudan, 29 June 1951.

37) GLRO GLC/AR/G/22/6 AR/EX/29, Pt. 1, Letter dated 28 April 1951.

38) *ELA*, 5 October 1951 and 18 May 1951.

39) *Tribune*, 6 April 1951.

40) *The Daily Worker*, 11 July 1951 and 16 July 1951.

41) S. Diamant, 'Living at Lansbury', *Town and Country Planning*, vol. XX, no. 104 (December 1952), pp. 563 and 565.

42) G. Stephenson, 'Lansbury, Popular. . .', *The Journal of the Royal Institute of British Architects*, vol. 58, no. 10 (August 1951), pp. 379-82.

43) J. M. Richards, 'Lansbury', *The Architectural Review*, December 1951, p. 362.

44) Stephenson, 'Lansbury, Popular. . .', p. 380.

45) たとえば，Richards, 'Lansbury', p. 367 をみよ。

46) *New Statesman*, 16 June 1951.

47) John Westergaard and R. Glass, 'A Profile of Lansbury', *The Town Planning Review*, vol. XXV, no. 1 (April 1954), p. 33 and GLRO LCC/CL/HSG/2/64, Housing Development and Management Sub-Committee Hg. 361, 'Report (2. 5. 54). . .', p. 1.

48) L. Mumford, 'East End Urbanity', reprinted in his *The Highway and the City: Essays* (New York: Harcourt, Brace and World, Inc., 1963), p. 20（L・マンフォード〔生田勉・横山正訳〕『都市と人間』思索社，1972年）.

49) GLRO LCC/CL/HSG/2/64, Housing Development and Management Sub-Committee. Report by Deputy Director of Housing, 'Lansbury Estate', 15 January 1954, pp. 1-2.

50) *Ibid.*; GLRO LCC/CL/HSG/2/64 LCC Hg. 236, 'Points for discussion. . .', 25 January 1954, pp. 1-3 and Letter from Clerk of the Council to Town Clerk, Popular, 24 February 1954.

51) Westergaard and Glass, 'A Profile of Lansbury', p. 33.

52) *Ibid.*, pp. 34-5.

53) *Ibid.*, p. 44.

54) *Ibid.*, p. 39.

55) *Ibid.*, pp. 50-1.

56) L. Esher, *A Broken Wave* (Harmondsworth: Pelican ed., 1983), p. 120; Gibberd, 'Lansbury', p. 141.

57) D. Widgery, *Some Lives: A GP's East End* (London: Vintage, 1991), p. 37.

58) ブッカーの言葉は，*The Independent*, 31 March 1991 に引用されている。
59) P. Addison, *Now the War is Over: A Social History of Britain, 1945-51* (London: British Broadcasting Corp., 1985), p. 76.
60) LCC, *East End Housing: A Review of the London County Council's Post-War Housing Achievements in Bethnal Green, Poplar and Stepney* (London: LCC, 1963), p. 16.
61) F. Berry, 'Lansbury: lessons from the past', *Municipal Review*, no. 577 (January 1978), p. 301.
62) T. F. Thompson, 'Pre-view of Lansbury', *Town and Country Planning*, vol. XIX, no. 86 (June 1951), p. 268.
63) C. Williams-Ellis, 'The Lansbury Exemplar', *Architecture and Building*, vol. XXIX, no. 10 (October 1954), p. 369.
64) J. H. Westergaard and R. Glass, 'A Profile of Lansbury', in Centre for Urban Studies (ed.), *London: Aspects of Change* (London: MacGibbon & Kee, 1964), pp. 159-206; Berry, 'Lansbury', p. 301.
65) この点は，Andrews, 'Heaven Among the Common People' で強調されている。
66) たとえば，［Anon. ］, 'The Lansbury Estate after Twenty-five Years', *Housing Review*, vol. 27, no. 1 (January-February 1978), pp. 19-23 をみよ。
67) *ELA*, 2 November 1951.
68) *ELA*, 4 June 1948.
69) *ELA*, 26 November 1948.
70) *ELA*, 9 February 1951.
71) *Architects' Journal*, 6 September 1951.
72) J. Wells-Thorpe, 'Whatever happened to Lansbury', *Building*, 14 January 1972.

第3章　イギリスを代表する壮大な実験

1) LAB 10/554, Regional Industrial Relations Officer Weekly Report, 23 March 1945, p. 1.
2) L. Esher, *A Broken Wave* (Harmondsworth: Pelican edition, 1983), p. 49.
3) L. Mumford, 'Lady Godiva's Town', in his *The Highway and the City: Essays* (New York: Harcourt, Brace and World, Inc., 1963), p. 113（L・マンフォード〔生田勉・横田正訳〕『都市と人間』思索社，1972年）.
4) J. Benington, *Local Government Becomes Big Business* (London: CDP Information and Intelligence Unit, second edition, 1976); J. Seabrook, *What Went Wrong?: working people and the ideals of the labour movement* (London: V. Gollancz, 1978), pp. 167-201.
5) N. Tiratsoo, *Reconstruction, Affluence and Labour Politics: Coventry 1945-60* (London: Routledge, 1990); J. Hasegawa, *Replannig the Blitzed City Centre: A*

Comparative Study of Bristol, Coventry and Southampton 1941-1950 (Buckingham and Philadelphia: Open University Press, 1992).

6) Mass Observation Archive, University of Sussex Library, File Report No. 495, 'Report on Coventry', November 1940, p. 1.

7) Donald Gibson, Coventry's Architect, quoted in *The Saturday Evening Post* (Philadelphia, U. S. A.), 6 March 1948.

8) 以下の段落は，Tiratsoo, *Reconstruction*, pp. 9-12 を参考にしている。

9) HLG 79/130, Report by H. R. Wardill, 23 January 1941, Appendix 3 iii, p. 8.

10) HLG 79/132, Coventry Chamber of Commerce Retailers Advisory Committee, 'Report. . .', 18 January 1944, p. 3.

11) [Anon.], 'Factory City Thinks Again', in *Future Books*, vol. 3 (1946), p. 21.

12) *The Architects' Journal*, 20 January 1955 and 3 May 1956.

13) *The Coventry Standard* [以下，*Standard* と略す], 1 October 1949.

14) *Standard*, 4 March 1955.

15) Conservative Party Archive, The Bodleian Library, Oxford, CCO 1/12/297, Letter from J. P. Stoneman to Lord Hailsham, 1 November 1957.

16) Tiratsoo, *Reconstruction*, p. 36 をみよ。

17) *Standard*, 1 July 1955.

18) *Reynold's News*, 2 March 1941.

19) HLG 79/131, Note from B. Gillie to G. Pepler, 2 March 1944.

20) Quoted in *Camera Principis*, vol. 16, no. 138 (December 1947), p. 8.

21) Coventry City Records Office, CRO CF/1/14817, Letter from C. Barratt to R. Crossman, 24 October 1962.

22) SUPP 185/324, Ministry of Supply, 'Key Points List. 12th Issue', 1 May 1945.

23) Quoted in Tiratsoo, *Reconstruction*, p. 25.

24) *Ibid*., p. 21.

25) *Ibid*., p. 139, note 66.

26) *Standard*, 23 May 1952.

27) *Standard*, 4 June 1954.

28) HLG 102/186, Memo. by E. A. Sharp, 'Coventry. . .', 17 June 1952.

29) E. H. Ford, 'Progress of Redevelopment and Development in Coventry', *Journal of the Royal Sanitary Institution*, March 1948 での，報告につづく 'Discussion', p. 95 をみよ。

30) *Standard*, 23 October 1953.

31) 当時，市当局の計画にたいしてなされた左派の批判としては，W. E. Halliwell, 'Coventry Re-development. . .', *The Clarion*, 1 May 1948, p. 10 をみよ。

32) *Standard*, 31 March 1945.

33) 以下の叙述は，*The Coventry Evening Telegraph* [以下, *CET* と略す], 6 October

-22 October 1945 および *Camera Principis*, vol. 14, no. 112 (September 1945), p. 2 and vol. 14, no. 114 (November 1945), p. 3 にもとづく。

34) The Corporation of Coventry *The Future Coventry* (Coventry: The Corporation of Coventry, 1945), p. 1.

35) *CET*, 10 October 1945, 15 October 1945 and 22 October 1945.

36) *Standard*, 20 October 1945.

37) *Standard*, 31 March 1945.

38) *Camera Principis*, vol. 14, no. 114 (November 1945), p. 3.

39) *Ibid*. および *CET*, 10 October 1945 もみよ。

40) *Standard*, 15 December 1945.

41) これらの言葉は，労働党所属の市議会議長のスピーチで使われたもので，*Standard*, 12 June 1945 に報告されている。

42) たとえば，P. B. Bart and M. C. Cummings, 'Resurgence of Coventry', *National Municipal Review* [U. S. A.], vol. XLV, no. 5 (May 1956), p. 227 をみよ。

43) *The Listener*, 1 December 1949.

44) *Ibid*.

45) *Standard*, 23 February 1951, 9 April 1951 and 23 July 1949.

46) *Standard*, 6 November 1953 and 6 November 1948（市立美術学校学長および地元の牧師のコメント）.

47) *Standard*, 12 April 1947.

48) *The New Statesman*, 16 February 1952.

49) Tiratsoo, *Reconstruction*, p. 50; *Standard*, 10 August 1951.

50) Coventry City Records Office, CRO CF/1/9464, 'Report. . . upon the Public Enquiry. . .', 4 July 1946, pp. 1-2.

51) たとえば，*Standard*, 31 August 1951, 28 March 1953 and 29 October 1954 をみよ。

52) Labour Party Archive, Manchester, N. E. C. Papers, Organisation Sub-Committee, 21 January 1948, Report on Redistribution including memo. by R. Underhill on 'West Midlands'.

53) Conservative Party Archive, The Bodleian Library, Oxford, CCO 500/11/3.

54) Conservative Party Archive, The Bodleian Library, Oxford, CCO 1/8/299/301, Note from Col. R. Ledingham to Chief Organisation Officer, 10 January 1950.

55) *Standard*, 9 January 1953.

56) J. Morgan (ed.), *The Backbench Diaries of Richard Crossman* (London: H. Hamilton, 1981), p. 716.

57) Hasegawa, *Replanning*, pp. 97-98.

58) *Ibid.* , pp. 124-5.

第4章　保守的な復興政策の帰結

＊）本章は，本共同研究の成果の一部として公表された長谷川淳一「英国ポーツマスにおける戦後再建政策の展開　1941年－1946年（1），（2）」『経済学雑誌』第94巻第1号，2号（1993年5月，7月）に加筆・修正したものである。本章で用いた主要な資料は，以下のとおりである。National Archives (formerly, Public Record Office, Surrey) に所蔵の BT および HLG。Local Studies Section of Portsmouth Central Library に所蔵の市当局関係資料（このなかには市議会およびその各委員会，とくに「ポーツマス再計画にかんする特別委員会」Special Committee as to Replanning Portsmouth の議事録［以下，注での表記はそれぞれ City Council および SCRP］をふくむ）。British Library Newspaper Library, London に所蔵のポーツマスの地方紙 *The Portsmouth Evening News and Southern Daily Mail*［以下，*Evening News* と略す］および *The Hampshire Telegraph and Post and Naval Chronicle*［以下，*Hampshire Telegraph* と略す］。

1）ポーツマスの地方史研究については，J. Webb et al., *The Spirit of Portsmouth* (Chichester: Phillimore, 1989) を，また，とくに大戦時までの同市の経済的背景については，HLG 82/14, J. H. Matthews, 'Nuffield College Social Reconstruction Survey: Southampton Regional Survey', December 1942; BT 64/3408, Ministry of Town and Country Planning, Advisory Panel on Redevelopment of City Centres, 'Notes Preliminary to a Visit to Portsmouth: A Background', 17 July 1943; BT 177/324, Board of Trade, 'Portsmouth Research Area: Survey of November 1950'; および G. F. Heath, *City of Portsmouth Development Plan* (Portsmouth: City of Portsmouth, 1953) を参照した。

2）過密居住等の都市計画上の問題点については，F. A. C. Maunder, 'Interim Report of the Deputy City Architect', submitted to City Council, 23 February 1943［以下，'Interim Report' と略す］を参照した。

3）たとえば，*Evening News*, 28 April 1938 をみよ。

4）*Evening News*, 2 July 1934 and 4 January 1935.

5）Councillor F. J. Spickernell, *Evening News*, 24 January 1935.

6）たとえば，Councillor N. Harrison, reported in *Evening News*, 17 January 1936 をみよ。

7）BT 64/3408, Ministry of Town and Country Planning, Advisory Panel on Redevelopment of City Centres, 'Notes Preliminary to a Visit to Portsmouth: B War Damage', 30 July 1943. なお，これら二度の大空襲をはじめ，戦災については *Evening News*, 10 January and 10 March 1945 および 11 January 1962 での特集記事も参照されたい。

8）City of Portsmouth, *Abstract of the Tresurer's Accounts for the Year ended 31st March, 1960* (Portsmouth: City of Portsmouth, 1960).

9）*Hampshire Telegraph*, 4 November 1938.

10) *Evening News*, 2 July 1941.

11) Reported in *Evening News*, 2 October 1941.

12) くわしくは，*Evening News*, 30 April and 11 May 1942 を参照。

13) これらの報告［以下，'Replanning Panel's Report' と略す］のなかでは，注（19）にあげる第五報告のみが Local Studies Section of Portsmouth Central Library に所蔵されているが，この第五報告もふくめて，それぞれの報告は，以下にあるように，『イヴニング・ニュース』紙上で逐語的にレポートされた。

14) The first instalment of the Replanning Panel's first Report, *Evening News*, 22 October 1941. 第一報告では，つづいて，以上の諸原則にもとづく復興政策の概要が紹介された。たとえば，市域拡張の必要が強く主張され（The second instalment of the Replanning Panel's first Report, *Evening News*, 23 October 1941），また，余剰人口の受け皿として，郊外ベッドタウンではなく独自の産業基盤を有する共同体の開発が提起された（The third instalment of the Replanning Panel's first Report, *Evening News*, 24 October 1941）。シティ・センターの再開発関連では，ギルドホールを公民館および中央図書館として利用するといった提案がなされた（The fourth instalment of the Replanning Panel's first Report, *Evening News*, 25 October 1941）。

15) The Replanning Panel's second Report, *Evening News*, 22 December 1941.

16) The first instalment of the Replanning Panel's third Report, *Evening News*, 9 January 1942.

17) *Ibid.* , and the second instalment of the Replanning Panel's third Report, *Evening News*, 13 January 1942.

18) The first instalment of the Replanning Panel's fourth Report, *Evening News*, 16 and 17 March 1942.

19) Port of Portsmouth Incorporated Chamber of Commerce, 'Fifth Report of Re-Planning Panel: Housing and Rehousing', n. d.; *Evening News*, 1 and 3 December 1942.

20) BT 64/3408, Ministry of Town and Country Planning, Advisory Panel on Redevelopment of City Centres, 'Minutes No. 5', 28 July 1943.

21) City Council, 12 February 1941. 再計画特別委員会設立議案は，道路・土木・下水委員会での小委員会設置決議（Road, Works and Drainage Committee, 16 December 1940）から発展したものであった（*Evening News*, 13 February 1941）。

22) *Evening News*, 21 February 1941.

23) *Evening News*, 21 March 1941.

24) *Evening News*, editorial, 21 March 1941.

25) City Council, 28 October 1941, reported in *Evening News*, 29 October 1941.

26) Reported in *Evening News*, 27 February 1942.

27) 'Interim Report', in note 2, reported in *Evening News*, 22 February 1943.

28) BT 64/3408, Ministry of Town and Country Planning, Advisory Panel, 'Minutes

No. 5', in note 20.

29) 'Interim Report', in note 2, reported in *Evening News*, 23 February 1943.

30) 'Interim Report', in note 2, reported in *Evening News*, 26 February 1943.

31) 'Interim Report', in note 2, reported in *Evening News*, 23 February 1943.

32) たとえば，ショッピング・スクエアの原則の導入については，商業関係者から再計画特別委員会に陳情があったことが，同委員会議長ダリーによって明言されている（*Evening News*, 24 February 1943）。ただし，商工会議所はギルドホール周辺にシヴィック・センターを建設する提案にたいしては否定的であった。たとえば，1941年10月にはじめて市当局のシヴィック・センター提案が発表された際の商工会議所の反応をみられたい（*Evening News*, 5 November 1941）。

33) City Council, 16 March 1943, reported in *Evening News*, 17 March 1943.

34) Reported in *Evening News*, 9 February 1944.

35) HLG 79/1229, F. E. C. Shearme, 'Reconstruction plans for Bombed Cities: Portsmouth County Borough', 5 September 1944.

36) *Ibid.*

37) E.g., at the Council meetings, in note 25 and reported in *Evening News*, 24 February 1943.

38) HLG 79/1229, F. E. C. Shearme, 'Reconstruction. . .', in note 35.

39) *Evening News*, 9 February 1944, in note 34.

40) HLG 71/1229, Letter from F. Sparks, Town Clerk to S. L. G. Beaufoy, Ministry of Town and Country Planning, 6 March 1945.

41) HLG 71/1229, 'Reconstruction Plans for Bombed Cities: Portsmouth County Borough', signed "H. M." (H. Morris, Regional Planning Officer of Ministry of Town and Country Planning?), 12 February 1945.

42) HLG 71/1229, Letter from L. Neal to E. S. Hill, 19 February 1945.

43) 1944年都市農村計画法についての簡潔な解説としては，Lord Balfour of Burleigh, 'The Planning Act 1944, and National Planning Policy', in F. J. Osborn (ed.), *Planning and Reconstruction Yearbook 1946* (London: Todd Publishing Company, 1946) を参照。

44) HLG 71/1229, Letter from E. S. Hill to F. Sparks, 28 February 1945.

45) この協議の内容は，HLG 71/1229, Letter from E. S. Hill to V. Blanchard, Deputy Town Clerk, 23 March 1945 に要約されている。

46) HLG 71/1229, Letter from L. Neal to E. S. Hill, 4 April 1945.

47) HLG 71/1229, Letter from E. S. Hill to L. Neal, 27 March 1945.

48) HLG 71/1229, 'Portsmouth Borough Council', a note by F. G. Downing sent to E. S. Hill, 14 March 1945.

49) *Ibid.*

50) BT 64/3408 (also to be found in HLG 88/9), Ministry of Town and Country

Planning, Advisory Panel on Redevelopment of City Centres, 'Minutes NO. 6', 18 August 1943.

51） HLG 71/1229, Letter from Sparks to Beaufoy, in note 40.

52） この法案の作成過程および国会での審議過程については，J. B. Cullingworth, *Environmental Planning 1939-1969, vol. I: Reconstruction and Land Use Planning 1939-1947* (London: HMSO, 1975) にくわしい。

53） City Council, 13 June 1944, upon the motion of Councillor A. J. Pearson.

54） Report of SCRP on 'Revision of existing Powers and Duties', adopted at its special meeting, 22 June 1944.

55） Reported in *Evening News*, 12 July 1944.

56） 市当局は，1945年 6 月に，都市計画・復興課の設置にもかかわらず計画作成が順調に進捗しない原因は，動員解除の遅れのために計画作成スタッフの不足が解消されないことにあると指摘したうえで，この点にかんするなんらかの特別措置の実施を政府に強硬に訴えた（City Council, 28 June 1945, upon the motion of Councillor A. G. Glanville, reported in *Hampshire Telegraph*, 29 June 1945）。

57） 戦災都市当局が「買収予定用地の指定申請」の提出を逡巡した理由にかんする詳細な分析については，HLG 71/597 に所収の都市農村計画省官僚によるいくつかのレポートにくわしい。

58） Reported in *Hampshire Telegraph*, 1 February 1946.

59） HLG 79/593, 'Note of the Minister's visit of the 28th January, 1946', 30 January 1946.

60） 実際，戦時連立政府時の都市農村計画大臣W・S・モリソンは，1944年 7 月の下院での1944年都市農村計画法案の第二読会において，ポーツマスではシティ・センターの30エーカー（約12万1405平方メートル）ほどの範囲内に，500以上の土地所有権が存在すると発言している（Reported in *Evening News*, 11 July 1944）。

61） 'Report of the City Planning Officer and Reconstruction Architect on the Designation of Areas of Extensive War Damage and Application for Declaratory Order' ［以下，'Monder Report' と略す］, reported in *Evening News*, 11, 12, 14, 15, 18 and 19 February 1946. なお，この「復興地域」の再開発計画にかんする専門誌での簡潔な紹介としては，H. V. Lanchester, 'Plan for Portsmouth', *The Builder*, vol. 170 (7 June 1946), pp. 552-54 がある。

62） Reported in *Hampshire Telegraph*, 15 February 1946.

63） *Hampshire Telegraph*, editorial, 15 February 1946.

64） Councillor F. J. Spickernell, Vice Chairman of Planning and Reconstruction Committee (thus renamed from SCRP in May 1945), at the City Council meeting of 12 February 1946, reported in *Hampshire Telegraph*, in note 62.

65） Councillor Sir Denis Daley at the City Coucil meeting of 12 February 1946, reported in *Hampshire Telegraph*, in note 62.

66) HLG 79/593, F. E. C. Shearme, 'Portsmouth County Borough: Note of Interview', 25 April 1946.

67) City Council, 11 June 1946, reported in *Hampshire Telegraph*, 14 June 1946.

68) SCRP, 20 April 1945.

69) City Council, 12 June 1945.

70) Planning and Reconstruction Committee, 1 February 1946.

71) HLG 71/15, M. G. Kirk, 'Portsmouth C. B.: Reconstruction and Redevelopment', 31 December 1946.

72) HLG 79/593, Letter from F. E. C. Shearme to E. S. Hill, 3 May 1946.

73) HLG 79/593, Letter from E. S. Hill to L. Neal, 7 May 1946.

74) HLG 79/593, Letter from F. G. Downing to E. S. Hill, 26 April 1946.

75) HLG 79/593, Letter from M. G. Kirk to D. P. Walsh, 20 May 1946.

76) HLG 71/15, M. G. Kirk, 'Portsmouth C. B. . . .', in note 71.

77) より厳密には，モンダーの任務が二分され，プラットがCity Planning Officerに，またT・L・マーシャルがCity Planning Architectに任命された（Planning and Reconstruction Committee, 3 May 1946)。

78) HLG 71/15, R. T. Kennedy, Senior Technical Officer of the Ministry of Town and Country Planning, 'Portsmouth C. B.', 4 December 1946.

79) くわしくは，*Evening News*, 21 February, 11 and 12 March 1941をみよ。

80) 大戦中の地方税額は13シリング6ペンスに据え置かれていたが，この政府からの特別援助がなければ同時期の税額は16～17シリングに達するはずであった（*Hampshire Telegraph*, 26 January 1945)。

81) Reported in *Hampshire Telegraph*, 22 February 1946.

82) HLG 71/15, 'City Treasurer's memorandum on the financial difficulties in connection with the Planning and Reconstruction Proposals', n. d.

83) Letter from V. Blanchard, new Town Clerk, to the Ministry of Town and Country Planning, 2 October 1946, quoted in HLG 71/15, M. G. Kirk, 'Portsmouth C. B. . . .', in note 71.

84) V. Blanchard, as new Town Clerk, at the meeting of the Chamber of Commerce, reported in *Hampshire Telegraph*, 6 June 1946.

85) V. Blanchard, at the meeting between the City Council representatives and the officials of the Ministry of Town and Country Planning, held on 28 November 1946, reported in HLG 71/15, R. T. Kennedy, 'Portsmouth C. B.', in note 78.

86) HLG 71/15, M. G. Kirk, 'Portsmouth C. B. . . .', in note 71.

87) Reported in *Hampshire Telegraph*, 25 October 1946.

88) HLG 71/15, 'Meeting to discuss the issues arising in the redevelopment of Portsmouth held at the Ministry on Monday 20th January 1947'.

89) Letter from Julian Snow, M. P. for Portsmouth Central, to Hugh Dalton, the

Chancellor of the Exchequer, quoted in HLG 79/593, Letter from A. M. Jenkins to D. P. Walsh, 17 October 1946. 大蔵大臣ダルトンは，1946年10月19日にポーツマスで開催されることになっていた労働党主催の集会でスピーチをおこなう予定だった。市選出の下院議員スノー（労働党）は，ダルトンが集会でポーツマス復興政策の展開の由々しき状況について言及することを望んで，市当局を糾弾する内容の書簡を送ったものと思われる。これにたいし大蔵省官僚のG・R・ヤングは，スノーの見解の妥当性を都市農村計画省のジェンキンスに電話で照会し，それをうけたジェンキンスがいかなる回答を送るべきかを同僚のウォルシュに諮ったのが，上掲の書簡である。ウォルシュの命で回答の草稿を作成したM・G・カークは，そのなかで開口いちばん，「ジュリアン・スノー氏の発言は正鵠を得たものである」と断言し，さらに，市当局の計画主体としての責任感の欠如を厳しく批判した（HLG 79/593, M. G. Kirk, 'Portsmouth C. B. – Reconstruction', 18 October 1946）。しかし，このポーツマス復興政策にかんする情報を受け取ったヤングは，おそらくは，地方での特定の政治問題にかんする大蔵大臣の発言がもたらしかねない思わぬ波紋を回避するために，「大臣がこの件について言及することはまずないであろう」と述べた（HLG 79/593, Letter from A. M. Jenkins to M. G. Kirk, 24 October 1946）。結局のところ，10月19日のポーツマスでの集会で，ダルトンが市の復興問題について言及した形跡はない（ダルトンのスピーチについては，*Hampshire Telegraph*, 25 October 1946 での記事にくわしい）。

90） HLG 79/593, M. G. Kirk, 'Portsmouth C. B. – Reconstruction', in note 89.

91） HLG 79/593, Letter from E. A. Sharp, Deputy Secretary of the Ministry of Town and Country Planning, to Sir Malcolm Trustram Eve, Chairman of the Local Government Boundary Commission, 20 June 1947.

92） Max Lock, *Outline Plan for the Portsmouth District 1949–1963: Final Report* (Winchester: Hampshire County Council, 1949), esp., pp. 59–62. ロックの結論にもかかわらず，市当局はリー・パークの開発を進めていったが，それにたいしては後年，市当局内部からも批判がおこった。たとえば，*Evening News*, 16 February 1961 をみよ。なお，このリー・パーク問題をふくめ，1940年代におけるポーツマス（およびコヴェントリー）の住宅政策にかんするすぐれた研究に，T. Tsubaki, 'Postwar Reconstruction and the Question of Popular Housing Provision, 1939–1951' (Unpublished Ph. D. thesis, University of Warwick, 1993) および椿建也「1940年代イギリスにおける住宅構想とその現実――ポーツマスとコヴェントリーを中心として」『社会経済史学』第61巻第1号（1995年4月）がある。

93） 'Town and Country Planning Act, 1944 – Proposed Reconstruction Scheme for Extensively War Damaged Area: Report by City Planning Officer', reported in *Evening News*, 3 March 1947, and adopted by City Council, 4 March 1947 (reported in *Evening News*, 5 March 1947).

94） HLG 71/15, Letter from Regional Planning Officer of the Ministry of Town and Country Planning to T. C. Coote, Senior Planning Officer of the Ministry, 7

September 1949.

95) HLG 71/15, Letter from Regional Planning Officer of the Ministry of Town and Country Planning to Regional Controler, 7 September 1949.

96) HLG 71/15, Letter from R. T. Kennedy to S. L. G. Beaufoy, 5 May 1950.

97) Alderman Denis Daley, chairman of the Development and Estates Committee (thus renamed from the Planning and Reconstruction Committee) of the City Council, 'Forword' to Heath, *City of Portsmouth Development Plan*, in note 1.

98) たとえば，Alderman J. D. P. Lacey, reported in *Hampshire Telegraph*, 4 October 1946; Julian Snow, M. P., 'The Portsmouth Plan', *The Portsmouth Quarterly*, 'The Replanning of Portsmouth', n. d., but 1947 をみよ。

99) HLG 71/15, M. G. Kirk, 'Portsmouth C. B. . . .', in note 71. なお，本文での引用中の傍点は，原資料では下線が施してある。

100) 1945・46年の地方選挙で労働党はそれなりの成功をおさめたが，それでも議席数は64議席中22議席にすぎず，47年にはそのうち6議席を失い，以後，1949・50年と敗北を重ね，50年の議席数はわずか4議席にまでおちこんだ（各年の選挙結果については，*Evening News*, 2 November 1945; *Hampshire Telegraph*, 8 November 1946, 7 November 1947 and 20 May 1950 を参照。なお，1948年には地方選挙は実施されなかった)。政策的にも，労働党の戦後再建政策が広く示された機会は限られており，その場合にも，とくに戦災復興にかんして，市当局の政策とは大きく異なった独自の政策（土地公有化といった主張を除いて）が提案されることはなかった。たとえば，*Evening News*, 17 April, 6 and 7 September 1943 をみよ。

101) D. R. Childs, 'Portsmouth', *The Architects' Journal*, 30 October 1952, pp. 520 and 523.

102) *Ibid.*, p. 526. いますこし好意的な見解としては，たとえばA. F. Shannon, 'The City of Portsmouth', *The Municipal Journal*, 1 July 1955, esp., p. 1755 がある。

103) HLG 71/15, Letter from J. H. Waddell to D. P. Walsh, 8 January 1947.

104) *Evening News*, 17 March 1943.

第5章　なされなかったシステムの改革

1) 大都市圏計画や防空都市計画などの戦前・戦中の都市計画の展開については，さしあたり石田頼房『日本近代都市計画の百年』自治体研究社，1987年，第6章，越沢明「戦時期の住宅政策と都市計画」近代日本研究会編『年報　近代日本研究　戦時経済』第9号（1987年)，および台健「戦争期の都市計画（その1，その2・完)」『新都市』第45巻第1号，第2号，1991年1月（43-50頁)，2月（41-48頁）を参照。また，木村英夫『都市防空と緑地・空地』日本公園緑地協会，1990年は，戦争末期に書かれながら刊行されなかった，防空計画にかんする興味深い論文を収録したものである。なお，とくに国土計画にかんする近年のすぐれた研究に，水内俊雄「総力戦・計画化・国土空間の編成」『現代思想』第27巻第13号（1999年12月）および沼尻晃伸「戦争と国土計画」

赤澤史朗ほか編『年報　日本現代史 「軍事の論理」の史的検証』第6号（2000年）がある。沼尻は，同論文をはじめとするこれまでの研究成果を，『工場立地と都市計画――日本都市形成の特質1905－1954』東京大学出版会，2002年にまとめたが，戦時期の都市計画や国土計画については，同書の第4章，5章も参照されたい。また，長谷川淳一「1940年代の国土計画に関する一考察――国土総合開発法の制定を中心に（1）」『経済学雑誌』第104巻第2号（2003年9月）も参照されたい。

2）さしあたり，越沢明『東京の都市計画』岩波書店，1991年，第4～6章および石田頼房『未完の東京計画――実現しなかった計画の計画史』筑摩書房，1992年，第5，6章を参照。

3）くわしくは，本書第6章第1節（2）をみよ。

4）石田『日本近代都市計画の百年』，209-10頁。戦争の被害については，同書209頁欄外注に代表的な文献があげられている。また，経済安定本部の調査にもとづく，内山謙「建築物の戦争被害」『建築雑誌』64集750号（1949年4月）も，興味深い記録である。

5）石田『日本近代都市計画の百年』，115頁。

6）たとえば，本城和彦「英国の再建計画――建設と住宅」（E. D. Simon, *Rebuilding Britain: a twenty year plan*, London: V. Gollancz, 1945 の抄訳）『建築雑誌』64集745号（1949年2月），阿部美樹志「英国の都市の現状とロンドン州の戦災復興（三）」『復興情報』7月号（1946年7月）。

7）建設省編『戦災復興誌』全10巻，都市計画協会，1957-63年（1991年に大空社より再版）。

8）戦災復興外誌編集委員会『戦災復興外誌』都市計画協会，1985年。また，越沢明『東京の都市計画』岩波書店，1991年も参照のこと。

9）この点については，長谷川淳一「日本とイギリスの戦災復興都市計画――日本における戦災復興政策とその思想は国民にどう伝えられたか」『経済学雑誌』第95巻別冊（1994年4月）を参照のこと。

10）川上秀光・石田頼房「変貌する都市」『建築年鑑 '60』美術出版，1960年，47頁，注（1）。

11）石田頼房『日本近代都市計画史研究（新装版）』柏書房，1987年，253頁。

12）越沢『東京の都市計画』，195-68頁。また，『読売報知』1945年9月26日で，そうした基本方針の作成が内務省「国土計画局」で着々と進むと報じられ，その内容の一部が紹介されている。

13）『朝日新聞』1945年10月13日。このほか，同日付の『毎日新聞』，『読売報知』も参照。また，国立公文書館『公文雑纂』3081に収録の「戦災都市復興建設実施要綱」という資料に，1945年10月8日付の「戦災地復興計画基本方針」が見受けられる。

14）「基本方針」の閣議決定を伝える報道には，『朝日新聞』1946年1月8日がある。

15）たとえば，石田『日本近代都市計画の百年』219，222頁，越沢『東京の都市計画』201頁。

16）『朝日新聞』1945年9月30日。

17）『朝日新聞』1946年９月２日。内務省および1947年に解体された同省の国土局と戦災復興院をもとに創設された建設院（1948年より建設省）はその後，ダム建造に象徴されるような地域開発に主眼を置いた地方計画を推進しようとした。こうした点をふくめ戦後再建期の国土計画を考察した研究として，長谷川淳一「1940年代の国土計画に関する一考察――国土総合開発法の制定を中心に――（2），（3），（4），（5），（6）」『経済学雑誌』第104巻第３号，第４号，第105巻第１号，第２号，第３号（2003年12月，2004年３月，６月，９月，12月）をみられたい。

18）『朝日新聞』1945年８月26日。

19）『毎日新聞』1945年８月18日，『読売報知』同年８月19日。

20）『毎日新聞』および『読売報知』1945年９月８日。

21）『朝日新聞』および『読売報知』1945年９月12日。なお，『毎日新聞』1945年10月13日によれば，戦災地復興計画基本方針はこの審議会に提出されるものとある。

22）『朝日新聞』1945年10月30日。

23）『朝日新聞』1945年10月31日。

24）同上紙。

25）大阪本社発行の『朝日新聞』（以下，『朝日新聞』〔大阪〕と略す）1945年11月13日。

26）『毎日新聞』1946年２月２日，社説。

27）『読売報知』1945年８月25日，社説。同様に，総合的・抜本的な復興計画の樹立を主張したものとして，『東京新聞』1945年９月９日も参照のこと。

28）『朝日新聞』1945年12月12日。

29）『朝日新聞』（大阪）に，1945年８月27日から10月19日まで不定期に掲載。

30）大阪本社発行の『毎日新聞』（以下，『毎日新聞』〔大阪〕と略す）1945年８月29日。

31）『毎日新聞』（大阪）1945年８月31日。田邊の主張については，「国土再建と建築家の責務」『建築雑誌』第62集第728・729号（1947年２月，1946年建築学会大会一般講演会概要），18-19頁およびその内容を補足・敷衍した同名の論文（『新都市』第１巻第２号〔1947年２月〕に収録）や，同「都市復興の構想」『創造』第16巻７号（1946年７月），32-39頁も参照。

32）『読売報知』1945年８月20日。「空地」とは都市計画用語で，「オープン・スペース」を意味する。

33）『読売報知』1945年８月21日。

34）島田衆議院議長，『読売報知』1945年８月25日。

35）こうした新聞報道については，本書第６章を参照。

36）重田忠保「千載一遇の好機」『日本週報』30・31合併号（1946年７月7日）。

37）石川榮耀「理想の首都」『日本週報』30・31合併号（1946年７月7日）。石川による同様な内容の雑誌記事に，「夢の新東京」『アサヒグラフ』1946年５月25日，10-11頁がある。

38）なかでも，1945年11月に戦災復興院に提出された，日本建築学会の「戦災都市及び住宅対策に関する建議」（日本建築学会編『近代日本建築学発達史』丸善，1972年，

1111-14頁に収録）がよく知られる。また，『読売報知』1945年9月9日に，建築学会と関係各省とからなる復興建築委員会が，戦災復興の本建築設計と構想の根本方針を決定したとの記事がある。

39) 石田『日本近代都市計画の百年』，216-17頁には，そうした建築家として，後述の西山卯三があげられている。西山や，やはり後述の瀧澤眞弓など，関西を本拠に活躍した建築家については，佐野正一，石田潤一郎『聞き書き　関西の建築　古き良き時代のサムライたち』日刊建設工業新聞社，1999年を参照。

40) 『朝日新聞』（大阪）1946年2月4日（ただし無署名）および瀧澤眞弓「空中に楼閣をえがく」『建築雑誌』第61集第724・5号（1946年10月）。

41) 『建築と社会』第28巻第3・4・5号（1947年7月），3-9頁。なお，「大都市はそれ自体大都市たるべき地理的要件を備え，且つ時代の要請にもとづいて逐次人口膨張を招くは或る程度已を得ない」としたうえで，「人口抱擁に対する伸縮性」をもった方策として「都市連邦制」を肯定的に紹介した新聞記事が，『東京新聞』1945年9月10日に掲載されている。

42) たとえば，鬼丸勝之「都市復興一ヶ年の歩み」『新都市』第1巻第1号（1947年1月）を参照。とくに，同論文，26～27頁の戦災復興都市計画決定状況一覧表（1946年10月15日現在）は至便である。

43) 『朝日新聞』「天声人語」1945年10月31日。なお，小林とのインタヴュー記事，「出直した『落第生』」『アサヒグラフ』1945年11月25日，12頁も参照。

44) 戦災復興外誌編集委員会『戦災復興外誌』96頁。

45) 同上書，91頁。

46) 決定された復興院の陣容中，唯一民間人とみなされた進藤武左衛門にしても，日本発送電理事をつとめる人物だった。ただし，当時復興院土地局地政課長だった人物は，「進藤さんは，『役人は安い月給でよく働くね』と感心されたものである」と述懐してもいる（戦災復興外誌編集委員会『戦災復興外誌』101頁）。復興院の陣容については，『朝日新聞』，『毎日新聞』，『読売報知』1945年11月6日。このうち『毎日新聞』の略歴がとくに至便。

47) 『復興情報』創刊号（1945年12月），24頁（読者からの投稿欄）。

48) 石山賢吉「小林総裁に望む」『復興情報』1月号（1946年1月）。

49) 『朝日新聞』1946年4月2日，「聲」欄。同じ欄に，給与住宅建設と都市計画法の改正・強化とによる過大都市防止をうったえた，赤岩勝美「通勤なき都市へ」との投書がある。

50) 重田忠保「復興雑感」『復興情報』5月号（1946年5月），11-12頁。重田はそこで，前記の赤岩の投書にたいしては，「多くの点に於て我々も極めて共感をもつものである」とコメントしている。なお，重田が『復興情報』5月号で示した見解のエッセンスは，すでに『朝日新聞』1946年4月21日の「聲」欄に，戦災復興院の名で投稿されていた。また，石丸紀興「戦災復興院嘱託制度による戦災復興計画と計画状況に関する研究」『第一七回日本都市計画学会学術研究発表会論文集』1982年，444頁注(8)に，前川にた

いする，『朝日新聞』1946年４月21日付の復興院の回答の存在が示されている。

51）岸田日出刀「立体的な構想が必要」『毎日新聞』1946年５月20日。

52）岸田日出刀「東京再建」『朝日評論』第１巻第５号（1946年７月），53頁。岸田はこのころ，自身の研究の「総論的内容を持つ」と紹介された（『復興情報』７月号〔1946年７月〕，23頁「新刊紹介」）『不燃家屋の多量生産方式』（乾元社，1946年）を著している。

53）『復興情報』３月号（1946年３月），「巻頭言」１頁。

54）重田「復興雑感」12頁。戦災復興院嘱託制度については，さしあたり，石丸「戦災復興院嘱託制度」を参照。

55）石丸，同上論文，444頁。

56）戦災復興院嘱託制度について，実際に関与した専門家による証言は少ない。たとえば，日本の都市計画史にかんする高山英華の興味深いインタヴュー（『都市住宅』102号「特集近代日本都市計画史」や，東京都立大学都市研究センター編集発行『東京：成長と計画（1868－1988）』1988年，229-35頁）でもほとんど語られていない（ちなみに，高山が嘱託制度で関与した長岡については，長岡市史編集委員会現代史部会編『長岡市史双書 No. 7　戦災都市の復興』〔長岡市，1990年〕に，「高山氏の考えは［当局の］復興建設部の考えと対立し，高山案は採用されなかったと推測できる」〔123頁〕とある）。このほか，後記の注（90）の佐藤重夫（岡山）を参照。また，丹下健三と武基雄による広島の土地利用計画での諸提案も，決して多くが採用されたのではなかったようである（戦災復興事業誌編集研究会，広島市都市整備局都市整備部区画整理課編『戦災復興事業誌』広島市都市整備局都市整備部区画整理課，1995年，32-33頁）。

57）『朝日新聞』1946年２月10日，『毎日新聞』，『読売報知』２月14日。なお，このころの小林については，小林一三『小林一三日記』第二巻，阪急電鉄株式会社，1991年にくわしい。

58）『朝日新聞』1946年３月31日。阿部の略歴は，『復興情報』４月号（1946年４月）を参照。

59）松村光磨については，田部谷忠春編『松村光磨先生業績録』都市計画協会，1973年を参照。

60）広島県知事をつとめた経験をもつ松村は，1946年２月に設置された広島市復興審議会の常任顧問にも選任された（戦災復興事業誌編集研究会，広島市都市整備局都市整備部区画整理課編『戦災復興事業誌』，29頁）。

61）たとえば，戦災復興外誌編集委員会『戦災復興外誌』の復興院土地局整地課長（当時）の回顧（95頁），『毎日新聞』（大阪）1945年８月29日の小林のインタヴューなどを参照。

62）俵恵一郎（住宅営団企画課長）「戦災土地問題」『復興情報』１月号（1946年１月），13-14頁，赤岩勝美（福岡県都市計画課）「土地問題の解決策」『復興情報』３月号（1946年３月），「国民の声」欄，34-35頁，日本建築学会の建議（前記の注（38）），および同学会住宅対策委員会「住宅対策要綱」『建築雑誌』第62集第733号（1947年８月），

13-16頁。

63) 石田『日本近代都市計画の百年』214頁。

64) 戦災復興外誌編集委員会『戦災復興外誌』での関係者の回顧で，しばしば言及されている（同書，60-61，92，100-01，114，134-35頁）。

65) 国立公文書館『公文雑纂』3081 収録の1945年10月８日付「戦災地復興計画基本方針」では，土地整理の手法としては区画整理しか考えられていなかった。

66) 戦災復興外誌編集委員会『戦災復興外誌』92頁。

67) 兼子秀夫（大阪府土木部計画課長。ただし執筆時は復興院地政課勤務）「土地整理方式としての地券制度の可否」『復興情報』９月号（1946年９月），32頁。

68) 戦災復興都市計画の再検討については，建設省編『戦災復興誌』第１巻，都市計画協会，1959年，181-87および455-61頁を，とくに東京については，建設省編『戦災復興誌』第10巻，都市計画協会，1961年，52-54頁を参照。また，「再検討」についての報道には，『朝日新聞』1949年９月29日がある。

69) 「再検討」以前の修正については，建設省編『戦災復興誌』第１巻，428-55頁を参照。

70) 岸田「東京再建」，54-55頁。

71) 当時，新聞で住宅問題が語られない日はなかったといっても過言ではないが，さしあたり以下をあげておく。罹災家屋の復興ははかどらず，とくに大都市では惨憺たる状況がつづく（『朝日新聞』1946年８月７日，47年７月31日，48年３月19日）なか，1949年末になっても，住宅不足は全国で約360万戸と推計され，その解消には90年を要するといわれた（『朝日新聞』1949年12月25日）。とくに終戦後しばらくは，新築の大半が「五百円生活を尻目の闇屋や料理店」であり（『朝日新聞』1946年11月５日），そうした不条理や，有効策を打ちだせない政府・住宅営団（『朝日新聞』1946年８月31日）にたいする人びとの憤りは，新聞投書にも反映されていた（『朝日新聞』「聲」欄，1946年８月18，19日，47年３月１日など）。

72) 『朝日新聞』1945年10月31日。小林総裁も，『復興情報』創刊号から，住宅問題について語っていた（「住宅問題（一）～(四)」，小林総裁談，『復興情報』創刊号，１，２，３月号，1945年12月，46年１，２，３月）。

73) 諫早信夫（復興院技官）「現下の住宅諸政策」『建築雑誌』第61集第726・727号（1946年12月），１-６頁。

74) 『朝日新聞』1945年10月31日，「天声人語」。

75) 『朝日新聞』1946年11月24日。この引用には，第６章注（68）の引用がつづいている。

76) 国立公文書館『公文雑纂』3125，戦災復興九州ブロック代表福岡県「復興都市計画事業について」(内閣総理大臣宛陳情書，1947年５月30日)。

77) 吉田安三郎（大阪府建築部長）「もっと強力なものが欲しい」『建築と社会』第30集第３号（1949年３月），34-35頁。

78) 国立公文書館『公文雑纂』吉田茂「市街地及宅地の国家管理に関する請願の件」(1947年３月10日)。

79) 早川文夫（戦災復興院技官。のち，衆議院建設委員会専門委員）「四次元的都市計

画」『新都市』第1巻第1号（1947年1月），29-31頁。同様の指摘に，藤原節夫「復興と政治」『新都市』第1巻第6号（1947年6月），1頁がある。

80) 早川文夫「都市計画の危機」『建築雑誌』第64集第756号（1949年11月），6頁。

81) 『北陸産業新聞』1949年2月21日（前掲『長岡市史双書 No.7　戦災都市の復興』96頁に収録）。

82) 中村絅（損害保険料率算定会大阪支部），『新都市』第5巻第9号（1951年9月），15頁。これは，都市計画研究連絡会が「都市計画及び同事業に関する現下の問題点」について広く都市計画関係者から求めた意見を，『新都市』第5巻第7，9，11号（1951年7，9，11月）各号巻末に掲載したもののひとつ。

83) 『新都市』「都市計画及び同事業に関する現下の問題点」に寄せられた意見のなかに多数見受けられる。

84) 中村，注（82）に同じ。

85) 菅陸二（岐阜県土木部建築課）「都市計画及び同事業に関する現下の問題点」『新都市』第5巻第11号（1951年11月），21頁。

86) 数少ない例として，岡山建築家協会都市計画部会（文責・河合三郎）「復興都市計画に関する意見書」『新都市』第1巻第11号（1947年11月），17-20，23頁をあげておく。

87) 山田正男（建設省都市局計画課）「都市計画及び同事業に関する現下の問題点」『新都市』第5巻第11号（1951年11月），24頁。

88) 五十嵐醇三（首都建設委員会事務局）「都市計画及び同事業に関する現下の問題点」『新都市』第5巻第7号（1951年7月），7頁。復興院官僚による同様の見解として，「都市計画の民主化―― PAM 座談会」『新都市』第1巻第6号（1947年6月）29-31頁も参照のこと。

89) 都市計画法改正の「流産」については，石田『日本近代都市計画の百年』（232～37頁）や同『日本近代都市計画史研究』（310-17頁）および Y. Ishida, 'Japanese Cities and Planning in the Reconstruction Period: 1945-55', in C. Hein, J. M. Diefendorf and Y. Ishida (eds.), *Rebuilding Urban Japan after 1945* (Basingstoke: Palgrave Macmillan, 2003), pp. 31-41 を参照のこと。なお，本文での引用は，石田『日本近代都市計画の百年』236および237頁。

90) 佐藤重夫「岡山市戦災復興」『建築と社会』第30集第10号（1949年10月），17頁。

91) 石川栄耀の著書『都市復興の原理と実際』光文社，1946年についての書評，「『都市復興の原理と実際』について」『新都市』第1巻第4号（1947年4月），21頁。評者名は京蝶生とある。

92) 伊東俊雄（大阪商工会議所理事）「都市は大地に生える」『建築と社会』第30集第1号（1949年1月），22頁。

93) 小林一三「戦災復興新都市の構想」『復興情報』2月号（1946年2月），1-2頁。こうした考えは，復興院総裁就任前（前掲注30）から辞任後（「座談会　これからの建築はどうあるべきか」『建築と社会』第29集第2号〔1948年10月〕での発言，18-19，22-23頁）を通して，小林が一貫して主張するところだった。

94) 第一次首都圏整備基本計画については，石田編『未完の東京計画』第７章を参照。
95) 『復興情報』３月号（1946年３月），「巻頭言」１頁。
96) 『復興情報』２月号（1946年２月），「巻頭言」１頁。
97) 佐藤「岡山市戦災復興」17頁。
98) 戦災復興にかんしては1946年特別都市計画法が制定されたが，それ自体は，従来の土地区画整理を既成市街地にいかに適用させるかを定めた程度にすぎない（石田『日本近代都市計画史研究』，255頁）。土地区画整理制度史における同法の位置づけや問題点については，石田頼房「日本における土地区画整理制度史概説　1870～1980年」『総合都市研究』第28号（1986年９月），65-66頁，岩見良太郎『土地区画整理の研究』自治体研究社，1978年，347-61頁などを参照。また，特別都市計画法にかんする当時の新聞報道には，たとえば『朝日新聞』1946年６月19日（前日に閣議決定された同法律案が議会に提出されることが，法案の内容紹介つきで報告されている）がある。そこにあるように，戦災復興にかんする区画整理では，組合施行という道も開かれていたが，実際にそれがおこなわれたのは，都内8地区（うち事業が完了したのは６地区）にすぎなかった。この点については，波多野憲男「東京戦災復興における組合施行土地区画整理事業」東京都立大学都市研究センター編集発行『東京：成長と計画』，157-70頁を参照。

第６章　幻におわった理想

1） 本書序章の注（8）にあげた文献を参照。
2） 建設省編『戦災復興誌』第10巻，都市計画協会，1961年，15-20頁。
3） 震災復興との比較は，東京都編『東京都の復興再建状況：東京都復興白書』（以下，『東京都復興白書』と略す）東京都，1953年，13-16頁。
4） 石川栄耀『都市復興の原理と実際』光文社，1946年，序，１，４頁。
5） 同上書，47，49頁。
6） 石川の経歴や人物像については以下のすぐれた研究があり，本章でも活用させていただいた。昌子住江「石川栄耀の生涯」日本都市計画学会『都市計画』No．182（特集・石川栄耀生誕百年記念号〔以下，「石川記念号」と略す〕）（1993年７月），同「戦災復興と石川栄耀」御厨貴編『都庁のしくみ』都市出版，1995年。東郷尚武「戦災復興の礎を築いた石川栄耀」『東京人』1991年７月号，および，広瀬盛行「都市計画学会——都市づくりに情熱をかけた石川栄耀」日本放送協会編『日本の『創造的』近代・現代を開花させた470人　第13巻　瓦礫からの再出発』ＮＨＫ出版，1993年，73-83頁。
7） ハワードの田園都市論やアムステルダム会議，およびそれらが日本の都市計画の展開に与えた影響については，石田頼房『日本近代都市計画の百年』自治体研究社，1987年，177-84頁や，石川幹子『都市と緑地　新しい都市環境の創造に向けて』岩波書店，2001年，144-157および232-36頁を参照。
8） 石川栄耀「私の都市計画史」（1952年）『都市計画』石川記念号に収録，37頁。なお，アンウィンについての近年の邦語研究としては，西山康雄『アンウィンの住宅地計画を読む——成熟社会の住環境を求めて』彰国社，1992年を参照されたい。

9） 西尾武喜「石川栄耀と名古屋都市計画」『都市計画』石川記念号，12頁。
10） 石川「私の都市計画史」47頁。なお，満州をふくめ，日本の植民地における都市計画については，序章の注（10）にあげた文献を参照。
11） 戦前・戦中の国土計画や防空計画の展開については，第5章注（1）にあげた文献を参照。
12） 越沢明「石川栄耀と戦前の東京都市計画」『都市計画』石川記念号，87頁。
13） 同上論文，87頁。
14） 「石川栄耀著作・論文リスト」『都市計画』石川記念号，204-13頁。なお本書では，このリストにはない，石川が一般雑誌に寄せた論稿などもできるだけ参照あるいは引用した。
15） 石田『日本近代都市計画の百年』，188-89頁。
16） 昌子「石川栄耀の生涯」20頁。
17） 石川「私の都市計画史」，48頁。
18） 同上論文，50頁。
19） もっとも，石川は同書においてさえも，大都市疎散，すなわち産業や人口の計画的分散の起源のひとつとして，ハワードの田園都市論やアムステルダム会議のことを紹介しており，その詳細については自著『都市計画及国土計画：その構想と技術』工業図書，1941年をみられたいと述べている（石川栄耀『皇国都市の建設　大都市疎散問題』常盤書房，1944年，16-18頁）。
20） 石川栄耀『国防と都市計画』山海堂，1944年，43-44頁。
21） 同上書，47頁。
22） 同上書，44-45頁。
23） 石川「私の都市計画史」，51-52頁。
24） 同上論文，51頁。
25） 同上論文，51頁。
26） 同上論文，52頁。
27） 『朝日新聞』1945年8月27日。この「帝都再建方策」については『東京百年史』第6巻，1972年，152-53頁も参照のこと。
28） 『朝日新聞』1945年8月27日。
29） 同上紙。
30） 『朝日新聞』1945年9月8日。
31） 石川「私の都市計画史」，52頁。
32） 『朝日新聞』1946年1月3日。
33） 同上紙。
34） 宮城は1948年より名称が皇居に改正されたが，この改正にさいしては，参議院文化委員会のみで決定することの妥当性を疑問視する向きもあった。『東京新聞』「筆洗」，1947年12月12日を参照のこと。
35） 『朝日新聞』1946年1月3日。なお，帝都復興計画要綱案については，1946年1月3

日付の『東京新聞』,『読売報知』および『日本産業経済』等も参照のこと。

36) 東京都公文書館『内田祥三資料』U519.8-としち-3680［以下，U519.8-としち-3680］「都市計画東京地方委員会議席表（昭和21年３月２日開会）」。

37) U519.8-としち-3680「都市計画東京地方委員会議席表（昭和21年６月20日開会）」。

38) 東京都公文書館『内田祥三資料』U.519.8-とち-1520［以下，U.519.8-とち-1520］「都市計画東京地方委員会議席表（昭和22年１月31日開会）」。

39) この８割補助については，当時戦災復興院技官であった人物も後年，「今思いますと，たいへん楽天的な考えであって，それだけに，その後……事業を縮小せざるを得なかったのではないかと思います」と述懐している（戦災復興誌編集委員会編『戦災復興誌』名古屋市計画局，1984年，592頁）。

40) U519.8-としち-3680『議　第三百六十二号　一東京復興都市計画街路決定ノ件』「東京都市計画街路」。もっとも，この道路計画について石田頼房は，「路線計画的には，放射・環状の道路パターンで，1927年に最初に計画決定された東京の都市計画街路計画を基本的には受け継いでいて，特に目新しいものではない。ただ，道路幅員が大幅に拡大されている」（石田頼房編『未完の東京計画――実現しなかった計画の計画史』筑摩書房，1992年，144頁）と書いている。

41) U519.8-としち-3680『議第三百六十二号　一東京復興都市計画街路決定ノ件』「理由書」。

42) 『朝日新聞』1946年３月６日。

43) 『朝日新聞』1946年３月１日。

44) 『朝日新聞』1946年３月６日。同じ３月６日の『日本経済新聞』も，「今回決定した幹線街路網が従来の街路と異なる主なる点は江戸時代の江戸城を中心として発達して来た従来の道路が徒らに都心に集中していたものを一擲，分散を図り，同時に幅員を百米等に拡張，将来交通量の増大に備へ緑地帯と併せ都市の防災を図ったこと」であると報じていた。

45) U519.8-としち-3680『議　第三六四号　一東京復興都市計画緑地決定ノ件』「理由書」。

46) 『朝日新聞』1946年３月30日。

47) 隅田川沿岸の緑地については，越沢明『東京の都市計画』岩波書店，1991年，211-14頁を参照。ただし，越沢によれば，これは関東大震災後の帝都復興計画の政府原案が「復活」し，「さらにスケールを大きくしたもの」である（同書，211頁）。

48) 『朝日新聞』1946年３月30日。

49) U519.8-としち-3680『議　第三六五号　一東京復興都市計画土地区画整理決定ノ件』「理由書」。

50) U519.8-としち-3680『議　第三六五号　一東京復興都市計画土地区画整理決定ノ件』「東京都市計画土地区画整理」。

51) U519.8-としち-3680『議　第三六八号　一東京都市計画地域指定ノ件』「理由書」。

52) U519.8-としち-3680，都市計画東京地方委員会より内田祥三への昭和21年５月24日

付書簡。この特別委員会は，６月に，「原案を適当と認め」た「報告」を都長官（都市計画東京地方委員会会長）に提出している（U519.8-としち-3680，特別委員長松村光磨「報告」1946年６月10日）。

53）『朝日新聞』1946年５月24日。

54） 同上紙。

55） U519.8-としち-3680『議　第三六九号　東京復興都市計画街路中追加決定ノ件（駅附近広場及街路)』「理由書」。

56）『朝日新聞』1946年６月27日。

57）『朝日新聞』1947年２月６日。

58） 東京都公文書館『内田祥三資料』U519.8-とち-443［以下，U.519.8-とち-443］『議　第374号　一東京都市計画区域内における特別地区決定の件』「理由書」。

59） U.519.8-とち-443『議　第374号　一東京都市計画区域内における特別地区決定の件』「特別地区」。

60） 石田編『未完の東京計画』，154頁。

61） U.519.8-とち-443『議　第379号　一東京復興都市計画街路上工作物及地下埋設物整理方針決定について』「東京復興都市計画街路上工作物及地下埋設物整理方針」。

62） U.519.8-とち-443『議　第379号　一東京復興都市計画街路上工作物及地下埋設物整理方針決定について』「理由書」。

63）『朝日新聞』1946年11月28日。

64） U519.8-としち-3680，都市計画東京地方委員会会長より内閣総理大臣，内務大臣，文部大臣，商工大臣，農林大臣への「建議」1946年６月。

65）『朝日新聞』1946年６月28日。

66） 同上紙。

67） 東京都編『東京都戦災誌』東京都，1953年（2005年に明元社より再刊），549頁。

68）『朝日新聞』1946年11月24日。この引用および次の注（69）の引用は，第５章注（75）の引用につづくものである。

69） 同上紙。住宅地については，1947年４月21日，戦災復興院土地局地政課が「宅地法草案」をつくったが，そこではたとえば公共的利用が需給に優先され，国民を土地住宅問題に直接参加させることがこころみられ，宅地委員会を設置することが規定されていたなど，かなりラディカルな草案であった。当時，土地局地政課長だった町田稔は後年，イギリスの一九四七年都市農村計画法を新聞，雑誌などから知り手本としたと述べたあと，以下のように語っている。「ちょうどイギリスで都市農村計画法ができましてね。あれは，およそ都市については全部，利用計画をつくっちゃったわけです。そして土地の価格を決めたんです。価格が上がったところからは国が差額だけを取り上げる，ランドボード（土地委員会）というのができたわけです。それと同じようなことをやっぱりやらないと無理だというわけで，日本でも都市については全部利用計画を立てようじゃないかということで，それも宅地法のなかにいれましたね」（大本圭野『〔証言〕日本の住宅政策』日本評論社，1991年，第8章「宅地法案の策定と土地・住宅問題」，197頁）。

しかし，GHQからの停止指令により法案は流れ，その後宅地は開発業者のもとで野放し状態になった。大本圭野『戦後改革と都市改革——発見された「宅地法」案資料集成』日本評論社，2000年も参照のこと。

70）『朝日新聞』1947年2月6日。

71） 石田編『未完の東京計画』，158-60頁。歌舞伎町の区画整理については，鈴木喜兵衛『歌舞伎町』1955年も参照。

72） 御厨貴『東京——首都は国家を超えるか』読売新聞社，1996年，98頁。

73） 同上書，99-100頁。

74） 同上書，102頁。

75） たとえば，越沢『東京の都市計画』，234-37頁。また，東京の都市史について多数の著作がある鈴木理生も，この埋め立てを「都市における水面の貴重さ，とくに東京の場合にはその水面（水路）の存在が，長い間東京を支えていた重要な空間であることを忘れ去った暴挙であった」と酷評している（鈴木理生『江戸の川・東京の川』井上書院，1989年，239頁）。もっともこの埋め立ては，瓦礫の処分に苦心していた石川のアイディアであり，彼自身も，埋め立てを批判する者を「概ねそうした堀を見た事も調べた事もない人である。ヒナン〔非難〕の為のヒナン者である。ヒナンによって自らを売らんとするヒナン者である」と苦々しく思っていた（石川「私の都市計画史」54頁）。

76）「渡辺紳一郎・連載対談　話の泉　第4回」『週刊朝日（別冊）』1955年6月10日，74頁。なお，不要河川等の埋め立てについては，長谷川淳一「首都建設法の制定に関する一考察（2）」『経済学雑誌』第106巻第1号（2005年6月）も参照のこと。

77）『東京都議会議事速記録』「昭和二十三年東京都議会議事速記録第二十三号（第五回定例会）」（東京都公文書館所蔵），1874頁。

78） 同上資料，1874-75頁。

79） 同上資料，1876-77頁。

80） 同上資料，1880頁。

81） 同上資料，1881頁。

82）『東京都議会議事速記録』「昭和二十四年東京都議会議事速記録第六号（第一回定例会）」（東京都公文書館所蔵），320-21頁。

83）『東京都議会議事速記録』「昭和二十四年東京都議会議事速記録第七号（第一回定例会）」（東京都公文書館所蔵），379頁

84） 東京都総務局調査課「東京都復興計画——道路」（1949年3月）（東京都公文書館所蔵），19頁。

85） 同上資料，21頁。

86） 同上資料，24頁。

87） 同上資料，22頁。

88） 本書第5章の注（68）を参照。

89） 石田編『未完の東京計画』，162-63頁。

90）「再検討」による縮小については，石田頼房『日本近代都市計画史研究（新装版）』

柏書房，1992年，271-73頁に簡潔にまとめられている。

91) 東京都編『東京都復興白書』は，「復興途上の問題点」として「人口増加の都政に及ぼす影響」を，「第一には，……増加人口の大半が担税力の低い人達で，都の財政収入にとってほとんどプラスにならない。第二には，この収入欠陥を補うために起債がとくに認められる訳のものでもない。このようにして，都の人口増加の問題は，過去の都の復興途上における大きな課題であったばかりでなく，将来の都の行財政計画実施の上にも深刻な影響を及ぼし，大きな問題となっている」（11-12頁）と書いている。

92) 御厨『東京』106頁。

93) 御厨『東京』には，首都建設法に反対した共産党のアピールが効果をもったことを，安井知事も認めていたことが記されている（107頁）。近年の批判としては，たとえば石田『日本近代都市計画の百年』，249-50頁を参照。なお，首都建設法の制定については，長谷川淳一「首都建設法の制定に関する一考察（3）」『経済学雑誌』第106巻第２号（2005年９月）も参照のこと。

94) 『朝日新聞』1950年６月15日。

95) 『朝日新聞』1950年９月８日。

96) 『朝日新聞』1950年10月13日。

97) 同上紙。

98) 同上紙。なお，駅前に多く発生した闇市もふくめ，戦後再建期の都市の中小小売業者がどのように商店経営を開始し，商店街を形成・発展させていったかを検討した近年の研究に，柳沢遊「戦後復興期の中小商業者」原朗編『復興期の日本経済』東京大学出版会，2002年がある。

99) 事業実施の具体的な状況については，石田『日本近代都市計画史研究（新装版）』275-76頁を参照。

100) 石田『未完の東京計画』165頁。なお越沢も，駅前広場を「東京の戦災復興事業の唯一ともいえる成果」としている（越沢『東京の都市計画』238頁）。

101) 「渡辺紳一郎・連載対談」74頁。

102) 東郷「戦災復興の礎を築いた石川栄耀」130頁。

103) 石川栄耀「都市美化論」『女性線』（1949年６月），24頁。

104) 同上論文，27頁。

105) 同上論文，29頁。

106) 「グラフ対談　都市の美しい装い」『毎日グラフ』（1951年６月１日），19頁。

107) 「渡辺紳一郎・連載対談」，76-77頁。

108) 東郷「戦災復興の礎を築いた石川栄耀」131頁。

109) 「渡辺紳一郎・連載対談」78頁。

第７章　拒まれた現実路線

1) たとえば，大阪市役所編『大阪市戦災復興誌』大阪市役所，1958年，第5編第3章，建設省編『戦災復興誌』第10巻，都市計画協会，1961年，421-564頁，大阪都市協会大

阪市都市住宅史編集委員会編『まちに住まう』平凡社，1989年，392-95頁，全国市街地再開発協会編著『日本の都市再開発史』住宅新報社，1991年，71頁などを参照。なお，戦災復興にも言及しつつ，戦後再建期の大阪の世相を簡潔にまとめたものに，芝村篤樹『都市の近代・大阪の20世紀』思文閣出版，1999年，第１部II「焼跡闇市からの復興」がある。

2） 戦前の大阪の都市計画については，玉置豊次郎『大阪建設史夜話』大阪都市協会，1980年，大阪都市協会大阪市都市住宅史編集委員会編『まちに住まう』，長谷川淳一「戦前期の都市計画――大阪を中心に」法政大学産業情報センター・ワーキングペーパーシリーズ No. 30，1993年（『不動産業に関する史的研究［Ｉ］』，日本住宅総合センター調査研究リポート No. 91218，日本住宅総合センター，1994年，第６章として収録）などを参照。

3） 大阪の戦災については，大阪市役所編『大阪市戦災復興誌』第2編，日本の空襲編集委員会『日本の空襲』第６巻第１部，三省堂，1980年などを参照。また，大阪市が1946年６月に実施した調査では，戦災区は北，都島，此花，東，西，港，大正，天王寺，南，浪速，大淀の各区，非戦災区は福島，東淀川，西淀川，東成，生野，旭，城東，阿倍野，住吉，東住吉，西成の各区となっている（大阪市公文書館9476『調査書類綴』「区の現状調査」，1946年７月15日）。

4） 大阪本社発行の『朝日新聞』（以下，『朝日新聞』〔大阪〕と略す）1945年８月27日。

5）『朝日新聞』（大阪）1945年８月28日。

6）『朝日新聞』（大阪）1945年８月29日。

7）『朝日新聞』（大阪）1945年８月30日。

8）『朝日新聞』（大阪）1945年９月１日。

9）『朝日新聞』（大阪）1945年９月２日。

10） 大阪本社発行の『毎日新聞』（以下，『毎日新聞』〔大阪〕と略す）1945年８月29日。

11）『毎日新聞』（大阪）1945年８月30日。なお，少し後のことだが，雑誌『大阪人』第１巻第１号（1947年３月）に，菅野和太郎と小林一三による大阪の復興にかんする興味深い対談（「復興大阪をどうすればよいか」がある（２‐７頁）。

12）『大阪日日新聞』1946年８月25日。

13） くわしくは，本書第５章，164-66頁を参照。

14）『大阪日日新聞』1947年１月５日。

15）『朝日新聞』（大阪）1945年８月28日。

16）『朝日新聞』（大阪）1945年９月11日。

17）『朝日新聞』（大阪），『毎日新聞』（大阪）1945年９月12日。

18）『毎日新聞』（大阪）1945年10月26日。この委員会のメンバーはこれまで不明とされてきた（大阪市都市再開発局編『大阪の戦災復興　その二』大阪市都市再開発局，1979年，6頁）が，『毎日新聞』（大阪）のこの記事には以下のように記載されている（カッコ内は当時の肩書）。杉山宗次郎（大阪府土木部長），豊島寛太郎（大阪府内政部長），佐藤栄作（大鉄局長），和田重辰（内務省近畿土木出張所長），片岡謙（運輸省第三港湾

建設部長），中田守雄（大阪府会議長），沢竹宗輝（大阪市会議長），土田伊右衛門（大阪市会副議長），関桂三（大阪商経会会頭），太田丙四郎（海陸協会長），福留並喜（道路技術協関西支部長），林千秋（土木学会関西支部長），吉野孝（大阪工業会理事），種田虎雄（近畿日鉄副社長），片岡直方（大阪瓦斯社長），木津谷栄三郎（関西配電副社長），上田孝吉（衆議院議員），梶原三郎（阪大医学部教授），金谷重議（大商大教授），菅野和太郎（衆議院議員，大阪商経会理事長），近藤博夫，末川博（大商大教授），北沢敬二（住友本社理事），高田保馬（人口問題研究所長），武居高四郎（京大工学部教授），竹越健造（住友土地社長），西尾末廣（衆議院議員），平林治徳（大阪女専校長），和辻春樹（大阪商船取締役）。

19）『毎日新聞』（大阪）1945年11月11日。

20）『朝日新聞』（大阪）1945年12月19日，『毎日新聞』（大阪）1946年１月20日および『大阪日日新聞』1947年７月１日。

21） 大阪市公文書館12237『此花区復興促進会に関する綴』「大阪市此花区復興促進準備会記録」（1946年５月３日開催）での高津市都市計画課課長の言。

22） たとえば，堀威夫（市港湾局長）「大阪港修築計画」『建築と社会』「大阪復興特集」第30集第１号（1949年１月），２－３頁。実際，戦前期においても，1934（昭和9）年の室戸台風による大浸水をうけ，大規模な地上げ計画が大阪府により策定され，部分的に実施された。くわしくは，玉置『大阪建設史夜話』第27話を参照。

23）『朝日新聞』（大阪）1945年11月11日。

24）『大阪日日新聞』1947年７月１日。

25）『朝日新聞』（大阪）1945年10月19日（焦都再建シリーズ22）。

26）『毎日新聞』（大阪）1946年２月６日。

27） 大阪市都市再開発局編『大阪の戦災復興　その二』11頁。

28） 同上書，８－９頁。

29） 大阪府商工経済会が設置した大阪湾臨海産業配置委員会の提案（『朝日新聞』〔大阪〕1945年10月19日）。

30） 大阪市都市再開発局編『大阪の戦災復興　その二』７－９頁。

31）『大阪日日新聞』1946年８月16日。

32）『大阪日日新聞』1947年１月１日。

33）『大阪日日新聞』1947年７月６日。

34） たとえば，『朝日新聞』（大阪）1945年９月５日（焦都再建シリーズ7）や，『毎日新聞』（大阪）1946年１月８日の深山大阪市保健局長談。

35） 前記の注（20）の新聞記事。

36）『大阪日日新聞』1946年10月30日。

37） 各区別に実施された，協議のための説明会の広告は，たとえば『大阪日日新聞』1946年４月９，10，13，16日や『毎日新聞』（大阪）1946年４月10，18日などにみられる。

38）『大阪日日新聞』1946年８月16日。大阪市計画局『大阪都市計画　決定（変更）一覧

表』，1989年，207頁。

39)　大阪市公文書館12295『土地区画整理に関する書類』に，選挙用のポスターや選挙要領がある。

40)　『大阪日日新聞』1946年12月１日。

41)　『大阪日日新聞』1946年12月３日。

42)　大阪市都市再開発局編『大阪の戦災復興　その二』17-19頁。

43)　『大阪日日新聞』1947年１月14日。

44)　『大阪日日新聞』1947年１月20日。

45)　大阪市計画局『大阪都市計画　決定（変更）一覧表』175頁。

46)　同上書，124頁。

47)　『大阪日日新聞』1946年11月９日。

48)　『大阪日日新聞』1946年12月11，15日。

49)　『大阪日日新聞』1947年１月21日。

50)　『大阪日日新聞』1947年１月15日。

51)　『大阪日日新聞』1947年４月６日。

52)　『大阪日日新聞』1947年４月９日。

53)　『大阪日日新聞』1947年４月７日。

54)　『大阪日日新聞』1947年４月15日。

55)　『大阪日日新聞』1947年９月24日。

56)　『大阪日日新聞』1947年５月27日にこの都市復興展の広告が，大阪市公文書館12261『復興委員会書類綴』にそのポスターがある。この都市復興展は，そもそもは同年５月に東京で開催された都市復興展覧会がその後全国７都市を巡回した一環であった。同展覧会についてくわしくは，『新都市』第１巻第７号（1947年７月），31-32頁および第９号（同年９月），26-40頁を参照のこと。なお，本章の注において「大阪市公文書館」の次にくる数字は，同公文書館での当該資料の「配架番号」を示している。

57)　『大阪日日新聞』1947年９月27日。

58)　『毎日新聞』（大阪）1945年11月22日。

59)　大阪市土地区画整理協会編『甦えるわが街——戦災復興土地区画整理事業（此花地区）』大阪市土地区画整理協会，1978年，45頁，大阪都市整備協会編『甦えるわが街——戦災復興土地区画整理事業（東地区）』大阪市都市再開発局，1979年，51頁，大阪都市整備協会編『甦えるわが街——戦災復興土地区画整理事業（都島地区）』大阪市都市再開発局，1980年，50頁，大阪都市整備協会編『甦えるわが街——戦災復興土地区画整理事業（南東平高津地区）』大阪市都市再開発局，1982年，45頁。

60)　12区は，南，西，浪速，生野，西淀川，天王寺，大淀，大正，北，此花，港，東区（大阪市公文書館12240『復興関係綴』，復興研究会通知，1946年９月）。

61)　大阪市公文書館12240『復興関係綴』，市復興局長から西区長への書簡，1945年12月４日。

62)　大阪市公文書館12240『復興関係綴』，「西区復興対策協議会」（1945年12月17日）議

事録。

63） 大阪市公文書館12240『復興関係綴』，第二回「西区復興対策協議会」（1946年1月12日）議事録。

64） 大阪市公文書館12261『復興委員会書類綴』，大正区復興協議会常会名簿（1945年12月10日委嘱）。その後，1947年8月に，土地会社4社などの新規加入があり，同区復興協議会の規模拡大がはかられた。

65） 大阪市公文書館12237『此花区復興促進会に関する綴』，此花区長・警察署長からの「大阪市此花区復興促進準備委員会開催に関する件」（案内状，1946年4月27日）。

66） 前記の注（21）大阪市公文書館12237『此花区復興促進会に関する綴』，「大阪市此花区復興促進準備委員会記録」（1946年5月3日開催）。

67） たとえば西区では，1947年7月に復興対策協議会が復興委員会に改組されているが，西区選出の区画整理委員全員が復興委員会の委員となっており（大阪市公文書館12240『復興関係綴』，「西区復興委員会規約」，1947年7月），また，復興委員会委員長が復興土地区画整理委員会中地区西部会長になっている（大阪市公文書館12244『西部会関係綴』，1948年4月）。また，大正区については，大阪市公文書館12261『復興委員会書類綴』，「土地区画整理委員会大正区部会役員名簿」（1948年）を参照されたい。

68） たとえば，西区については大阪市公文書館12240『復興関係綴』，「第四回復興対策委員会概況」（1946年3月27日開催の議事録），大正区については大阪市公文書館12261『復興委員会書類綴』，「復興協議会記録」（1946年4月23日開催），此花区については，前記の注（66）等を参照。

69） 大阪市公文書館12240『復興関係綴』，「復興対策資料提出の件」，西区長から市復興局長宛，1945年12月。

70） 大阪市公文書館12261『復興委員会書類綴』，大正区における復興計画にかんする「陳情」，1947年1月25日（大阪市公文書館25173『戦災復興事業関係書類　陳情書』にも所収）。なお，大阪市公文書館12261『復興委員会書類綴』，第二回復興協議会（1946年5月24日開催）記録も参照のこと。

71） 『大阪日日新聞』1946年11月23日。

72） たとえば，南区復興対策協議会会長から市長宛の南区の復興計画にたいする答申・陳情書，1946年7月14日（大阪市公文書館25173『戦災復興事業関係書類　陳情書』に所収）。

73） 大阪市公文書館12240『復興関係綴』，「西区復興に関し意見答申の件」，西区長より市復興局長，1946年5月11日。

74） 『大阪日日新聞』1946年8月30日。

75） 大阪市公文書館25173『戦災復興事業関係書類　陳情書』，西区における緑地地帯の廃止・幹線道路調整にかんする陳情書，西区長より市復興局長，1946年9月9日。

76） たとえば，大阪市公文書館25173『戦災復興事業関係書類　陳情書』，都市計画尼崎堺線変更方陳情，1947年1月22日や，東淀川区の某惣社復興建設にたいする陳情，1947年6月20日。

77) 大阪市公文書館12241『復興関係綴』,「西区復興委員会に対する嘆願書」, 九条復興会, 1948年１月。
78) 大阪市公文書館12241『復興関係綴』, 浪速区某製材所から西区長への陳情, 1948年５月13日。
79) 大阪市公文書館12240『復興関係綴』,「大阪堀江（横堀線）緑地帯撤廃陳情趣意書」, 北堀江繁栄会, 1947年。
80) 前記の注（72）および大阪市公文書館25173『戦災復興事業関係書類　陳情書』, 下味原・上六間の南側商業地域指定嘆願書, 1947年５月13日。
81) 大阪市公文書館12243『復興関係綴』, 西区の某セメント・土砂業者から区長への陳情, 1950年２月10日。
82) たとえば, 前記の注（72）および（75）。
83) 大阪市公文書館12240『復興関係綴』, 西区復興対策委員会連絡会（1946年12月12日）での高津都市計画課課長の弁。
84) 大阪市公文書館12240『復興関係綴』, 西区復興委員会（1947年８月21日）での委員会委員長の言。
85) 大阪市公文書館25173『戦災復興事業関係書類　陳情書』大正区における復興計画にかんする陳情, 1947年１月25日にある鉛筆書き。このほか, 大阪市公文書館12240『復興関係綴』, 市復興局長から西区長への通達, 1947年２月19日や, 大阪市公文書館12261『復興委員会書類綴』, 大正区長への同様の通達, 1947年２月29日などを参照のこと。
86) たとえば, 大阪市公文書館12240『復興関係綴』,「復興対策資料提出の件」, 大阪市公文書館12237『此花区復興促進会に関する綴』,「大阪市此花区復興促進準備委員会開催に関する件」にある同委員会会則案, および大阪市公文書館12261『復興委員会書類綴』, 第二回復興協議会記録。
87) たとえば,『大阪日日新聞』1946年７月６, ９日や大阪市公文書館12261『復興委員会書類綴』,「復興協議会記録」(1946年４月23日)。ガラはもっぱら府の分担区域で使用されていたが, 土砂・積土を使用した場合はコンクリートにくらべ脆弱であり「素人目にも憂慮に絶えない」と評せられた（大阪市公文書館12237『此花区復興促進会に関する綴』,「防潮工事に関する報告書」, 区長より市長, 1946年７月３日)。
88) 『毎日新聞』(大阪) 1946年７月18日。
89) 大阪市公文書館12237『此花区復興促進会に関する綴』, 此花区復興委員会常任委員会会議録, 1947年３月３日での市復興局土木課長の言。
90) 大阪市公文書館12237『此花区復興促進会に関する綴』, 此花区復興委員会, 1947年６月27日の会議での府港湾課技術係長の言。
91) 『大阪日日新聞』1946年７月14日。
92) 大阪市公文書館12261『復興委員会書類綴』, 大正区復興委員会（1947年１月20日）記録。同趣旨の指摘は, 戦災復興院次長が公言するところでもあった（重田忠保「復興雑感」『復興情報』７月号〔1946年７月〕, ８‐９頁)。

93）　たとえば『大阪日日新聞』1948年１月20日。
94）　大阪市都市再開発局編『大阪の戦災復興　その二』13頁，および同編『大阪の戦災復興　その三』大阪市都市再開発局，1980年，20頁。
95）　大阪市都市再開発局編『大阪の戦災復興　その二』12頁。
96）『大阪日日新聞』1948年９月19日。
97）　大阪市都市再開発局編『大阪の戦災復興　その二』12-13頁。港区での復興土地区画整理事業については，大阪市都市整備協会編『港地区復興土地区画整理事業誌』大阪市建設局西部方面土地区画整理事務所，1993年も参照されたい。
98）　大阪市公文書館12261『復興委員会書類綴』，「内港計画を聴く会」，1950年３月３日。
99）　同上資料。
100）　同上資料。
101）　大阪市公文書館12261『復興委員会書類綴』，大正区復興委員会（1947年９月２日）記録。
102）　大阪市公文書館12261『復興委員会書類綴』，大正区復興委員会（1949年７月22日）記録。
103）　大阪市公文書館12261『復興委員会書類綴』，「内港計画を聴く会」，1950年３月３日。
104）　同上資料。
105）　大阪市公文書館12261『復興委員会書類綴』，大正区復興委員会（1950年７月29日）記録。
106）　大阪市公文書館12262-1,2『大正区復興委員会関係書類綴』および12263『大正区復興委員会関係書類綴』を参照のこと。他方，港区についてはたとえば前記の注（98）に港区は大正区にくらべかなり順調に事業が進捗しているとの認識がある。また，『大阪日日新聞』1950年１月28日でも，港区における事業への激しい反対について，「地盛騒動も今は昔」のことと報じられている。つまり，ジェーン台風以前に港区での反対はすでに収束にむかいつつあったといえるのではなかろうか。ただし，経済的な理由から事業にともなう立ち退きができず，土地不法占拠として市当局に家屋を取り壊された事例がのちのちまで港区にあったことも事実である。たとえば，『毎日新聞』（大阪）1954年２月３日を参照。
107）『大阪日日新聞』1947年10月11日。
108）『大阪日日新聞』1948年12月４日。
109）『大阪日日新聞』1949年７月16日。
110）『大阪日日新聞』1949年10月18日。
111）『大阪日日新聞』1950年１月30日。
112）『大阪日日新聞』1949年２月１日。
113）『大阪日日新聞』1949年１月29日。これにたいし府は「黙過」すると述べている（『大阪日日新聞』1949年３月26日）が，そもそもこの問題の背景には，特別市制の実現を求める市と，それに反対し，都制の導入を主張する府との確執があった。特別市制問題をめぐる府市の対立については新聞紙上でもしばしば紹介されているが，さしあたり，

『大阪日日新聞』1947年７月22日，９月16日，1949年３月21日，11月11日，1951年５月７日などを参照。また，特別市制問題については，中谷敬壽「特別市制の在り方」『都市問題研究』第一集（1949年２月），19-28頁も参照。なお，大阪における農地改革対都市計画の角逐については，大阪市都市整備協会編『大阪の土地区画整理』大阪市建設局，1995年中の「付章　戦後処理」も参照されたい。

114）『大阪日日新聞』1949年２月２日。

115）『大阪日日新聞』1949年３月４日，50年６月13日など。

116）もっとも実際には，1949年度から51年度にかけて，戦災復興関連の総事業費が１億7200万円から１億5500万円に減額されたなかで，事業費の財源としての起債分の額は，約1200万円から7600万円にまで増えている。（建設省編『戦災復興誌』第10巻，523頁。）

117）井上新二（市建築局長）「軌道に乗り難い復興」，前記の注（22）『建築と社会』「大阪復興特集」，26-27頁。井上は，すでに1947年に公園計画や区画整理区域の縮小を公の場で嘆じていた（「大阪市の区画整理と住宅問題」『建築と社会』第28集第9-12号〔1947年12月〕，19-23頁）。他方，そこでは，急場の住宅用地難を「打開する曙光」として，「公園予定地の一部を利用して，簡易な住宅を建てる」ことで「最近話し合いがつき……差詰め三年ぐらいの間の住宅建設地としては一応見透しがつきました」とも述べられている。

118）井上「軌道に乗り難い復興」27頁。

119）大阪市計画局『大阪都市計画　決定（変更）一覧表』151および175頁。

120）同上書，45頁。

121）大阪市都市再開発局編『大阪の戦災復興　その一』大阪市都市再開発局，1978年，26頁。

122）伊東俊雄（大阪商工会議所理事）「都市は大地に生える」『建築と社会』「大阪復興特集」22頁。

123）楫西貞雄（府土木部計画課技師）「復興公園計画について」『建築と社会』「大阪復興特集」７－９頁。

124）中村綱（元台湾総督府技師，日本損害保険協会大阪支部技術課長）「大阪市の復興を阻むもの」『建築と社会』「大阪復興特集」25頁。この場合官僚には，公吏もふくむものと思われる。

125）大阪市公文書館25173『戦災復興事業関係書類　陳情書』，天王寺区長および区画整理委員会区部会長から市長への天王寺区石ケ辻付近換地予定地指定区域外の道路拡張工事推進に関する陳情，1951年７月１日，中野・都島本通地区区画整理道路の急遽整備の上申書，1951年７月16日，御蔵跡公園整備促進会陳情，1952年12月19日，浪速区日東町付近道路工事促進についての嘆願，1953年５月，東成区中道本通付近整備促進陳情，1953年12月15日，大淀区長よりの巾員拡張方陳情，1954年６月24日，大阪市公文書館12243『復興関係綴』，西区北堀江御池通二丁住民より市長への道路整備実施の嘆願，1950年を参照。

126）たとえば，大阪市公文書館12243『復興関係綴』，西区復興委員会委員長より市長へ

の本田地区整理方陳情，1950年，大阪市公文書館47432『此花区復興関係に関する綴』，桜島地区促進期成地区民決起大会決議，1956年4月30日。

127) 大阪市公文書館12243『復興関係綴』，港区社会党西港支部から区長への申入書，1950年9月25日，大阪市公文書館47432『此花区復興関係に関する綴』，此花区長「区内の懸案並びに要望事項」1958年2月。大正区においてさえも，1953年に区長が「将来全面盛土を希望」していたとの記述がある（大阪市公文書館12263『大正区復興委員会関係書類綴』1953年4月30日）。

128) 大阪市公文書館12242『復興関係綴』，西区復興委員会の陳情書，1949年8月。

129) たとえば，大阪市公文書館25173『戦災復興事業関係書類　陳情書』，天王寺区庚申堂付近公園計画についての嘆願書，1951年4月23日，天王寺区味原町地主等から市長への道路幅員縮小嘆願，1952年11月11日，西淀川区大和田地区公園予定地取消および土地払い下げについての市長への陳情，1953年11月1日，天王寺区庚申堂付近区画整理道路新設反対嘆願，1955年3月，東成区玉造公園用地一部変更嘆願（1236世帯の連署），1955年6月15日。同じような趣旨での要求に，1950年に制定された建築基準法にもとづく防火地区の設置にたいする反対がある。この点については，大阪市公文書館12243『復興関係綴』，西区復興委員会から府知事・市長への陳情，1950年。西区復興委員会（1951年12月12日開催）の記録および同月一四日起案の同委員会から府知事・市長への要望書。西区復興委員会，防火地区指定取消陳情（案），1952年5月27日を参照。

130) 大阪市公文書館25173『戦災復興事業関係書類　陳情書』，森之宮工区住民による適性都市計画の実施にかんする要望書，1956年3月15日。

131) 実際，各事業誌では，事業実施で街路拡幅や整然とした街並みが実現した部分と，事業縮小にともない事業区域から除外された部分やそもそも非戦災地だったため事業対象外だった部分との格差の解消が，今後の課題として，しばしば指摘されている。大阪市土地区画整理協会編『甦えるわが街――戦災復興土地区画整理事業（此花地区）』128頁，大阪都市整備協会編『甦えるわが街――戦災復興土地区画整理事業（福島地区）』大阪都市整備協会，1983年，162頁，同編『甦えるわが街――戦災復興土地区画整理事業（東成玉造地区）』大阪都市整備協会，1984年，127頁，同編『甦えるわが街――戦災復興土地区画整理事業（西成地区）』大阪市建設局，1990年，148，152-43，159頁，大阪都市整備協会編『甦えるわが街――戦災復興土地区画整理事業（都島地区）』150-51頁，同編『甦えるわが街――戦災復興土地区画整理事業（東地区）』142，5，6頁等参照。ただし，区画整理にともなう所有地の損失にたいするわりきれない思いは，地域住民がしばしば口にするところである（たとえば，大阪市都市整備協会編『甦えるわが街――戦災復興土地区画整理事業（浪速地区）』大阪市建設局，1991年，147頁。同様の指摘については，大阪市都市整備協会編『甦えるわが街――戦災復興土地区画整理事業（西成地区）』142-43頁も参照）。このような不満は，大工場や鉄道敷地が区画整理区域から除外された地区（大阪市土地区画整理協会編『甦えるわが街――戦災復興土地区画整理事業（此花地区）』127頁。大阪市都市整備協会編『甦えるわが街――戦災復興土地区画整理事業（大淀地区）』大阪都市整備協会，1985年，155頁，同編『甦えるわが街

――戦災復興土地区画整理事業（東地区）』145頁も参照）や，公園予定地が学校敷地に変更された場合（大阪市都市整備協会編『甦えるわが街――戦災復興土地区画整理事業（都島地区）』149，151頁。大阪市都市整備協会編『甦えるわが街――戦災復興土地区画整理事業（福島地区）』161頁にある，公園計画が高速道路建設で変更になった事例も参照）に，とりわけ強かったようである。

132）大阪市都市整備協会編『甦えるわが街――戦災復興土地区画整理事業（東地区）』143頁。同様の指摘については，大阪市都市整備協会編『甦えるわが街――戦災復興土地区画整理事業（浪速地区）』146頁も参照。

133）大阪市都市再開発局編『大阪の戦災復興　その二』22頁。

134）仮換地の時期については，大阪市都市整備局編『大阪の戦災復興　その六』大阪都市整備局，1984年，73-74頁の工区別仮換地指定一覧表を参照。また，各地区施行規程や設計書およびその認可については，大阪市公文書館12295『土地区画整理委員会に関する書類』に所収の「大阪市公報」号外第35号，1947年12月27日や，大阪市公文書館19171『換地計画関係書類』，19175『事業計画関係書類』，19176『事業計画関係書類』に所収の資料なども参照のこと。

135）大阪市都市整備協会編『甦えるわが街――戦災復興土地区画整理事業（南東平高津地区）』117頁，同編『甦えるわが街――戦災復興土地区画整理事業（東地区）』144頁など。実際，終戦直後は食料，物資にたいして土地が非常に安く，たとえば大阪市都市整備協会編『甦えるわが街――戦災復興土地区画整理事業（福島地区）』には，畳１枚6～700円にたいし土地１坪（約3.306平方メートル）が1500円だったとの回顧談が紹介されている（147頁）。同様に，『大阪日日新聞』1946年７月28日では，裁判所登記係の話として，地価が「下り相場」だと報じる記事がある。それによると，たとえば，市内でもっとも地価が高額な「心斎橋筋，戎橋筋，千日前はいづれも［坪当たり］二千円見当，それでも戦前に比べると約千円は下っているとのこと。……住宅地で上本町付近は三百円から四百円（焼け残っているところはかなり相場が高い）……十三方面は六，七十円」，また，「曽根崎新地……一丁目六百円から七百円……中之島で約三百円」などとある。

136）大阪市都市整備協会編『甦えるわが街――戦災復興土地区画整理事業（都島地区）』147頁。

137）同上書，152頁。

138）ちなみに，1949年８月に大阪府がおこなった調査によれば，『朝日新聞』（大阪）の発行部数は158万部，『毎日新聞』（大阪）は139万部，また，府下頒布部数がそれぞれ40万部に36万部となっている（大阪府総務部統計課『昭和二十五年版　大阪府統計年鑑』第二分冊，大阪府，1951年，1180-81頁）。

139）『新都市』「大阪特集号」第６巻第10号（1952年10月），59頁。

140）大阪都市再開発局編『大阪の戦災復興　その一』25頁。

141）大阪都市再開発局編『大阪の戦災復興　その二』27-28頁。

第８章　戦災復興の政治問題化

1）　この計画については，丹下健三・浅田孝「前橋市土地利用計画報告」『新都市』第1巻第1号（1947年1月）を参照。

2）『上毛新聞』への投書に，「新進建築家丹下健三氏の如き招かれて来県し十分意見を述べて居る筈である」（1946年6月18日）であるとか，「復興院専門家の現地派遣を頂き，去る五月十八日以来今尚調査を続けて居る」（1946年6月15日，群馬県都市計画課湯本課長）といった記述があるが，それ以外に，この専門家による土地利用計画について言及した報道はみあたらない。なお，監物聖善「伊勢崎市の戦災復興都市計画」（伊勢崎市史編纂専門委員会『伊勢崎市史研究』第7号，1989年）に，1946年5月18日より丹下氏らが来県し，県内戦災都市の土地利用計画についての調査研究にあたっていたことを示す資料（群馬県土木部長より伊勢崎市長宛の1946年5月31日付書簡，伊勢崎市立図書館所蔵旧市役所文書）が紹介され，同年6月4日に伊勢崎市役所において研究会が開催されたと記されているが，それ以上のことについては，やはり記録がないとされている（93-94頁）。

3）　前橋市戦災復興誌編集委員会編『戦災と復興』前橋市，1964年，689-711頁。

4）　建設省編『戦災復興誌』第8巻，都市計画協会，1960年，133-34頁。

5）　群馬県都市計画協会『群馬県都市計画概要』1956年，101頁（群馬県立文書館，議会85B-1321）。

6）　同上書，7-10頁。および前橋市役所秘書課『前橋市小史』1954年，54-56頁（群馬県立文書館，議会85B-7198）。

7）　耕地整理事業については，『前橋市事務報告書』1930年版，126-28頁，1931年版，108-09頁，1932年版，3-4頁（前橋市立図書館，K318.22 1-30）を参照。

8）　区画整理については，群馬県都市計画協会『群馬県都市計画概要』13-14頁を参照。

9）　群馬県立文書館，知事82A-4430，「前橋市戦災復興事業概要」1947年，1-3頁。空襲による被害については，このほか，前橋市戦災復興誌編集委員会編『戦災と復興』戦災編第5，第6章などを参照。

10）『上毛新聞』1945年8月7日。

11）『上毛新聞』1945年8月10日，13日。ただし，残念ながらその細部については判読不能である。

12）　復興調査会については，『上毛新聞』1945年8月22，26，28日。

13）『上毛新聞』1945年9月2日。

14）『上毛新聞』1945年8月26日。

15）『上毛新聞』1945年9月2日。

16）『上毛新聞』1946年1月25日。地方計画については，『上毛新聞』1946年5月19日，9月12日も参照。

17）『上毛新聞』1945年9月25日。

18）『上毛新聞』1945年10月9日。

19）『上毛新聞』1946年3月19日。

20) 『上毛新聞』1946年四月九日。
21) 『上毛新聞』1946年6月21日。
22) 『上毛新聞』1946年7月2日。
23) 『朝日新聞』(群馬版) 1946年1月13日。
24) 『上毛新聞』1946年4月9日。さらにこの記事では,「一般市民の空気は三十六米道路は何の為に必要なのだ,単なる慰みにすぎぬではないか」という,ある土木建設業者の広幅員批判が示され,結論として,「市会議員と市民側代表と技術者」からなる「復興計画促進委員会でも設置して」,市独自の計画を作成すべきだとの指摘がなされた。また,『朝日新聞』(群馬版) 1946年8月1日では,市内の20代の男女7名が「県都の再建」についての意見を述べているが,そこでも,「都市計画の道路拡張の発表がおくれたため,道路から後退して建てたものと,そうでないものとで街が乱雑になった」,「ばくぜんとした復興計画でなく,もっと大衆の意見をとり入れた委員会のようなものをつくってほしい」,「建築や美術の専門家の意見も聴いてやれば,ある程度は街の美化も出来たのではないか。その意味で委員会のようなものをどうしてもつくるべきだ」といった発言があいついでいる。
25) 『上毛新聞』1946年5月20日。
26) 同上紙。
27) 『上毛新聞』1945年10月9日。
28) 『上毛新聞』1946年2月1日。
29) 『上毛新聞』1946年6月21日。
30) 『上毛新聞』1946年6月12日。
31) 『上毛新聞』1946年6月18日。
32) 群馬県立文書館,知事86A-344 3/3,「第二十六回都市計画地方委員会議事録」(1946年9月25日開会)。
33) 『上毛新聞』1946年10月2日。
34) 群馬県立文書館,知事82A-4430,「群馬県告示第四百四十四号」1946年11月26日。
35) 『上毛新聞』1946年11月28日。
36) 『朝日新聞』(群馬版) 1946年12月20日,『上毛新聞』1946年12月17日。
37) 前橋戦災復興事務所については,前橋市戦災復興誌編集委員会編『戦災と復興』631-33頁を参照。
38) 『朝日新聞』(群馬版) 1947年4月10日,『上毛新聞』1947年5月15日。
39) 選挙結果については,『上毛新聞』1947年6月17日。
40) 上毛新聞』1946年6月22日。湯本は,『上毛新聞』1946年6月12日の投書にたいする同月15日の応答のなかでも,「計画の発表を延ばして居ることも六ヵ敷い制限だけで,仕事が之に伴わないと罹災者一人一人が非常に窮屈な事となり,立ち遅れになりはしないかとの老婆心から」と述べている。
41) 『上毛新聞』1946年8月5日。また,湯本課長は,1947年1月5日付『上毛新聞』で「一月下旬から着手される道路拡張工事も,幹線でも余り無理のない,出来る範囲でや

り補助線にいたっては，現在道路の状態で工事に着手，県民に安心して生活出来るよう計画準備を進めている」と語っている。

42) 『上毛新聞』1947年2月17日。

43) 『上毛新聞』1946年12月17日。移転の規模についての記述もかなり誇張された表現であるが，「百坪の私有地全部が道路にとられても一割五分の十五坪について補償されるだけ」は明らかに誤りである。

44) 『上毛新聞』1947年6月17日。

45) 前橋市戦災復興誌編集委員会編『戦災と復興』には，1947年7月7日を第一回に計52回の公聴会が開催されたとある（690頁）が，注（44）に明らかなように，すでにそれ以前から開催されていたとみるのが妥当であろう。実際，群馬県立文書館，知事86A-346，「戦災復興事業の進行状況と一部市民の反対について」（1948年10月13日に開催された第二八回都市計画群馬地方委員会用に作成された資料）によれば，「復興事業実施について一般市民の良き理解と協力を得ると共に一面市民の声を聴くべく」各町内レヴェルで「昭和二十二年六月十一日以来……公聴会を開いた」とある。

46) 『上毛新聞』1947年7月19日。この公聴会は，『上毛新聞』主催の座談会形式でおこなわれ，そのようすは三回にわたって同紙に掲載された。なお，この公聴会については前橋市戦災復興誌編集委員会編『戦災と復興』，691-93頁も参照。

47) 『上毛新聞』1947年7月20日。上記の座談会報道の最終回における，紙上参加の湯本県都市計画課課長の弁。また，1947年7月7日に開催された連合青年団主催の公聴会では，延期はできないとする理由を明らかにせよとの質問にたいし，湯本課長ら当局側は，「国の方針で中小都〔市〕計〔画〕は来年度で終る。国の補償〔補助〕八割もおくれるともらえない。五ヵ年間のうちになんとかしなければならぬ。街路事業まですむのは十年かかる見込みだ。六日本省の次官と局長にあっての話だが，延期すると今後補償がないとはっきりいわれた。補償なくしては都計は出来ない」と答弁している（『朝日新聞』〔群馬版〕1947年7月9日）。この公聴会については，前橋市戦災復興誌編集委員会編『戦災と復興』691頁も参照。

48) 『上毛新聞』1947年7月31日の「吾等の前橋は吾等の手で建設の設計がえをしようではないか」という投書にたいする，『上毛新聞』1947年8月9日の湯本課長の投書。公聴会での発言についての引用は，『上毛新聞』1947年7月20日。なお，幅員決定のイニシアティヴについては，「湯本さんが持って来られた前橋の道路網の素案には，多くの広巾員の道路があった。……私は湯本さんと，も少し建築敷地のことも考えねばと話し合ったのを覚えている」との元政府側技官の証言もあり（松井達夫「戦災復興計画回顧」戦災復興外誌編集委員会『戦災復興外誌』1985年，110頁），実際のところは不明である。

49) 『上毛新聞』1947年7月19日。

50) 『上毛新聞』1947年7月20日。

51) したがって，一町内が第一工区と第二工区とに分かれていた堅町では，第一工区の反対派と第二工区の推進派とが町内を二分して，それぞれに運動を展開していた（『上

毛新聞』1947年7月10日)。他方，本来は推進に賛同とされていた第二工区内でも，都市計画実施には慎重に対処すべきとする声があった。たとえば，『上毛新聞』1947年9月9日には「この最も困難な時期にいかなる理由で早急に道路拡張を実施せねばならぬか明確に発表して欲しい……市民の生活が安定したときに積極的に協力を得て実現してもおそくないと思う」とうったえる栄町町民からの投書が掲載されているし，また，芳町では町内幹部と町選出の市議会議員とによる討論会が開かれ，そこでは「反対を押し切ってまでやるべき性質のものではなく，市民が納得のゆく線で実現するようにするのがよいと思う」といった意見が優勢であった(『上毛新聞』1947年10月14日)。

52) 『上毛新聞』1947年7月18日。

53) 『上毛新聞』1945年10月9日。

54) 『上毛新聞』1947年7月18日。

55) 群馬県立文書館，知事86A-346，「戦災復興事業の進行状況と一部市民の反対について」によれば，1947年7月の知事宅での陳情においては，市民約3000名の陳情書が提出されたが，「約三千名の調印の内容は同一家族の者数名の調印あり或は又氏名を記載して調印なきもの等ありその名簿には幾多の疑問ある状況であった」と記されている。

56) 『上毛新聞』1947年7月31日の投書。

57) 『上毛新聞』1947年8月28日。

58) 『朝日新聞』(群馬版) 1947年8月31日，9月4日。その後同年10月6日の市議会で，都市計画実施を30対1で可決した(『朝日新聞』〔群馬版〕1947年10月8日)。

59) 『朝日新聞』(群馬版) 1947年9月6日。

60) 『朝日新聞』(群馬版) 1947年10月23日。

61) 1947年11月7日，市会議員16名，区画整理委員12名，市民代表12名の計40名からなる都市計画協議会が設置された(群馬県立文書館，知事86A-346，「戦災復興事業の進行状況と一部市民の反対について」)。

62) 『上毛新聞』1948年2月26日。

63) 同上紙および群馬県立文書館，知事86A-346，「第二八回都市計画群馬地方委員会議事録」(1948年10月13日開会)。

64) 『上毛新聞』1947年9月30日。この台風による被害については，前橋市戦災復興誌編集委員会編『戦災と復興』749-50頁を参照。また，国立公文書館，『公文雑纂』3125「請願書　群馬県」(県知事・県会議長より片山哲首相宛，1947年10月7日) に県全体の災害状況が説明されている。

65) 『上毛新聞』1947年10月6日。その後同月25日には，市内34カ町の代表が参加して延期期成同盟の代議会議が開かれ，「都〔市〕計〔画〕費を水害復旧費に充当されたい。どんな命令でも家屋は移転しないなどの申合せを行い，市内七千戸の調印をまとめた実状を県，市議その他関係方面に郵送……することになった」(『上毛新聞』1947年10月27日)。

66) 『朝日新聞』(群馬版) 1947年10月8日。

67) 『上毛新聞』1947年10月24日。

68) 『上毛新聞』1948年5月5日。
69) 『上毛新聞』1948年6月17日。
70) たとえば,『朝日新聞』(群馬版) 1947年7月30日, 8月5日,『上毛新聞』1947年8月2日, 1948年7月31日, 8月4日などを参照。また,『上毛新聞』1948年3月20日に,建設院が実施した終戦以来1947年末までの住宅建築状況調査によれば,前橋の復興状況は戦災都市中,宇都宮の63パーセント,富山の61・9パーセントにつづく第3位の60・9パーセントだったと報告されている。
71) 『上毛新聞』1948年7月17日。
72) 『朝日新聞』(群馬版) 1948年8月3日。この公聴会については,『上毛新聞』1948年8月2日および前橋市戦災復興誌編集委員会編『戦災と復興』693-701頁も参照。
73) 群馬県立文書館,知事86A-346,「戦災復興事業の進行状況と一部市民の反対について」。
74) こうした経緯については,前橋市戦災復興誌編集委員会編『戦災と復興』701-04頁も参照。
75) 『上毛新聞』1948年10月5日,14日。
76) 『上毛新聞』1948年10月14日。
77) 板垣市会議員の発言。群馬県立文書館,知事86A-346,「第二八回都市計画群馬地方委員会議事録」(1948年10月13日開会)。
78) 『朝日新聞』(群馬版) 1948年10月9日。
79) 『上毛新聞』1948年9月27日。
80) 『朝日新聞』(群馬版) 1948年10月15日。
81) 『朝日新聞』(群馬版) 1948年12月24日。
82) 『朝日新聞』(群馬版) 1948年10月24日。
83) 『上毛新聞』1949年1月16日。
84) 『上毛新聞』1949年2月12日。
85) 『上毛新聞』1949年3月2日。
86) 『上毛新聞』1949年3月16日。
87) 『朝日新聞』(群馬版) 1948年11月9日。
88) 『朝日新聞』(群馬版) 1948年12月2日,『上毛新聞』1948年12月5日。
89) 延期期成同盟が請求していた市議会リコール請求代表者証明書が,前橋市選挙管理委員会から交付されたことを伝える『上毛新聞』1949年3月6日および前橋市戦災復興誌編集委員会編『戦災と復興』706頁。
90) 『上毛新聞』,『朝日新聞』(群馬版) 1949年3月19日。
91) 『上毛新聞』1949年3月12日。
92) 『上毛新聞』1949年3月14日。
93) 前橋市戦災復興誌編集委員会編『戦災と復興』706頁にその全文がある。ただし,県費を使ってのビラの配布にたいしては,これをおこなった知事を職権濫用や背任横領で告発する動きがあった(『朝日新聞』〔群馬版〕1949年7月12日)が,結局不起訴となっ

た（『朝日新聞』〔群馬版〕1949年11月10日）。

94）『上毛新聞』1949年３月12日。

95）『上毛新聞』1949年３月14日。

96）『上毛新聞』1949年３月14日および『上毛新聞』1949年３月19日。

97）『上毛新聞』1949年３月23日。

98）『上毛新聞』1949年３月25日。

99）『朝日新聞』（群馬版）1949年４月５日，『上毛新聞』1949年４月６日。

100）『上毛新聞』1949年５月26日。

101）『朝日新聞』（群馬版）1949年３月31日。

102）『上毛新聞』1949年８月15日。

103）『朝日新聞』（群馬版）1950年３月21日。

104）新聞報道にあるように，事業区域はこの時点ですでに65万坪（約2.1平方キロメートル）に縮小されており，そこからさらに10万坪（約33万600平方メートル）分を縮小するというものだったが，この10万坪はあくまで「後回しにしようというもの」とされた。ただし，そのなかには，市役所付近の神明町（第二工区）や一毛町（第三工区）などの「焼けのこった密集地帯」や廣瀬川両岸の緑道（幅員を８メートルに縮小）などがふくまれていた（『朝日新聞』〔群馬版〕1949年８月20日，『上毛新聞』1949年８月23日）。

105）『上毛新聞』1949年３月27日。

106）『上毛新聞』1950年１月５日。

107）同上紙。

108）『上毛新聞』1949年12月10日（夕刊）。

109）『上毛新聞』1950年８月12日（前橋市戦災復興誌編集委員会編『戦災と復興』707頁に引用）。なお，『朝日新聞』（群馬版）1950年８月16日も参照されたい。

110）『上毛新聞』1950年11月４日。

111）前橋市戦災復興誌編集委員会編『戦災と復興』718頁。

112）このうち伊勢崎市については，さしあたり，監物「伊勢崎市の戦災復興都市計画」を参照されたい。

113）そもそも延期期成同盟は，当初は，公聴会の席上等で都市計画の必要そのものは認める発言をしていた。『上毛新聞』1947年７月18日などを参照。

114）前橋市戦災復興誌編集委員会編『戦災と復興』746頁。

115）県選出参議院議員や県会議員の選挙違反や横領事件など，枚挙に暇がないが，ここでは，直接汚職にはつながらなかったものの，復興計画推進派のある市会議員による市内風致地区での住居新築を市当局が許可し，県当局を困惑させた事件（『上毛新聞』1950年４月22日〔夕刊〕）と，それを憤慨する，市長宛の投書（「どうか公明正大にやって下さい。そして今少し前橋市の市長であることを考えて下さい。自分の仲間のためばかりでなく市全体のために物ごとを進めて下さい。あなたが，そんなふうだから課長や吏員が勤務中競輪場へ出かけて行って車券に夢中になり公務をほったらかしにしている

のです」『上毛新聞』1950年5月1日〔夕刊〕）の存在をあげておく。

終章　戦災復興の歴史的意義

1）　各都市の事例については，序章注（17）にあげた研究も参照されたい。

2）『ピクチャー・ポスト』「戦後再建特集号」（*Picture Post,* 4 January 1941）への投書を分析した Mass Observation Archive, University of Sussex Library, File Report No. 699, 'Plan for Britain: analysis of letters sent to Picture Post in response to articles', 15 May 1941 や，ロンドンでの人びとへのインタヴューを分析した Mass Observation Archive, University of Sussex Library, File Report No. 913, 'Notes on Some Reconstruction Problems', 14 October 1941, pp. 4-5 を参照。なお，『ピクチャー・ポスト』「戦後再建特集号」については，J. Stevenson, 'Planners' Moon?', in H. Smith (ed.), *War and Social Change: British Society in the Second World War* (Manchester: Manchester University Press, 1986), p. 58; C. Barnett, *Audit of War: The Illusion & Realities of Britain as a Great Nation* (Basingstoke: Macmillan, 1986), pp. 21-22 などを参照されたい。

3）　Mass Observation Archive, University of Sussex Library, File Report No. 1162, 'Report on Propaganda for Town Planning (Report of talk given by Tom Harrison at Housing Centre, London)', 18 March 1942.

4）　D. Heap, 'Presidential Address', *Journal of the Town Planning Institute* (December 1955), p. 2.

5）『東京新聞』「石筆」，1958年11月18日。

6）　たとえば，磯村英一「脈はく結滞の首都東京」『東京新聞』1961年1月27日，獅子文六「東京をどうする」『朝日新聞』1960年10月22日。

7）　A. H. Roberts, 'Tokyo, 1958', *Journal of the Town Planning Institute*, September-October 1958, p. 258.

8）　ただしイギリスでは，1946年の夏に，住宅不足の悪化から，空き家となった軍隊の営舎や民間住宅での無断居住が大きな社会問題となるということがあった。この点については，J. Hinton, 'Self-help and socialism: The Squatters' Movement of 1946', *History Workshop Journal,* Issue 25 (Spring 1988), pp. 100-126 を参照のこと。

9）　イギリス産業の近代化については，N. Tiratsoo and J. Tomlinson, *Industrial Efficiency and State Intervention: Labour 1939-51* (London and New York: Routledge, 1993) を参照のこと。

10）　教育，国民保健サービス，社会保障等といった社会政策の諸分野における戦後再建諸政策を検討した近年の研究として，長谷川淳一「戦後再建期のイギリスにおける社会政策の意義――福祉国家の成立・定着とコンセンサス論をめぐって」『三田学会雑誌』第99巻第1号（2006年4月）および，とくに国民保健サービスについては，同「戦後再建期のイギリスにおける国民保健サービスの成立に関する一考察」『経済学雑誌』第106巻第4号（2006年3月）も参照されたい。また，戦後再建期につづく1950年代後半より

1960年代における，先端軍事技術の民間産業利用による生産性向上にもとづくイギリス産業の近代化をはじめとするさまざまな改革の試みとその頓挫を検討した研究として，市橋秀夫・長谷川淳一「戦後のイギリスにおける改革派の挑戦――ゲイツケルとウィルソンの時代を中心に」『社会経済史学』第67巻第6号（2002年3月）も参照されたい。

11）竹前栄治・中村隆英監修『GHQ日本占領史』（全56巻）日本図書センター，1996-2000年や国立国会図書館憲政資料室にマイクロ・フィッシュで所蔵のＧＨＱ関係資料（GHQ/SCAP）をみるかぎり，ＧＨＱが全国各都市の復興計画にとりわけ干渉したことを示唆するようなこれといった資料は，いまのところ見当たらない。同時に，これらのマイクロ・フィッシュのなかでは，たとえば ‘City Planning’ というタイトルのついた資料（GHQ/SCAP ESS (I)-00084, GHQ/SCAP NRS-00534-00543, February 1947-November 1950）をみると，農地改革対復興計画の対立が，多くの都市で重大な問題となっていたようすがうかがえる。なかでも興味深いのは，いくつかの都市において，そもそも自作農予定地だったところに競馬場・競輪場・ゴルフ場などの建設が予定され，それにたいする猛反対が引き起こされていたことであろう。この問題にかんする当時の都市計画関係者の見解を示すものとして，「座談会　都市計画と自作農創設とはどう調整されなければならぬか」『新都市』第1巻第9号（1947年9月）2-10頁も参照のこと。近年の研究としては，沼尻晃伸『工場立地と都市計画――日本都市形成の特質1905-1954』東京大学出版会，2002年，230-36頁をあげておく。なお，GHQ/SCAP にはこのほかに，戦災の状況をまとめた記録（GHQ/SCAP PHW-00173, July 1945-July 1946），学校の被災・復興状況（GHQ/SCAP CIE (D)-02177-02181, February 1946 and GHQ/SCAP CIE (B)-04113, 31 March 1948），建設省による戦災復興にかんする10頁ほどの英文のサマリー（GHQ/SCAP CTS-01438, City Planning Bureau, Ministry of Construction, ‘The Outline of the Reconstructional Works in the Devastated Cities’, August 1950），大阪の復興計画にかんする GHQ と市当局とのあいだでの初歩的な質問のやりとりの記録（GHQ/SCAP CAS (C)-5643, June-July 1947），東京都建設局の監修による東京の復興計画関連図面（e.g., GHQ/SCAP CAS (D)-02774, 02775 and 03480）などの資料が散見されるが，どれも復興計画策定に GHQ が深く関与したことを示すものとはいえないであろう。

12）本書の序章注（17）でも言及したが，イギリスの戦災復興においてコヴェントリーとならぶ成功例とみなされてきたプリマスへの関心はとりわけ高く，その検討の必要性は，本書の著者たちによる共同研究の英文での成果にたいする，イギリス都市計画史研究の第一人者であるサトクリフ教授の書評論文でも指摘されている。(A. R. Sutcliffe, ‘Nick Tiratsoo, Junichi Hasegawa, Tony Mason, and Takao Matsumura, Urban Reconstruction in Britain and Japan, 1945-1955: Dreams, Plans and Realities. Luton: University of Luton Press, 2002’, *Planning History,* vol. 25, no. 1 [2003], p. 31.) なお，ニュータウンにかんする近年のすぐれた研究として，I. Suge, ‘Consensus and Conflict in the British New Towns Policy: Basildon, c. 1945-1970’ (Unpublished Ph. D. thesis, University of Cambridge, 2001); idem, ‘The nature of decision-making in the post-

war new towns policy: The case of Basildon, c. 1945-1970', *Twentieth Century British History*, vol. 16, no. 2 (2005) をあげておく。また，従来いわれるような，都市計画の理想をめざすアプローチにかんするコンセンサスがニュータウンについて形成されていたという見解への疑問を呈する観点からロンドンのニュータウンの候補地選定を検討した研究として，長谷川淳一「マークⅠ　ロンドンニュータウン候補地の選定に関する若干の考察（1），(2)」『経済学雑誌』第101巻第1号，第2号（2000年6月，9月）を参照されたい。非戦災都市の都市再建にかんする近年のすぐれた研究として，N. Motouchi, 'Planning and Rebuilding in the English County Town: Worcester and Bedford, 1939-60' (Unpublished Ph. D. thesis, University of Luton, 2004) および本内直樹「英国州都ウースター市再建計画の構想と現実，1939-60年」『社会経済史学』第71巻第5号（2006年1月）をあげておく。

13）戦災復興事業誌編集研究会，広島市都市整備局都市整備部区画整理課編『戦災復興事業誌』広島市都市整備局都市整備部区画整理課，1995年，61頁。他方，この平和記念関連事業は，1949年の「再検討」のさいに事業費が大幅に縮小されている（同書，55-56頁)。この縮小された部分がいかなる影響をのちに及ぼしたのかも重要な検討課題であろう。

14）戦災復興誌編集委員会編『戦災復興誌』名古屋市計画局，1984年，36および40頁。

15）田淵壽郎「英断が生んだ新名古屋」『文藝春秋』1961年4月号，144および147頁。同時に，うえの注（14）にあげた『戦災復興誌』に所収の当時の関係者による座談会に，元建設省区画整理課長による以下のような興味深い証言がある。すなわち，名古屋では昭和19年ごろに広幅員道路が疎開地としてつくられ，軍部からの強い圧力で建物はもとより塀や水道管，ガス管まで地上に出ているものはすべて徹底的に撤去させられた。ここを人びとが近道として利用するようになり，終戦後においても，生活に必要な水道管等がないためにそのまま道路として利用され，バラックなども建たなかったというのである（戦災復興誌編集委員会編『戦災復興誌』595頁)。

16）同上書，593頁。なお，名古屋の戦災復興については，瀬口哲夫「100M公園道路建設。名古屋の戦災復興計画。」『Nagoya 発』no.14（1990年）5-12頁，名古屋市計画局，名古屋都市センター編『名古屋都市計画史（大正8年～昭和44年)』名古屋都市センター，1999年，第4編，新谷洋二「名古屋のまちづくり，戦災復興計画とその事業」新谷洋二・越澤明監修，都市みらい推進機構編『都市をつくった巨匠たち－シティプランナーの横顔－』ぎょうせい，2004年，238-42頁や，片木篤「名古屋の戦災復興と都市構造の変遷」『都市問題』第96巻第8号「特集2　戦災復興の60年」(2005年8月）57-65頁も参照のこと。

17）ところで，日本の戦災復興にかんしては，道路の最大幅員がなぜ100メートルなのかということも，今後明らかにされるべき興味深い疑問といえよう。とくに，戦後再建期において，ロンドンの著名なショッピング・ストリートであるリージェント・ストリートの幅員が80フィートだった中では100メートルの3割ほどにすぎない100フィートの道路幅員でさえ過大とみなされたイギリスの都市計画史研究者にとっては，本章注（12）

にあげたサトクリフ教授の書評論文で述べられているように，そうした興味がとりわけ強いようである。(Sutcliffe, book review, *op. cit.*, p. 33.) この疑問にかんしては，名古屋市の『戦災復興誌』に所収の「歴代建設省区画整理課長・名古屋市計画局長座談会『復興土地区画整理事業について』」において，終戦当時内務省国土局計画課の技師だった松井達夫氏が，なぜ100メートルだったのかという質問にたいして，「100メートル道路というのは，全く広島の地元と，名古屋の地元で考えて国にもってこられた計画」で，「本省のほうが受け身でして地元の意向が非常に強かったと覚えております」と述べたうえで，「なぜ100メートルという数字をとったかということですが，これは要するに百という数がきりがよいということだったのでしょうね」と答えている（戦災復興誌編集委員会編『戦災復興誌』616頁）。松井自身は1945年末の戦災復興にかんする論文で，戦前の交通調査にもとづきながら，「中小都市の根幹的街路の幅員」として36メートル，「大都市の幹線道路」は50メートル，という数字をあげている（松井達夫「復興都市の街路について」『道路』第 7 巻第 2 号）〔1945年11月〕18頁)。ただし，ある都市計画東京地方委員会技師による1941年春の論文では，空襲の可能性を念頭に，「道路は防空上必要缺くべからざるもので，防火，避難，其の他の目的に使用されるものは皆相當の幅員を必要とし，且時間的考慮を拂へば共用し得るものである」として，そうした広幅員道路である「防空廣路」の幅員の具体的な数値としては「最少八〇乃至一〇〇米以上としたい」と述べられていた（奥田教朝「防空廣路」『道路』第 3 巻第 4 号〔1941年 4 月〕39頁)。たしかに同論文では，無風状態で輻射熱のみを考慮した場合に延焼する最小幅員を40メートルと算出している（36頁）以外は，他の要因によってなぜ幅員が80から100メートルとなるのかについての具体的な理由なり算出方法なりはいまひとつ明確にされてはいない。とはいえ，現時点で類推するかぎり，広島にかんしては，建物疎開によってつくりだされたそうした防空目的の広路が幅員100メートルだったので，戦後の復興計画でもその数値がそのままつかわれた，とみるのが自然なのではなかろうか。なお，広島において建物疎開跡地とのちに平和大通りと命名された100メートル道路とが具体的にどのように一致するかを詳細に示した近年の研究として，石丸紀興「GIS 手法を利用した建物疎開区域の抽出方法とその意味に関する研究――被爆直前の広島を対象として」日本都市計画学会『都市計画論文集 No.38』（2003年10月）947-48頁を参照のこと。また，100メートル道路のさまざまな事例については，国際交通安全学会『IATSS Review』「特集／近代の遺産『百メートル道路』」vol.23，no.4（1998年 3 月）200-57頁も参照のこと。

18) たとえば，菅野博貢「建築分野の国際協力」松村伸監修『アジア建築研究』INAX 出版，1999年，214頁。

19) 松下圭一『現代政治の基礎理論』東京大学出版会，1995年，第 2 章，引用は同書の55頁。松下はとくに，1960年代以降の市民運動や革新自治体の興隆を「日本型の〈市民革命〉」（同書，55頁）と評価している。この点についてくわしくは，松下圭一『都市政策を考える』岩波書店，1971年および同『都市型社会の自治』日本評論社，1987年を参照のこと。

20) 広原盛明編『開発主義神戸の思想と経営　都市計画とテクノクラシー』日本経済評論社，2001年およびG・マコーマック（松居弘道・松村博訳）『空虚な楽園』みすず書房，1998年，とくに序論を参照のこと。

21) 1980年代以降の都市計画の展開とその問題点については，石田頼房『日本近現代都市計画の展開　1868－2003』自治体研究社，2004年，第10・11章を参照のこと。